W0263864

Leitfäden und Monographien der Informatik

Bolch: **Leistungsbewertung von Rechensystemen mittels analytischer Warteschlangenmodelle**
320 Seiten. Kart. DM 44,–

Brauer: **Automatentheorie**
493 Seiten. Geb. DM 62,–

Dal Cin: **Grundlagen der systemnahen Programmierung**
221 Seiten. Kart. DM 36,–

Doberkat/Fox: **Software Prototyping mit SETL**
227 Seiten. Kart. DM 38,–

Ehrich/Gogolla/Lipeck: **Algebraische Spezifikation abstrakter Datentypen**
246 Seiten. Kart. DM 38,–

Engeler/Läuchli: **Berechnungstheorie für Informatiker**
120 Seiten. Kart. DM 26,–

Hentschke: **Grundzüge der Digitaltechnik**
247 Seiten. Kart. DM 36,–

Kiyek/Schwarz: **Mathematik für Informatiker 1**
307 Seiten. Kart. DM 39,80

Kolla/Molitor/Osthof: **Einführung in den VLSI-Entwurf**
352 Seiten. Kart. DM 48,–

Loeckx/Mehlhorn/Wilhelm: **Grundlagen der Programmiersprachen**
448 Seiten. Kart. DM 48,–

Mehlhorn: **Datenstrukturen und effiziente Algorithmen**
Band 1: Sortieren und Suchen
2. Aufl. 317 Seiten. Geb. DM 49,80

Messerschmidt: **Linguistische Datenverarbeitung mit Comskee**
207 Seiten. Kart. DM 36,–

Niemann/Bunke: **Künstliche Intelligenz in Bild- und Sprachanalyse**
256 Seiten. Kart. DM 38,–

Pflug: **Stochastische Modelle in der Informatik**
272 Seiten. Kart. DM 39,80

Post: **Entwurf und Technologie hochintegrierter Schaltungen**
247 Seiten. Kart. DM 38,–

Rammig: **Systematischer Entwurf digitaler Systeme**
353 Seiten. Kart. DM 46,–

Richter: **Betriebssysteme**
2. Aufl. 303 Seiten. Kart. DM 39,80

Richter: **Prinzipien der Künstlichen Intelligenz**
359 Seiten. Kart. DM 46,–

Weck: **Prinzipien und Realisierung von Betriebssystemen**
3. Aufl. 306 Seiten. Kart. DM 42,–

Wegener: **Effiziente Algorithmen für grundlegende Funktionen**
270 Seiten. Kart. DM 39,80

Fortsetzung auf der 3. Umschlagseite

Programmierung in Modula-2

Eine Einführung in das modulare Programmieren mit Anwendungsbeispielen unter UNIX, MS-DOS und TOS

Von Prof. Dr. rer. nat. Mario Dal Cin
Dipl.-Phys. Joachim Lutz
Dr. rer. nat. Thomas Risse
Universität Frankfurt am Main
und Universität Tübingen

4., überarbeitete Auflage,
mit zahlreichen Beispielen,
Programmen und Syntax-Diagrammen

B. G. Teubner Stuttgart 1989

Prof. Dr. rer. nat. Mario Dal Cin

Geboren 1940 in Bad Wörishofen. Von 1960 bis 1967 Studium der Mathematik und Physik an der Universität München. 1969 Promotion (Theoretische Physik). Von 1969 bis 1971 Post Doctoral Fellow am Center for Theoretical Studies, Coral Gables, der Universität von Miami/USA. 1973 Habilitation. 1973 bis 1985 Wiss. Rat und später Professor an der Universität Tübingen. Seit 1985 Professor am Fachbereich Informatik der Johann Wolfgang Goethe-Universität Frankfurt am Main.

Dipl.-Phys. Joachim Lutz

Geboren 1954 in Altensteig-Spielberg. Von 1973 bis 1982 Studium der Physik an der Universität Tübingen. Seit 1982 wiss. Mitarbeiter am Institut für Informationsverarbeitung der Universität Tübingen und am Fachbereich Informatik der Johann Wolfgang Goethe-Universität Frankfurt am Main.

Dr. rer. nat. Thomas Risse

Geboren 1950 in Dortmund. Von 1969 bis 1977 Studium der Mathematik an den Universitäten Marburg, Bonn und Tübingen. 1982 Promotion (Physik/Informationsverarbeitung). Seit 1982 wiss. Mitarbeiter am Institut für Informationsverarbeitung der Universität Tübingen.

CIP-Titelaufnahme der Deutschen Bibliothek

Dal Cin, Mario:
Programmierung in Modula 2 : eine Einführung in das modulare Programmieren mit Anwendungsbeispielen unter UNIX, MS-DOS und TOS / von Mario Dal Cin ; Joachim Lutz ; Thomas Risse. - 4., überarb. Aufl. - Stuttgart : Teubner, 1989
ISBN 978-3-519-02280-0 ISBN 978-3-322-94712-3 (eBook)
DOI 10.1007/978-3-322-94712-3

NE: Lutz, Joachim:; Risse, Thomas:

Das Werk einschließlich aller seiner Teile ist urheberrechtlich geschützt. Jede Verwertung außerhalb der engen Grenzen des Urheberrechtsgesetzes ist ohne Zustimmung des Verlages unzulässig und strafbar. Das gilt besonders für Vervielfältigungen, Übersetzungen, Mikroverfilmungen und die Einspeicherung und Verarbeitung in elektronischen Systemen.

© B. G. Teubner Stuttgart 1989

Vorwort zur ersten Auflage

Die Programmiersprache Modula-2 vereinigt - mehr noch als ihre Vorgängerin Pascal - Einfachheit und Eleganz mit einer breiten Anwendungsmöglichkeit. Sie wurde von Niklaus Wirth als Antwort auf die Bedürfnisse bei der Bewältigung komplexer Programmieraufgaben konzipiert. Der Schlüsselbegriff dafür ist "Abstraktion durch Modularisierung". Modula-2 eignet sich sowohl für die Systemprogrammierung - für Anwendungen also, die bisher in der Regel in Assemblersprachen geschrieben wurden - wie auch für die Entwicklung umfangreicher Softwarepakete.

Der mit Pascal vertraute Programmierer dürfte keine Schwierigkeiten haben, Modula-2 zu erlernen und sich die vielseitigen Möglichkeiten dieser Programmiersprache zu eigen zu machen. Aber auch dem Anfänger sei geraten, als erste Programmiersprache Modula-2 zu wählen. Denn Modula-2 unterstützt - ja erzwingt - einen guten Programmierstil und hat einen - im Vergleich z.B. zur Programmiersprache Ada - überschaubaren Wortschatz, dem ein klares Sprachkonzept zugrunde liegt. Zudem ist Modula-2 auf Personalcomputern und Arbeitsplatzrechnern mit beschränktem Speicherumfang implementierbar und wird deshalb in absehbarer Zeit weithin verfügbar sein.

Dieses Buch besteht aus drei Teilen. Der erste Teil umfaßt in etwa den Sprachumfang, den auch Pascal bietet und der von einem mit Pascal vertrauten Leser schnell erlernt werden kann. Wir haben deshalb jedem Abschnitt des ersten Teils einen Vorspann beigefügt, in dem kurz die von Pascal abweichenden Konventionen erläutert werden. Den Hauptteil eines jeden Abschnitts bilden die eigentlichen Erläuterungen der Sprachelemente und ausgetestete, vollständige Programmbeispiele. Dies soll es dem Leser ermöglichen entweder zuerst die Erläuterungen zu studieren und sich dann den Beispielen zuzuwenden oder aber nach Überfliegen des Vorspanns gleich die Beispiele zu studieren und nur, falls Fragen offen bleiben, die entsprechenden Erläuterungen nachzulesen. In einer Einführung wie dieser ist es nicht möglich, umfangreiche Programmierbeispiele zu besprechen. Das eingehende Studium kleiner, sorgfältig ausgewählter Musterbeispiele ist aber unseres Erachtens eine unabdingbare Voraussetzung für die Bewältigung größerer Programmieraufgaben. Wir hoffen, daß durch unsere Vorgehensweise sowohl dem erfahrenen Programmierer als auch dem Anfänger gedient ist.

Der zweite Teil dieses Buchs bringt eine Einführung in das modulare Programmieren; der dritte Teil führt in die Programmierung nebenläufiger Prozesse (Multiprogramming) ein, wie es die von Modula-2 angebotenen sprachlichen Mittel nahelegen.

Im folgenden werden wir uns dem Sprachgebrauch von N. Wirth anschließen und "Modula" synonym zu "Modula-2" verwenden.

Unseren Kollegen am Institut für Informationsverarbeitung, vor allem den Herrn Dr. E. Dilger und Dr. R. Brause, sei für viele wertvolle Hinweise gedankt. Dem Verlag B.G. Teubner danken wir für sein Entgegenkommen und die Aufnahme des Buchs in sein Verlagsprogramm.

Tübingen, im Frühjahr 1984 M. DC, J. L, Th. R

Vorwort zur zweiten Auflage

Die zweite Auflage stellt eine gründliche Neubearbeitung der Erstauflage dar. Insbesondere wurde auf die Revision der Modula-Syntax durch N. Wirth eingegangen. Daneben wurde ein größerer Wert auf die Darstellung der maschinennahen und konkurrenten Programmierung gelegt. Ferner wurde ein Teil der Beispiele nicht nur unter UNIX sondern auch unter MS-DOS getestet.

Frankfurt, im Frühjahr 1986 M. DC, J. L, Th. R

Vorwort zur dritten Auflage

Die dritte Auflage stellt eine Verbesserung und teilweise Erweiterung der zweiten Auflage dar. Dies betrifft vor allem die Kapitel 7, 10, 11, 15, 16 und 17.

Frankfurt, im Frühjahr 1988 M. DC, J. L, Th. R

Vorwort zur vierten Auflage

Es wurden in der Darsellung einige Verbesserungen vorgenommen und alle uns bekannt gewordenen Fehler beseitigt.

Frankfurt, im Herbst 1989 M. DC, J. L, Th. R

Inhaltsverzeichnis

TEIL II: Modulare Programmierung

Teil III: Coroutinen und Prozesse

1. Einleitung

Eine Programmiersprache ist ein Notationssystem, in dem Anweisungen für eine Rechenanlage formuliert werden können. Sie ist aber gleichermaßen auch ein Werkzeug zur Beschreibung von Problemen und deren Lösungswegen. Deshalb hat eine neue Programmiersprache immer dann ihre Berechtigung, wenn sie im Vergleich zum Bestehenden neue, mächtigere Konzepte und adäquatere Abstraktionsmittel anbietet, die das Lösen von Problemen erleichtern und es erlauben, Lösungen verständlicher darzustellen. In den nächsten Kapiteln werden wir die Elemente der Programmiersprache Modula-2 (MODUlar programming LAnguage; im folgenden werden wir Modula synonym mit Modula-2 verwenden) im einzelnen vorstellen und den Umgang mit ihnen an vielen Beispielen vorführen. Im folgenden aber sei für denjenigen, der bereits Erfahrung mit Programmieren hat, dargelegt, was Modula-2 gegenüber Pascal beispielsweise an Neuem zu bieten hat.

Das wichtigste neue Abstraktionsmittel der Programmiersprache Modula-2 ist ihr Modulkonzept. Mit ihm lassen sich Programme in überschaubare und voneinander weitgehend unabhängige Teile - in sogenannte Moduln - gliedern, deren Aufspaltung in Definitions- und Implementationsteil (Definitionsmodul und Implementationsmodul) ein separates Übersetzen ermöglicht. Diese Moduln können in einer Programmbibliothek abgelegt werden. In ihrem Definitionsteil wird von den Details der Realisierung der Modulfunktion abstrahiert. Er beschreibt, was das Modul leistet, nicht wie. Wie die Modulfunktion erfüllt wird, steht im zugehörigen Implementationsteil. Für die Zusammenarbeit innerhalb eines Programmierteams genügt es deshalb, als Schnittstellen nur die Definitionsmoduln festzulegen. Das Ausformulieren der Implementationsmoduln bleibt dann gänzlich dem jeweils zuständigen Team-Mitglied, dem Modulautor, überlassen. Auch das Austesten der Moduln kann vom Modulautor weitgehend unabhängig vorgenommen werden. Sein Entscheidungsspielraum wird dadurch vergrößert. Modularisierung hilft somit, die Schwierigkeiten, die der Entwurf umfangreicher Programme mit sich bringt, in den Griff zu bekommen.

Das Modulkonzept von Modula erlaubt ferner die Abkapselung maschinen-(compiler)-abhängiger Programmteile in sogenannte Basismoduln (low-level modules). Dadurch wird eine individuelle Spracherweiterung möglich und zugleich das Übertragen von Programmen auf unterschiedliche Rechenanlagen erleichtert. Konsequenterweise wurde von N. Wirth (dem Schöpfer von Modula-2) auch kein Element in die Sprache aufgenommen, dessen Implementierung besser der Benutzergemeinschaft überlassen bleibt. So gibt es in Modula beispielsweise keine Standardroutinen für die Ein- und Ausgabe, keinen Standard-Datentyp FILE, ebensowenig das Konzept einer Task, eines Monitors oder einer Semaphore. Solche Programmierelemente werden in allgemeinen Bibliotheksmoduln bereitgestellt.

Insgesamt gesehen erfüllt das Modulkonzept von Modula die beiden wichtigsten Kriterien, die an ein adäquates sprachliches Abstraktionsmittel zu stellen sind: es ist leicht zu verstehen und dennoch hilfreich, komplexe Situationen zu meistern.

Das zweite, gegenüber Pascal neu hinzukommende Sprachkonzept ist das einer Coroutine. Damit lassen sich mögliche Parallelitäten in der Bearbeitung einer Aufgabe ausdrücken. Coroutinen können ebenso wie Moduln als Erweiterung des Prozedur-Konzepts aufgefaßt werden. Coroutinen finden ihre Anwendung vor allem bei Simulationsaufgaben und in der System- und Echtzeitprogrammierung, d.h. bei der Verarbeitung asynchron auftretender Ereignisse. Sie lassen sich aber auch in anderen Aufgabenbereichen vorteilhaft verwenden, so z.B. als Alternative zur Rekursion.

Gegenüber Pascal enthält Modula noch eine Reihe zusätzlicher Erweiterungen, aber auch einige Einschränkungen, die wir im ersten Teil dieses Buches "Von Pascal zu Modula" kennen lernen werden. Der zweite Teil bringt eine Einführung in das modulare Programmieren, der dritte Teil eine Einführung in die Programmierung nebenläufiger Prozesse (Coroutinen), wie es die von Modula angebotenen sprachlichen Mittel nahelegen.

Modula-2 ist eine elegante, leicht zu erlernende Programmiersprache und - gerade auch wegen der Beschränkung des Sprachumfangs auf das Wesentliche - ein effizientes Werkzeug für die Entwicklung zuverlässiger Software. Sie ist leicht zu implementieren und hat sich in kurzer Zeit zu einer ernstzunehmenden Konkurrentin von C, Ada und Pascal entwickelt.

Wir haben während der Arbeit an diesem Buch folgende Modula-2-Implementierungen verwendet (Name/Hardware/Betriebssystem):

- Institut für Informatik und Computer Center der ETH, CH-8092 Zürich, Schweiz
- Department of Computer Science, University of New South Wales, Kensington, N.S.W. 2033, Australien (m2unix/PDP11/UNIX)
- FB Informatik/DBIS, Universität Frankfurt, D-6000 Frankfurt am Main (VAX-11-Modula-2/VAX/VMS)
- Interface Technologies, A + L Meier-Vogt, CH-8906 Bonstetten, Schweiz (M2SDS/IBM-PC/MS-DOS)
- Logitech SA, CH-1143 Apples, Schweiz (CP/M-86, MS-DOS)
- TDI Software Ltd., Clifton Bristol U.K. BSA (TDI Modula-2/Atari ST/GEMDOS)

TEIL I

GRUNDLAGEN

VON PASCAL ZU MODULA

2. Repräsentation von Modula-Programmen

Übersicht:
In diesem Kapitel wird der generelle Aufbau von Modula-Programmen gezeigt. Der Zeichenvorrat von Modula wird eingeführt und die Darstellung der Syntax erläutert. Die Programmausführung unter dem Mehrbenutzer-Betriebssystem UNIX wird an Hand eines Beispiels erklärt.

Unterschiede zu Pascal:
Ein Modula-Programm (Hauptmodul) wird durch das Schlüsselwort MODULE - gefolgt von einem Namen - gekennzeichnet. Ein solches Modul besteht aus Importlisten, Deklarationsteil und Modulblock. Die Reihenfolge der Deklarationen ist weniger strikt als in Pascal. Das Hauptmodul kann weitere (lokale) Moduln enthalten. Ein Modul wird durch das Schlüsselsymbol END - gefolgt vom Modulnamen - abgeschlossen. Zwischen Groß- und Kleinschreibung wird unterschieden; alle Schlüsselsymbole und die Standardnamen müssen großgeschrieben werden. In den Tabellen des Anhangs sind die Schlüsselsymbole und die Standardnamen aufgelistet; gegenüber Pascal fehlen z.B. die Schlüsselsymbole PROGRAM, FUNCTION, GOTO, FORWARD und FILE.

2.1 Programm-Moduln

Wir wollen uns als erstes ein sehr einfaches Modula-Programm ansehen, um eine Vorstellung von Erscheinungsform und Aufbau eines Programms zu gewinnen, das in Modula geschrieben ist. Ein Programm ist eine Anweisung an den Computer, Daten aufzunehmen, sie zu bearbeiten und Ergebnisse auszugeben. Im folgenden Beispiel soll die Ausgabe von Text demonstriert werden. (Es sollte Sie jetzt nicht stören, wenn einiges noch unverständlich ist.)

Beispiel 2.1 Anfang:

```
MODULE Anfang (* unser erstes Programm *)
FROM Terminal IMPORT WriteLn,WriteString,Read;
VAR Antwort: CHAR;
BEGIN
   LOOP
      WriteString('Aller Anfang ist schwer.');
      WriteLn;
         WriteString('Nocheinmal? j/n');
         WriteLn;
         Read(Antwort);
         IF Antwort <> 'j' THEN EXIT END;
      WriteString('Doch Uebung macht den Meister!');
      WriteLn;
   END
END Anfang.
```

Das Programm (Programm- oder Hauptmodul) mit Namen "Anfang" importiert von einem externen Modul mit Namen Terminal sogenannte Prozeduren, nämlich WriteLn und Read sowie die Ausgabeprozedur WriteString für Zeichenketten - sogenannte String- oder Textkonstanten. Eine Prozedur kann als eine geschlossene Folge von Anweisungen an den Computer gesehen werden, die unter einem eigenen Namen aufgerufen wird. WriteString('Text') bedeutet, daß die Zeichenkette Text ausgegeben werden soll. WriteLn bewirkt einen Zeilenwechsel. Prozeduren sind das wohl bedeutendste Abstraktionsmittel, das uns höhere Programmiersprachen zur Verfügung stellen. Der Prozedurname abstrahiert von der Anweisungsfolge. Die Prozedur Read(Antwort) weist ein über das Terminal eingegebenes Zeichen der Variablen Antwort zu. D.h. das eingegebene Zeichen wird an einem Platz im Speicher des Computers abgelegt, der durch den Variablenamen bezeichnet ist. Die Variable Antwort hat den Datentyp (TYPE) CHAR; CHAR steht für character (Zeichen). Der Computer führt die Prozeduranweisungen nacheinander aus bis er auf die Read-Anweisung trifft. An dieser Stelle wartet er auf die Eingabe eines Zeichens vom Terminal. Die Folge der Programm-Anweisungen - hier die Schleifenanweisung LOOP und die Prozeduraufrufe - wird durch die Schlüsselsymbole BEGIN und END eingeklammert, wobei dem Schlüsselsymbol END Modulname und Punkt folgen. Die LOOP-Anweisung (Schleife) bewirkt, daß die Folge der Anweisungen wiederholt durchlaufen wird. Kommentare zum Programm können wir an (beinahe) beliebiger Stelle in den Programmtext einstreuen. Sie werden durch die Klammern (* und *) als solche gekennzeichnet und bleiben vom Computer unbeachtet. Kommentare können geschachtelt werden. Einige Programmzeilen wurden eingerückt, um ihre Zusammengehörigkeit für den Leser sichtbar zu machen. Für die Programmausführung hat dies jedoch keine Bedeutung.

Diese kurze Beschreibung zeigt, daß der Programmaufbau bestimmten Regeln, sogenannten Syntaxregeln, gehorchen muß. Sie können - wie oben geschehen - verbal formuliert werden. Dann sind aber Mißverständnisse nicht immer auszuschließen. Deshalb zieht man es vor, die Syntax einer Programmiersprache in formalisierter Beschreibung anzugeben. Wir werden im nächsten Abschnitt darauf zu sprechen kommen.

Ein Modula-Programm - also jedes Modul - besteht im groben gesehen aus drei Teilen:

(1) dem Modulkopf mit dem Modul-(Programm)-Namen,

(2) den Importlisten, in denen angegeben ist, welche Programmteile - wie z.B. Konstante (CONST), Variable (VAR) oder ganze Module - "importiert" werden müssen, da sie an anderer Stelle definiert wurden, und

(3) dem Programmblock. Dieser besteht aus einem Deklarationsteil (declaration part) und einem Anweisungsteil (statement sequence). Im Deklarationsteil werden (lokale) Programmbestandteile, wie z.B. Variable, definiert. Im

Anweisungsteil werden die Anweisungen an den Computer - z.B. arithmetische Operationen oder Prozeduraufrufe - sowie die Reihenfolge, in der sie auszuführen sind, festgelegt.

2.2 Zeichensatz und Schlüsselsymbole

Jede Programmiersprache verfügt - wie unser Beispiel zeigt - über einen Vorrat an Zeichen und Schlüsselsymbolen. Schlüsselsymbole sind z.B. MODULE, BEGIN, LOOP, oder END. Sie sind meist Teile von Anweisungen. Ein Programm ist somit eine Folge aus Zeichen und Schlüsselsymbolen. Sein Aufbau muß bestimmten Regeln genügen. Die Menge der Zeichen besteht aus Groß- und Kleinbuchstaben, Ziffern und Spezialzeichen. Spezialzeichen sind z.B. die Trennzeichen (delimiters) + und & oder Zeichen, die sich nicht direkt auf dem Bildschirm darstellen lassen, z.B. das Zeichen für einen Zeilenvorschub. Modula benützt den sogenannten ASCII-Zeichensatz, der im Anhang wiedergegeben ist. (Genaugenommen wird derjenige Zeichensatz benutzt, den Ihr Computer zur Verfügung stellt. Wir nehmen hier an, daß dies der ASCII-Zeichensatz ist). Einige Trennzeichen sind zusammengesetzt. Dies sind :=, <>, <= und >= sowie die Kommentarklammern. Schlüsselsymbole sind in Modula reservierte Wörter aus Großbuchstaben. Sie dürfen von Ihnen nicht als Namen für Objekte benutzt werden. Im Anhang sind alle reservierten Wörter aufgelistet. Ihre Bedeutung wird in den folgenden Kapiteln erläutert. Modula zeichnet sich - wie auch Pascal - dadurch aus, daß der Vorrat an reservierten Wörtern klein ist und sich deshalb leicht merken läßt.

Schließlich kann der Programmierer über vordefinierte Namen - sogenannte Standardnamen - verfügen. Sie bezeichnen Variablenwerte, elementare Datentypen oder Standard-Prozeduren. Standardnamen gehören nicht zu den reservierten Wörtern der Sprache. Es ist also möglich - aber nicht ratsam - sie auch in einer anderen als der vorgesehenen Bedeutung zu verwenden. Sie sind standardmäßig in jedem Modula-Programmiersystem vorhanden. Im Anhang sind alle Standardnamen aufgeführt.

2.3 Darstellung der Syntax

Zur Darstellung der Syntaxregeln von Modula werden wir uns sowohl der sogenannten 'Erweiterten Backus-Naur-Form' (EBNF) als auch der Syntaxdiagramme bedienen.

Ein Programm besteht aus syntaktischen Einheiten, nämlich aus Zeichen, Schlüsselsymbolen und syntaktischen Begriffen wie "Modulblock" oder "Importliste". Wenn eine syntaktische Einheit A aus Einheit B gefolgt von C besteht, schreibt man in EBNF dafür A=BC (Konkatenation); wenn A aus B oder C besteht, schreibt man A=B|C. (Das Metazeichen | steht für das exclusive Oder, Auswahl). Im ersten Fall sind B und C Faktoren, im zweiten Fall Terme von A. Runde Klammern dienen zur

Gruppierung von Termen und Faktoren. Anführungszeichen werden verwendet, um Zeichen von Metazeichen zu unterscheiden.

Beispiel: Die syntaktische Formel A=D(B|CD)|CF beschreibt A als Menge der Ausdrücke DB, DCD und CF. (Konkatenation geht vor Auswahl).Die Formel A=[B] bedeutet, daß A entweder gleich nichts oder gleich B ist, während {B} für [B]|BB|BBB|... steht, also bedeutet, daß B beliebig oft wiederholt werden kann.

Eine zur EBNF äquivalente, jedoch anschaulichere Darstellungsform der Syntax sind Syntaxdiagramme. Indem man diese Diagramme in Pfeilrichtung durchläuft, erhält man syntaktisch korrekte Konstrukte der Sprache.

Als Beispiel für Modula-Syntaxregeln - dargestellt als Syntaxdiagramme und in EBNF - seien die Regeln für ein Programm-Modul und seinen Block angegeben. Man vergleiche dazu den Kommentar zu unserem Beispiel. Schlüsselsymbole werden groß, syntaktische Begriffe meist klein geschrieben. Die vollständige Darstellung der Modula-Syntax finden Sie im Anhang. (Die syntaktische Einheit ident steht für einen Namen, StatementSequence für eine Anweisungsfolge und declaration z.B. für die Definition einer Variablen).

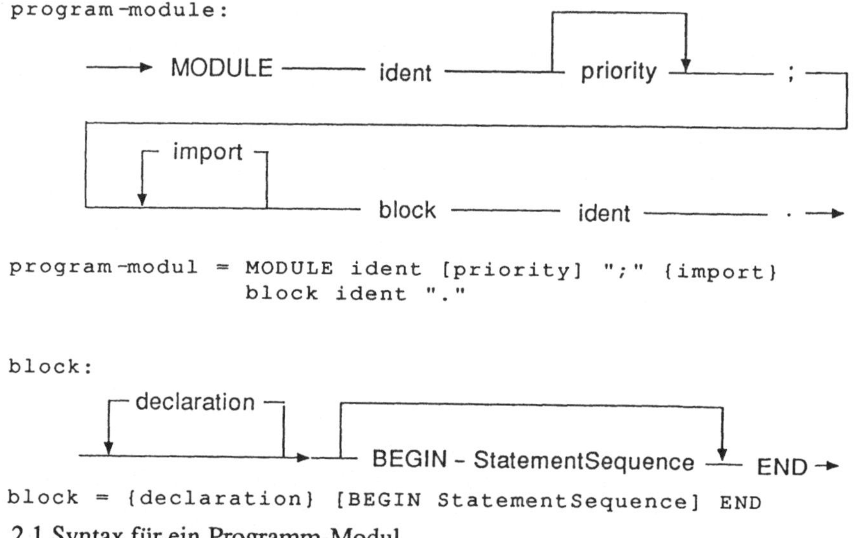

Fig. 2.1 Syntax für ein Programm-Modul

Man erkennt, daß in einem Programm-Modul unter Umständen die Importliste (import) fehlen darf und daß ein Block nur aus dem Schlüsselsymbol END bestehen kann. Ferner ist ersichtlich, daß einem Modul eine Priorität zugewiesen werden kann (siehe Teil III) und daß der Modulkopf mit einem Strichpunkt abgeschlossen werden muß.

2.4 Beispiel einer Programmausführung

Sie werden vielleicht schon den Wunsch gehabt haben, unser Beispielprogramm Anfang probeweise einmal laufen zu lassen. In diesem Abschnitt wollen wir deshalb kurz erläutern, was zu tun ist, damit der Computer Ihr Programm ausführt. Wir nehmen dabei zunächst an, daß Ihr Computer unter einem UNIX-ähnlichen Betriebssystem arbeitet. UNIX ist ein klar strukturiertes und leicht zu handhabendes Mehrbenutzer-Betriebssystem, das sich inzwischen großer Beliebtheit erfreut, da es eine reiche Vielfalt an Diensten für die Benutzer bereithält. Es zeichnet sich u.a. durch sein hierarchisches Dateiensystem - das z.B. auch in MS-DOS und TOS übernommen wurde - seine vom Benutzer definierbare Kommandosprache (shell) und seine relativ problemlose Übertragbarkeit auf unterschiedliche Rechenanlagen aus.

Neben dem Betriebssystem hält Ihr Computer weitere Dienstprogramme bereit, wie z.B. Texteditor, Compiler, Linker oder Debugger, die Ihnen bei der Erstellung der Programme behilflich sind oder ihre Ausführung gar erst ermöglichen. Nachdem Sie sich beim Betriebssystem - z.B. mit Ihrem Namen - angemeldet haben (login), können Sie einen Texteditor starten. Mit seiner Hilfe können Sie dem Computer einen beliebigen Text eingeben - in unserem Fall das Programm "Anfang" - und nach Belieben korrigieren (s. Handbuch). Ihr Text steht dann im Arbeitsspeicher; er muß noch auf Dauer abgespeichert werden. Dies erreichen Sie, indem Sie ihn unter einem Dateinamen auf Platte oder Floppy schreiben lassen. Mit der Erweiterung .mod des Dateinamens kennzeichnen Sie Ihren Text als Modula-Programm. (Man beachte, daß durch UNIX die Länge von Dateinamen auf 14 Stellen begrenzt ist). Jetzt erst sollten Sie den Texteditor wieder verlassen und dann versuchen, das Programm zu starten.

Sie haben doch nicht etwa erwartet, daß der Computer die Anweisungen Ihres Programms in der vorliegenden Form versteht? Bevor das möglich ist, muß das Modula-Programm in die dem Computer eigene Sprache, d.h. in seine Maschinensprache, übersetzt werden. Das kann der Computer selbst tun. Wenn Sie mit dem Kommando

```
m2c Anfang
```

das Übersetzerprogramm für Modula - den Modula-Compiler - aufrufen, überträgt der Computer Ihr Programm wieder in seinen Arbeitsspeicher, übersetzt es und erzeugt als Ausgabe ein ablauffähiges Maschinenprogramm unter dem Namen "Anfang.out". Nun erst können Sie Ihr Programm starten, indem Sie

```
Anfang.out
```

eintippen. Als Ergebnis sollten Sie

```
Aller Anfang ist schwer.
Nocheinmal? j/n              /Eingabe = `j`/
Doch Übung macht den Meister!
Aller Anfang ist schwer.
Nocheinmal? j/n              /Eingabe = `n`/
```

erhalten.

Beim Übersetzen geht der Computer in mehreren Schritten vor. Nach dem Übersetzen wird das Programm durch den sogenannten Binder (Linker) mit den schon zuvor übersetzten importierten Moduln zu einem ablauffähigen Maschinencode zusammengebunden. Sie können den Übersetzungs- und Bindevorgang verfolgen indem Sie statt "m2c Anfang" "m2c -v Anfang" eingeben (v steht für verbosim). Der Computer teilt dann die Beendigung der verschiedenen Arbeitsschritte in etwa wie folgt mit:

```
 MODULA-2 compiler, R2.0 Aug 1982
 generating PDP-11/40 code for UNIX
p1
  Terminal: lib: Terminal.sym
p2
p3
p4
p5
end compilation

 MODULA-2 linker R2.0 Aug 1982
  link files to:
 Terminal: lib: Terminal.lnk
 SysFiles: lib: SysFiles.lnk
 SystemTypes: lib: SystemType.lnk
end generation.
```

Falls Ihnen allerdings Tipp- oder Programmierfehler unterlaufen sind, kann der Übersetzungsvorgang nicht abgeschlossen werden, wie etwa für:

```
MODULE Anfang
FROM Terminal IMPORT WriteLn,WriteString;
BEGIN
Writestrin('Aller Anfang ist schwer.');
WriteLn;WriteString('Doch Uebung macht den Meister!')
END.
```

Der Computer hilft Ihnen aber, Fehler zu finden, indem er alle vermuteten Fehler auflistet, z.B. (vgl. Anhang):

```
  MODULA-2 compiler,  R2.0  Aug 1982
  generating PDP-11/40 code for UNIX
 p1
   Terminal: lib: Terminal.sym
  --- error
 p2
 p3
  --- error

 lister
 #    2  FROM Terminal IMPORT WriteLn,WriteString;
 #          23
 # E23   ';' expected
 #    4  Writestrin('Aller Anfang ist schwer.');
 #                73
 # E73   identifier not declared
 #    6  END.
 #          20
 # E20   identifier expected
 end compilation
```

Jetzt müssen Sie mit dem Texteditor Ihr Programm korrigieren und vom Compiler erneut übersetzen lassen, bevor es ausgeführt werden kann - oder haben Sie sich etwa wieder vertippt? Moderne Benutzeroberflächen erleichtern Ihnen die Programmentwicklung z.B. durch interaktive Benutzerführung, Fenstertechnik, Graphik oder Verwendung einer Maus. Die folgende Abbildung, Fig.2.2, zeigt die Oberfläche (Desktop) des TDI-Modula-2-Systems für den Atari unter dem Betriebssystem TOS. Gestrichelt dargestellte Module wurden verändert und müssen eventuell durch Compilierung neu erzeugt werden. Es läßt sich leicht erkennen, welche Übersetzungs- und Bindevorgänge bereits erfolgt sind, welche wiederholt und welche noch vorgenommen werden müssen.

2.5 Aufgaben

Versuchen Sie doch einmal, selbst einige Syntax-Diagramme in EBNF und umgekehrt zu übertragen (siehe Anhang). Man kann auch die Syntax der EBNF in EBNF (oder in Syntaxdiagrammen) formulieren. Ein Versuch lohnt sich.
Geben Sie auch das Programm 'Anfang' in Ihren Computer ein. Machen Sie dabei ruhig einige (wenige) Tippfehler, um zu sehen, wie der Compiler darauf reagiert.

Fig. 2.2 Desktop

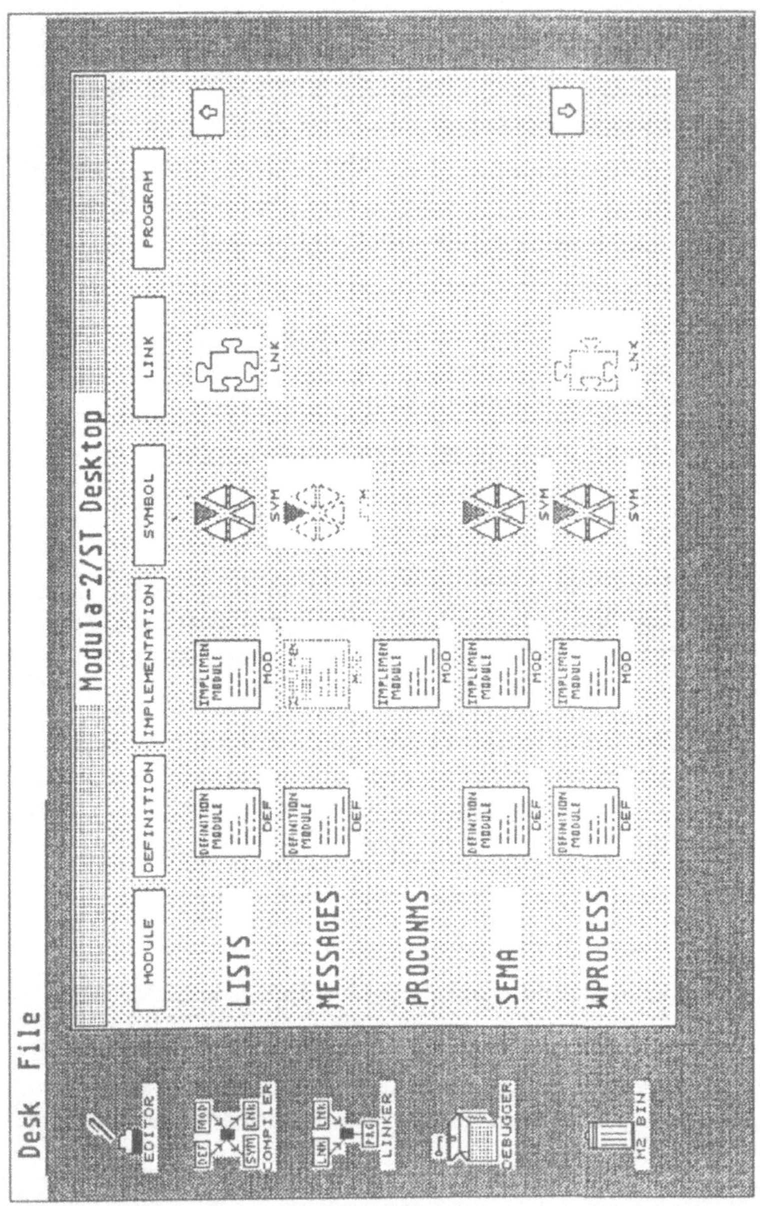

3. Namen und Konstanten

Übersicht:
Es werden die Syntax von Namen sowie die Vereinbarung und Verwendung von Konstanten erläutert.

Unterschiede zu Pascal:
Neben Namen kennt Modula auch qualifizierte Namen, die die Zugehörigkeit zu bestimmten Programmobjekten kenntlich machen. Die Länge der Namen ist nur durch die Zeilenlänge beschränkt. Als Konstante lassen sich neben Zahlen und Zeichenketten auch Mengen und konstante Ausdrücke vereinbaren; ganze Zahlen können in Dezimal-, Oktal- oder Hexadezimaldarstellung verwendet werden. Zeichen (auch nicht druckbare) lassen sich durch ihre oktale Ordnungszahl in ASCII - gefolgt von dem Buchstaben C - dargestellen.

3.1 Namen

Namen (identifiers) dienen dazu, Programmeinheiten wie Konstanten, Variablen, Prozeduren, Moduln, etc. zu bezeichnen. Fortan werden wir unter einem Objekt eine mit einem Namen versehene Programmeinheit verstehen. Jeder Name muß mit einem Buchstaben (letter) beginnen und darf weder das Leerzeichen noch Spezialzeichen enthalten. In Modula dient nämlich das Leerzeichen dazu, lexikalische Einheiten voneinander zu trennen und darf deshalb in Namen nicht vorkommen. Um dennoch verständliche Bezeichnungen zu erhalten, verwende man Großbuchstaben zur Trennung.

Beispiele: Zufall, P1Z4, BlackBird, WriteString.

Ein Name besteht also nur aus Groß- und Kleinbuchstaben und Ziffern (digits) - mit einer Ausnahme: Ein sogenannter qualifizierter Name (qualident) besteht aus zwei Namen, die durch einen Punkt getrennt werden. Der erste Name bezeichnet eine Zugehörigkeit (z.B. zu einem Modul). Der zweite bezeichnet das Objekt selbst; er kann selbst wieder ein qualifizierter Name sein.

```
ident = letter{letter|digit}.
qualident = ident{"."ident}.
```

Beispiele: Clock.Time, Terminal.Write, InOut.Write.

Die Länge von Namen ist nur durch die Zeilenlänge beschränkt. (Wieviele der Zeichen eines Namens signifikant sind, kann aber unter Umständen von Ihrem Computersystem abhängen; s. Kap. 2.4). Keine Namen sind z.B.:

Carnaby Street, ALPHA$, 74 TUEBINGEN (weshalb?).

Alle in einem Programm-Modul verwendeten Namen - mit Ausnahme der Standardnamen - müssen im Deklarationsteil vor ihrer Verwendung vereinbart (deklariert) werden. Vereinbart werden müssen somit die Namen der verwendeten Konstanten, Typen, Variablen, Prozeduren und Module:

```
declaration =
    CONST {ConstDeclaration ";"}|
    TYPE {TypeDeclaration ";"}|
    VAR {VariableDeclaration ";"}|
    ProcedureDeclaration ";"|
    ModuleDeclaration ";" .
```

Die Reihenfolge, in der Deklarationen erfolgen müssen, ist im Gegensatz zu Pascal nicht vorgegeben. In einer solchen Vereinbarung werden neben den Namen auch Eigenschaften der Programmobjekte festgelegt, die statisch, d.h. unveränderlich, sind. Wie dies zu geschehen hat, wird in den folgenden Kapiteln besprochen. Während der Abarbeitung eines Programms können bestimmte Namen (Objekte) "unsichtbar" sein. Davon soll jedoch erst später die Rede sein (siehe Kap. 6).

3.2 Konstantenvereinbarung

Konstante (oder Literale) sind elementare Objekte, deren Werte nicht verändert werden können. Durch die Konstantenvereinbarung können wir Konstanten selbstgewählte Namen geben. Dadurch läßt sich ihre Bedeutung hervorheben.

Beispiele für Konstanten:

```
CONST PI           = 3.141592654;
      Modulus      = 2345;
      PLZTuebingen = "74";
      return       = 12C;
```

Statt der Konstanten selbst verwenden wir dann im Programm ihre Namen. Das Programm wird dadurch verständlicher, aber auch änderungsfreundlicher. Sollten wir z.B. als Postleitzahl für Tübingen nicht mehr "74" sondern "D-74" verwenden wollen, dann genügt es, die Konstantenvereinbarung abzuändern. Wir ersparen uns so das Durchsuchen des ganzen Programms nach der Konstanten "74" und müssen es nicht überall dort ändern, wo die Konstante auftritt. Es gilt:

```
ConstDeclaration =
    ident "=" ConstExpression.
```

Konstante Ausdrücke (ConstExpression) sind Zahlen, Zeichenketten und Mengen sowie Namen von Konstanten und zusammengesetzte konstante Ausdrücke, wie z.B.:

```
CONST PIQ = PI * PI;
      PIM = -PI;
      Modulus1 = Modulus-17;
      wahr = TRUE.
```

TRUE ist ein vordefinierter Konstantenname. Der Name PI muß vor der Vereinbarung von PIQ und PIM deklariert worden sein. Hier wollen wir nur Zahlen und Zeichenketten (Strings) vorstellen. Zusammengesetzte konstante Ausdrücke werden eingehender in Kap. 5.1, Mengen in Kap. 8.5 besprochen.

Zahlen sind entweder natürliche Zahlen (integer) oder positive, gebrochene Zahlen (real). Diese können mit einem positiven oder negativen Vorzeichen versehen werden. Nichtnegative, ganze Zahlen sind Folgen von Ziffern (ohne Zwischenräume). Eine reelle Zahl enthält immer einen Dezimalpunkt; auf der linken Seite des Dezimalpunkts steht mindestens eine Ziffer. Eine reelle Zahl kann einen dezimalen Skalenfaktor enthalten, der durch den Buchstaben E ("zehn hoch") bezeichnet wird; 45.67 läßt sich z.B. als 456.7E-1 eingeben. Der Wert einer Zahlenkonstanten darf die durch den Computer größte darstellbare Zahl nicht überschreiten; siehe dazu Kap. 4.

number = integer|real.
real = digit{digit} "." {digit} [ScaleFactor].
ScaleFaktor = "E"["+"|"-"] digit{digit}.

integer und digit: siehe unten.

Modula erlaubt neben der Dezimaldarstellung von ganzen Zahlen auch deren Oktal- und Hexadezimaldarstellung. Wird eine Zahl von dem Buchstaben B bzw. H gefolgt, so ist sie als Oktal- bzw. Hexadezimalzahl zu verstehen.

Beispiele:

dezimal:	7	12	123
oktal:	7B	14B	173B
hexadezimal:	7H	0CH	7BH

integer = digit{digit}|octalDigit{octalDigit}("B"|"C")|digit{hexDigit}"H".
octalDigit = "0"|"1"|"2"|"3"|"4"|"5"|"6"|"7".
digit = octalDigit|"8"|"9" .
hexDigit = digit|"A"|"B"|"C"|"D"|"E"|"F" .

Man beachte, daß eine Hexadezimalzahl immer mit einer Dezimalziffer - notfalls 0 - beginnt.

Im Anhang ist jedem Zeichen des ASCII-Zeichensatzes eine Oktalzahl (Ordnungszahl) zugeordnet. Eine entsprechende Oktalzahl gefolgt von dem Buchstaben C bezeichnet dann das zugeordnete Zeichen. Beispiele (siehe ASCII-Tabelle):

Ordinalzahl	Zeichen
12C	lf
114C	L
154C	l

lf (line feed): Zeilenvorschub

Sie können (unter UNIX) z.B. mit Write(12C) dasselbe Resultat wie mit WriteLn auf dem Bildschirm erzielen.

Zeichenketten-Konstanten sind Folgen von Zeichen, die in Hochkommata eingeschlossen werden. Als Hochkommata können Apostrophe und Anführungszeichen verwendet werden - jedoch nur paarweise. Kommt in der Zeichenkette ein Apostroph vor, so müssen als Hochkommata Anführungszeichen stehen und umgekehrt. Eine Zeichenkette darf das Zeilenende nicht überschreiten.

Beispiele für Zeichenketten (Zeichenfolgen):

'Abendsonne', 'Alle Jahre wieder',
"Wie geht's?", "u.s.w.", "H20", "C", " ".

Keine korrekten Zeichenketten sind dagegen:

"Er sagte "Hallo"", 'heute nach-
mittag';

wegen Anführungszeichen gleich Hochkomma bzw. Überschreitens des Zeilenendes. Die Syntax ist:

string = "'"{character}"'"|'"'{character}'"'.

Die Einfassung in Hochkommata ist notwendig, um Zeichenketten von Namen zu unterscheiden und Zwischenräume (Leerzeichen) als Teil einer Zeichenkette auszuweisen.

Mengenkonstanten (set) werden durch die Angabe ihrer Elemente in geschweiften Klammern vereinbart. Dazu kommt die Angabe des Mengentyps. Ist die Menge vom Datentyp BITSET (Standardtyp), so braucht dieser Typ nicht angegeben zu werden. Näheres über Mengen finden Sie in Kap. 8.5.

Beispiele für Mengenkonstanten:

```
CONST N = {1..9};
(* Die Menge N ist vom Typ BITSET und enthält
   die Zahlen 1 bis 9 als Elemente. *)
      M = tZeichenmenge {Punkt,Komma,Strich};
(* wobei tZeichenmenge ein zuvor vereinbarter
   Mengentyp ist; s.u. *)
```

Es ist

set = [qualident]"{"[element{","element}]"}".
element = ConstExpression[".."ConstExpression].

3.3 Aufgaben

Welche der folgenden Konstantenvereinbarungen sind syntaktisch korrekt?
CONST KON1='OAH'; KON2=A0H; KON3=0AH; KON4=0A0H; KON5=OAH; KON=AOH; KON7='0HA'; OAH=10B; KON8=OAH; KON9=OHA!;
Welche der folgenden Konstanten sind reelle Zahlen? 0.7; 0,8; 8E-2; -1.0; 0,0; 2.0E-5.
Sind Ihnen die Unterschiede zwischen den Konstanten 747, "747", 747.0 und {7,4,7} klar?

4. Elementare Datentypen

Übersicht:
In diesem Kapitel werden die von Modula zur Verfügung gestellten Standard-Datentypen erläutert. Anschließend werden zwei Arten von elementaren Datentypen besprochen, die vom Programmierer selbst vereinbart werden können.

Unterschiede zu Pascal:
Zusätzlich zu den in Pascal vorhandenen Standardtypen kennt Modula die Standard-Datentypen CARDINAL (Kardinalzahlen) und BITSET (Mengen von Kardinalzahlen). Zur Festlegung von Unterbereichstypen werden eckige Klammern verwendet.

Kleiner Streit
"Ich bin 2fellos größer als du",
sprach zum Einer der Zweier.
"3ster Kerl, prahle nicht so!"
knurrte der größere Dreier.
"Und ich!" ruft der Einer, "bin zwar der kl1te,
aber dafür bestimmt auch der f1te".
"Nein, mir gibt man sogar noch den Sch0er",
piepste der Nuller.

Hans Manz (Man 72)

4.1 Typdeklarationen

Programmobjekte sind von einem bestimmten Typ (Datentyp). Durch die Vereinbarung des Typs (TypeDeclaration) werden diejenigen Eigenschaften der Programmobjekte festgelegt, die während der Ausführung des Programms unveränderbar sind, z.B. der Wertebereich einer Variablen; implizit festgeleget werden damit auch die auf dieser Wertemenge erklärten Relationen und Operationen. Ein Typ kann ein (vordefinierter) Standardtyp oder ein im Programm selbst vereinbarter Typ sein. Die Vereinbarung programmspezifischer Typen geschieht im Deklarationsteil. Sie hat folgende syntaktische Form:

TypeDeclaration = ident "=" type.
type = SimpleType|ArrayType|RecordType|SetType|PointerType|ProzedureType.
SimpleType = qualident|enumeration|SubrangeType.

und wird durch das Schlüsselsymbol TYPE eingeleitet. In diesem Kapitel werden nur die sogenannten einfachen Datentypen (SimpleType) besprochen. Die übrigen Datentypen werden in den Kapiteln 7-9 behandelt.

Der Typ einer Variablen ist aus ihrer Vereinbarung zu ersehen. Der Typ einer Konstanten ist dagegen direkt aus der Konstantendeklaration zu entnehmen. Andere als Standardtypen müssen vorher vereinbart worden sein.

Beispiele:

Typvereinbarung:

```
TYPE Wochentag = (Montag,Dienstag,Mittwoch,Donnerstag,
                  Freitag,Samstag,Sonntag);
                 (* Aufzählungstyp, enumeration *)
```

Variablenvereinbarung:

```
VAR T:Wochentag;
    i:INTEGER;
```

Konstantenvereinbarung:

```
CONST Seminartag = Donnerstag;
               c = 17; (* damit ist c vom Typ CARDINAL *)
```

Die möglichen Werte der Variable T vom Datentyp Wochentag sind in der obigen Typenvereinbarung explizit angegeben. Die Syntax ist:

VariableDeclaration = IdentList ":" type
IdentList = ident{"," ident}.

Hier steht type für den Namen eines Typs oder für die Typdefinition selbst (s.u.).

Der Programmierer hat mit der Typenangabe die Möglichkeit, die Bedeutung der Programmobjekte sichtbar zu machen. (Dagegen müssen wir die Bedeutung der Symbole 2, 3, 1 und 0 im oben zitierten Gedicht erst erraten). Für den Compiler liefert die Typenangabe zum einen Information, die er benötigt, um die Verträglichkeit und Zulässigkeit verschiedener Konstruktionen (z.B. von Zuweisungen oder Ausdrücken) überprüfen zu können, und zum anderen Information über den für die jeweiligen Programmobjekte benötigten Speicherplatz. Im Endeffekt werden alle Programmobjekte im Speicher der Rechenanlage durch binäre Zeichenfolgen dargestellt - ohne Struktur. Das Konzept des Typs ist ein Abstraktionsmittel, das es ermöglicht, von der konkreten, rechnerinternen Darstellung der Programmobjekte zu abstrahieren und deren intendierte Bedeutung sichtbar zu machen.

Ein einfacher Datentyp hat nur Werte, die unstrukturiert sind, die also nicht wiederum aus Werten noch einfacherer Typen bestehen. In Modula sind standardmäßig die folgenden einfachen Datentypen vorhanden:

BOOLEAN	(Wahrheitswerte),	
CHAR	(Zeichen),	Ordinaltypen
CARDINAL	(Kardinalzahlen),	

INTEGER (ganze Zahlen),

REAL (reelle Zahlen),

BITSET (Mengen von Kardinalzahlen)

Daneben gibt es noch zwei Klassen von einfachen Datentypen, die vom Programmierer selbst definiert werden können, nämlich Unterbereichstypen (SubrangeType) und Aufzählungstypen (enumeration).

4.2 Wahrheitswerte

Der Standard-Datentyp BOOLEAN (benannt nach dem Logiker und Mathematiker George Boole, 1815-1864) umfaßt die beiden Werte FALSE und TRUE. Durch ihn lassen sich zweiwertige Variable vereinbaren (logische Variable). FALSE und TRUE sind Standardnamen für die logischen Konstanten. Der Wert einer logischen Variablen gibt oft an, ob eine Eigenschaft vorhanden ist (TRUE) oder nicht (FALSE). Deshalb ist es meist sinnvoll, logische Variable durch Adjektive zu benennen, z.B.:

```
VAR preiswert, notwendig: BOOLEAN;
```

Für den Datentyp BOOLEAN stehen die logischen Verknüpfungen AND (Konjunktion, logisches Und), OR (Disjunktion, inklusives Oder) und NOT (Negation) zur Verfügung. Diese Operationen werden üblicherweise durch sogenannte Wahrheitswertetafeln (s.u.) definiert. Für AND kann auch das "kaufmännische" & (entstanden aus dem lateinischen et) verwendet werden, und für NOT das Zeichen ~.

```
VAR p,q: BOOLEAN;
```

Wahrheitswertetafeln:

p	NOT p
TRUE	FALSE
FALSE	TRUE

p	q	p AND q	p OR q
TRUE	TRUE	TRUE	TRUE
TRUE	FALSE	FALSE	TRUE
FALSE	TRUE	FALSE	TRUE
FALSE	FALSE	FALSE	FALSE

Wenn beispielsweise die Variable "preiswert" den Wert TRUE und die Variable "notwendig" den Wert FALSE hat, dann hat "preiswert AND notwendig" den Wert FALSE. Die Aussage "preiswert AND notwendig" über einen Kaufgegenstand kann also wahr - d.h. der Gegenstand wird benötigt und ist preiswert - oder falsch sein - d.h. der Gegenstand ist entweder teuer oder unnötig - und je nachdem können wir uns entscheiden, ob wir den Gegenstand kaufen wollen oder nicht. Derartige Aussagen nennt man auch logische oder Boolesche Ausdrücke (siehe Kap. 5.1).

Für den Datentyp BOOLEAN gibt es ferner die Gleichheitsrelation =, die Ungleichrelation # oder <> und die Vergleichsrelationen <, <=, >= und >, da auf der Wertemenge dieses Typs eine Ordnung definiert ist: FALSE ist kleiner als TRUE.

p	q	p < q	p<=q	p>=q	p > q
TRUE	TRUE	FALSE	TRUE	TRUE	FALSE
TRUE	FALSE	FALSE	FALSE	TRUE	TRUE
FALSE	TRUE	TRUE	TRUE	FALSE	FALSE
FALSE	FALSE	FALSE	TRUE	TRUE	FALSE

Die logische Implikation "aus p wahr folgt, q ist wahr" oder "p impliziert q" ist somit durch die kleiner-gleich-Relation ausdrückbar, denn der logische Ausdruck p<=q liefert dieselben Werte wie der Ausdruck (NOT p) OR q, was zu "p impliziert q" äquivalent ist. Boolesche Ausdrücke treten oft in Fallunterscheidungen auf (IF-Anweisungen; siehe Kap. 5.2). Die Fallunterscheidung "Falls ein nicht notwendiges Lebensmittel preiswert ist, dann kaufe es, andernfalls suche einen Ersatz" läßt sich - nachdem den beiden logischen Variablen "notwendig" und "preiswert" Wahrheitswerte zugewiesen wurden - in Modula wie folgt ausdrücken:

```
IF (NOT notwendig) <= preiswert
     THEN kaufen
     ELSE suche Ersatz
END.
```

Wenn der Ausdruck nach dem IF-Symbol den Wahrheitwert TRUE hat, ist die Anweisung nach THEN, sonst die nach ELSE auszuführen. (In welchen Fällen wird also gekauft?)
Unter den logischen Operationen und Relationen gibt es eine Vorrangstellung: NOT bindet stärker als AND und OR; AND stärker als OR ; NOT, AND und OR haben Vorrang vor den Relationen. In Zweifelsfällen verwende man Klammern; z.B. entspricht der Ausdruck "NOT preiswert <= notwendig" dem Ausdruck "(NOT preiswert) <= notwendig" und nicht "NOT(preiswert <= notwendig)".

Im nächsten Abschnitt bringen wir ein Beispiel für die Verwendung logischer Variablen und Ausdrücke. Hier sind noch zwei Bemerkungen angebracht.

1) Ein Boolescher Ausdruck wie "(NOT preiswert) AND notwendig" wird von links nach rechts ausgewertet; d.h. bereits wenn der erste Term den Wert FALSE ergibt, bekommt der gesamte Ausdruck den Wert FALSE, ohne daß der zweite Term ausgewertet wird, der deshalb auch nicht definiert zu sein braucht. Diese Übereinkunft bringt zuweilen Vorteile für das Programmieren. So führt z.B. IF(x>0) AND (y/x<1) THEN ... END zu keinem Laufzeitfehler, wenn x=0 ist.

Es gilt sinngemäß:

```
r := p AND q ≡ IF p THEN r := q    ELSE r := FALSE END
r := p OR  q ≡ IF p THEN r := TRUE ELSE r := q     END
```

2) Auch Vergleiche, wie I<J (I,J Variable vom Typ INTEGER) liefern Wahrheitswerte. Diese können einer logischen Variablen direkt zugewiesen werden, z.B. ist

```
preiswert:=I<100;
```

gleichbedeutend mit

```
IF I<100 THEN preiswert:=TRUE
         ELSE preiswert:=FALSE
END;
```

oder auch mit

```
preiswert:=TRUE;
IF I>=100 THEN preiswert:=FALSE END;
```

4.3 Zeichen

Der Standard-Datentyp CHAR (characters) beschreibt die Menge der verfügbaren Zeichen (vgl. Kap. 3.2 und Anhang). Einer Variablen vom Typ CHAR kann also eine Zeichenkonstante (in Hochkommatas) zugewiesen werden; z.B.

```
VAR Zeichen: CHAR;
    Zeichen:='E';
```

Einige dieser Zeichen sind nicht auf dem Bildschirm oder durch den Drucker darstellbar. Für diese Zeichen werden die Ordnungszahlen (in der ASCII-Oktaldarstellung) gefolgt von einem C (für character) verwendet. Der Zwischenraum (Leerzeichen) zählt jedoch zu den druckbaren Zeichen. Die Zuweisung

Zeichen := 14C

ist also zulässig, denn 14C ist ein Wert vom Typ CHAR. Dieser Wert bezeichnet das Steuerzeichen ff (form feed). Solche Steuerzeichen dienen dazu, ein Gerät - z.B. den Drucker - anzusprechen und/oder die Ausgabe eines Textes zu formatieren. Auch mit Zeichen lassen sich Ausdrücke bilden. Auf dem Datentyp CHAR sind nämlich die Vergleichsoperationen definiert, wobei die Ordnung über die Ordnungszahlen der Zeichen gegeben ist. Ein durch Vergleich gebildeter Ausdruck ist vom Typ BOOLEAN. Er kann somit als Bedingung in einer Fallunterscheidung verwendet oder einer logischen Variablen zugewiesen werden; z.B.

```
VAR gross  : BOOLEAN;
    Zeichen: CHAR;
    IF (Zeichen>='A' ) AND (Zeichen<='Z')
       THEN gross := TRUE
       ELSE gross := FALSE
    END;
```

oder

```
gross := ('A'<=Zeichen) AND (Zeichen>='Z');
```

Es ist zulässig, Zeichenketten (Strings), die nur ein Zeichen enthalten, einer Variablen vom Typ CHAR zuzuweisen.

Beispiel 4.1 Ein einfacher Computer:

Das folgende Programm simuliert einen sehr einfachen Computer, der lediglich Kardinalzahlen addieren und subtrahieren kann. Mit diesem Beispiel wollen wir auch zeigen, wie sich ein Programm gegen Eingabefehler absichern läßt. Die importierte logische Variable Done hat den Wert FALSE, wenn versucht wurde, etwas anderes als eine zulässige Kardinalzahl einzugeben. Sie signalisiert also Eingabefehler. Solche Variablen werden auch Fehlerflaggen (error-flags) genannt. REPEAT - UNTIL ist eine Schleifenanweisung. Nach UNTIL steht das Abbruchkriterium. Wenn dieses den Wert FALSE hat, wird die Schleife verlassen.

```
MODULE SimplerComputer;
(* Addition und Subtraktion positiver ganzer Zahlen *)
FROM InOut IMPORT Read,ReadCard,WriteCard,WriteString,
                  Write,WriteLn,Done;
VAR a,b : CARDINAL; (* Typ der positiven ganzen Zahlen *)
    op : CHAR; (* Zeichen fuer gewuenschte Operation *)
    negativ, plus : BOOLEAN;
BEGIN
   WriteString('Ein simpler Computer');WriteLn;

   REPEAT (* Eingabe für a *)
   WriteString('a = ');ReadCard(a);WriteLn
   UNTIL Done; (* solange bis Cardinalzahl eingegeben wird
   WriteCard(a,5);
   WriteLn;

   REPEAT (* Eingabe für b *)
   WriteString('b = ');ReadCard(b);WriteLn
   UNTIL Done;
   WriteCard(b,5);
   WriteLn;

   REPEAT (* Eingabe für op *)
   WriteString(' Operation = ');Read(op);
   UNTIL ( op = '+' ) OR ( op = '-');
   Write(op);

   WriteLn;
   WriteString('Ergebnis =');
```

```
    plus:=(op='+');negativ := (a<b);
    IF plus THEN a := a + b END;
    IF NOT ( plus OR negativ )  THEN a := a - b END;
    IF ( NOT plus ) AND negativ THEN a := b - a;
    WriteString(' -') END;
    WriteCard(a,5);
    Read(op) (* Warten auf eine Eingabe, dann Ende *)
END SimplerComputer.
```

Beispiel für eine Ausgabe:

```
Ein simpler Computer
a = 3456 b = 3546 Operation = -
Ergebnis = - 90
```

Das Programm wurde für den Atari 520ST+ geschrieben (TDI Modula-2/ST). Die Fallunterscheidungen in diesem Programm lassen sich etwas prägnanter wie folgt formulieren:

```
IF plus THEN a:=a+b
        ELSIF negativ
           THEN a:=b-a
           ELSE a:=a-b
END;
```

Für den Datentyp CHAR sind - wie auch für die folgenden Standard-Datentypen - in Modula einige Standardprozeduren erklärt; z.B. liefert die Funktions-Prozedur

ORD(ch),

die ASCII-Ordungszahl (vom Typ CARDINAL) des Wertes der Zeichenvariablen ch. Die Umkehrfunktion von ORD ist die Standard-Prozedur CHR, d.h.

CHR(ORD(ch))=ch.

Die Standardprozeduren werden im Anhang näher erläutert.

4.4 Ganze Zahlen und Kardinalzahlen

Zu den numerischen Datentypen zählen INTEGER, CARDINAL und REAL. Die Werte dieser Datentypen werden maschinenintern unterschiedlich dargestellt, da den auf ihnen definierten Operationen unterschiedliche Algorithmen zugrunde liegen, die sich unter anderem auch in ihrer Ausführungszeit unterscheiden.

Der Standard-Datentyp INTEGER stellt ganze Zahlen zur Verfügung. Der Zahlenbereich ist implizit festgelegt. Bei einer Wortbreite von 16 Bits sind üblicherweise die Grenzen des Bereichs durch MinInt = -32768 und MaxInt = 32767 gegeben. Die verschiedenen Darstellungsmöglichkeiten für ganze Zahlen wurden bereits in Kap. 3.2 beschrieben (dezimale, oktale oder hexagonale Darstellung). Die zulässigen, arithmetischen Operationen sind

+	Addition
-	Subtraktion
*	Multiplikation
DIV	ganzzahlige Division und
MOD	Modulo-Berechnung.

Für a, b vom Typ INTEGER ist a DIV b der ganzzahlige Anteil der Division von a durch b und a MOD b ergibt den Rest. Der Operator MOD liefert nur für postive Operanden ein im mathematischen Sinne korrektes Ergebnis. Es gilt also für positive a und b:

a = (a DIV b) * b + a MOD b

und 0 <= a MOD b < b.

Beispiele: 3 DIV 5 = 0; 5 DIV (-5) = -1; 7 DIV 6 = 1;
-14 DIV 5 = - 2; 5 MOD 6 = 5; 14 MOD 5 = 4; 7 MOD 6 = 1.

Außerdem sind die üblichen Vergleichsoperatoren <, <=, >, >=, # oder <> mit einem Ergebniswert vom Typ BOOLEAN definiert. Zwischen den Operatoren gelten die aus der Mathematik bekannten Vorrangstellungen. Es gibt in Modula selbst zwar keinen Exponentialoperator; er ist jedoch über das Bibliotheks-Modul MathLib verfügbar (s. Kap. 12.8).

Den Datentyp CARDINAL haben wir schon mehrfach verwendet. Sein Wertebereich ist durch die nicht-negativen ganzen Zahlen gegeben, die wiederum nicht größer als eine maschinenabhängige Konstante sind. Bei 16-Bit-Maschinen ist dies 65535, da kein Bit für das Vorzeichen reserviert zu werden braucht. Die zulässigen Operatoren sind dieselben wie die für den Datentyp INTEGER.

4.5 REAL-Zahlen

Werte vom Typ REAL sind gebrochene Zahlen. Als Operatoren stehen wiederum die arithmetischen Operatoren

+ Addition
- Subtraktion
* Multiplikation
/ Division

sowie die Vergleichsoperatoren zur Verfügung. Die Notation für Konstante des Typs REAL wurde in Kap. 3.2 besprochen. REAL-Werte werden maschinenintern durch Zahlenpaare - bestehend aus einer gebrochenen Zahl und einem Skalenfaktor - dargestellt (Gleitkommadarstellung). Die Ergebnisse von Operationen mit REAL-Zahlen sind i.a. wegen der unvermeidbaren Rundungsfehler ungenau. Auf die Genauigkeit hat der Programmierer keinen Einfluß. Aus diesem Grund ist die Gleichheitsrelation für REAL-Zahlen nur mit Vorsicht zu gebrauchen. Statt

```
IF (Wert=x) THEN ... END
```

ist es deshalb ratsamer zu schreiben:

```
IF ABS(Wert - x ) < epsilon THEN ... END,
```

wobei die Standard-Prozedur ABS(x) den Absolutbetrag von x liefert und epsilon eine geeignet kleine, positive Konstante ist. Operationen mit ganzen Zahlen führen dagegen zu einem exakten Ergebnis, falls der zulässige Wertebereich nicht unter- oder überschritten wird (vgl. Modul MathLib in Kap. 12.8).

Für den Fall, daß für numerische Variable ein größerer Wertebereich benötigt wird als ihn die Datentypen INTEGER, CARDINAL und REAL bereitstellen, gibt es die Datentypen LONGINT, LONGCARD und LONGREAL. Nicht alle Modula-Versionen stellen aber diese Datentypen zur Verfügung.

4.6 Mengen von Kardinalzahlen

Werte des Standard-Datentyps BITSET sind Mengen von positiven ganzen Zahlen, deren Elemente dem Intervall 0...N-1 entnommen sind; N ist implementierungsabhänig. Die zulässigen Operatoren mit Ergebnis vom Typ BITSET sind

+ Vereinigung
- mengentheoretische Differenz
* Durchschnitt
/ symmetrische Differenz

zweier Mengen.

Für Konstanten des Typs BITSET werden die in der Mathematik üblichen geschweiften Klammern verwendet.

```
bitset = "{"[element{","element}]"}";
```

So bezeichnet {} die leere Menge und {5} eine ein-elementige Menge. Für "element" kann eine zulässige Kardinalzahl oder das Symbol m..n stehen, wobei m,n zulässige Kardinalzahlen sein müssen und n>m ist; m..n ist nämlich eine Abkürzung für die Zahlenfolge m,m+1,m+2,...,n.

Beispiele:

```
VAR kleineZahlen, grosseZahlen: BITSET;
kleineZahlen:={0..9};
grosseZahlen:={7..15}.
```

Es ist z.B.:

```
kleineZahlen/grosseZahlen = {0..6,10..15}
kleineZahlen*grosseZahlen = {7..9}
kleineZahlen-grosseZahlen = {0..6}
kleineZahlen+grosseZahlen = {0..15}.
```

Operatoren mit Ergebnis vom Typ BOOLEAN sind:

=	Gleichheit
<=,>=	Enthaltensein,
#,<>	Ungleichheit und
IN	Element von.

Der Operator IN ist insofern neu, als er drei verschiedene (also nicht nur ein oder zwei) Datentypen untereinander verknüpft. Zum Beispiel muß für

x IN kleineZahlen

die Variable x vom Typ CARDINAL sein, da die Menge kleineZahlen vom Typ BITSET ist. Das Ergebnis ist vom Typ BOOLEAN, nämlich gleich TRUE, wenn x in kleineZahlen enthalten ist, und FALSE sonst.

Es stehen die Standard-Prozeduren (vgl. Kap. 6.5) INCL für das Einfügen und EXCL für das Entfernen eines Elements zur Verfügung (INCL: include; EXCL: exclude). Der Datentyp BITSET ist besonders für die Systemprogrammierung wichtig, da mit ihm z.B. der Zugriff auf einzelne Bits von Registern möglich wird.

4.7 Aufzählungs- und Unterbereichstypen

Modula gibt Ihnen die Möglichkeit, neue Datentypen selbst zu definieren. Zu diesen, vom Programmierer deklarierbaren Datentypen zählen die Aufzählungstypen und die Unterbereichstypen.

Ein Aufzählungstyp (enumeration type) ist ein Datentyp, dessen Werte in Gestalt von Namen explizit in einer Liste aufgeführt werden, z.B.

```
TYPE Monat = (Januar,Februar,Maerz,April,Mai,Juni,Juli,
              August,September,Oktober,November,Dezember)
```

Man kann auch den Standard-Datentyp BOOLEAN=(FALSE,TRUE) als Aufzählungstyp auffassen. In EBNF:

enumeration = "("IdentList")".
IdentList = ident{","ident}.

Die einzigen, vorgegebenen Operatoren für Aufzählungstypen sind die Vergleichsoperatoren. Die Reihenfolge, in der der Programmierer die Konstanten (Literale) des Typs aufführt, bestimmt ihre Ordnung. So ist im obigen Beispiel Maerz größer als Februar. Die Konstanten eines Aufzählungstyps müssen verschieden benannt werden. Als Standard-Prozedur ist die Ordnungsfunktion ORD vorhanden. Es ist z.B. ORD(Januar)=0 und ORD(Dezember)=11. Der erste Wert eines Aufzählungstyps hat also die Position 0. ORD ist eine sogenannte generische Standard-Prozedur, d.h. sie ist auf Argumente unterschiedlichen Typs anwendbar. Verschiedene Aufzählungstypen (in ein und demselben Sichtbarkeitsbereich, vgl. Kap. 6) eines Programms dürfen natürlich keine Konstanten gleichen Namens enthalten.

Die Möglichkeit, Aufzählungstypen selbst zu deklarieren, gestattet es Ihnen, verständliche Programme zu schreiben. Sie sollten deshalb - wo immer möglich - diesen Vorteil nutzen.

Durch Einschränkung des Wertebereichs eines Aufzählungstyps oder der Standardtypen CHAR, INTEGER und CARDINAL läßt sich ein neuer Typ - ein sogenannter Unterbereichstyp (Ausschnittstyp, subrange type) - deklarieren. Unterbereichstypen erben von dem Muttertyp (Basistyp) dessen Operatoren:

SubrangeType = "["ConstExpression".."ConstExpression"]".

ConstExpression steht hier ausschließlich für Konstanten (und nicht auch für Ausdrücke). Diese bestimmen die untere bzw. obere Grenze des Unterbereichs. Sie müssen deshalb denselben Typ haben und die erste Konstante muß immer kleiner oder gleich der zweiten sein.

Beispiele:

```
TYPE Sommermonat = [Juni..August];
           Index = [-5..+5];
          Ziffer = ["0".."9"].
```

Der Unterbereichstyp Sommermonat des Basistyps Monat hat die drei Werte Juni, Juli, August. Es ist andererseits nicht zulässig, einen Unterbereichstyp Wintermonat=[Dezember..Maerz] zu deklarieren, da Dezember > Maerz gilt.

Beispiel: Verwendung von Aufzählungs- und Unterbereichstypen.

```
VAR Kalendermonat: Monat;
    Kalenderjahr : [1582..2400];
    Tage         : [28..31];

IF Kalendermonat = Februar
   THEN IF (Kalenderjahr MOD 4 = 0)
           AND((Kalenderjahr MOD 100#0)
           OR (Kalenderjahr MOD 400=0))
        THEN Tage := 29 (* Schaltjahr *)
        ELSE Tage := 28
        END
END;
```

Die Konstanten des Unterbereichstyps Tage sind vom Typ CARDINAL, da die untere Grenze nicht negativ ist. Ist die Untergrenze eine negative ganze Zahl, dann sind die Konstanten des Unterbereichstyps vom Typ INTEGER. Wenn der Datentyp T1 ein Unterbereichstyp des Basistyps T0 ist, läßt sich einer Variablen V0 von Typ T0 der Wert einer Variablen V1 vom Typ T1 zuweisen; umgekehrt nur, falls V0 einen Wert innerhalb T1 hat. Entsprechend sind auch zwei Unterbereichstypen T1 und T2 eines gemeinsamen Basistyps T0 kompatibel. Es sind demnach Kalenderjahr und Tage keine kompatiblen Unterbereichstypen, dagegen (teilweise) Tage und [0..31]. Es ist also durchaus zulässig, t:=Tage+1600 oder t:=Kalenderjahr-Tage zu schreiben, wenn t von Typ INTEGER oder vom Typ Kalenderjahr ist.

Die Möglichkeit, Unterbereichstypen zu deklarieren, bringt mehrere Vorteile mit sich. Zum einen werden Programme verständlicher, zum anderen kann der Compiler in speziellen Fällen sparsamer mit Speicherplatz umgehen und schließlich läßt sich zur Ausführungszeit des Programms automatisch überprüfen, ob z.B. einer Variablen vom Unterbereichstyp ein unzulässiger Wert zugewiesen wird.

Der Name des Basistyps kann der Deklaration eines Unterbereichstyps vorangestellt werden. Dies hilft dem Verständnis und läßt Mehrdeutigkeiten vermeiden.
Beispiel:

```
VAR s: [-5..100] (* Basistyp INTEGER *);
    l: LONGINT[-5..100];
TYPE Sommermonat = Monat[Juni..August]
```

4.8 Typenbindung und Typenkompatibilität

Modula ist eine Programmiersprache mit strenger Typenbindung (strongly typed language), d.h., daß grundsätzlich die Datentypen der Komponenten einer Konstruktion des Programms - wie z.B. einer Zuweisung oder von Ausdrücken - identisch sein müssen. Datentypen sind nur dann als identisch anzusehen, wenn sie durch

Umbenennung auseinander hervorgegangen sind. Z.B. sind die beiden Typen

Tag = (Mo,Di,Mi,Do,Fr,Sa,So)

und Wochentag identisch, falls

TYPE Wochentag = Tag,

vereinbart ist. Ebenso sind Unterbereichstypen desselben Basistyps verträglich (vgl. Abschnitt 4.7). Die folgendermaßen deklarierten Variablen

VAR Gestern : Tag;
    Heute,Morgen : Wochentag

sind also typ-kompatibel, nicht jedoch mit der Variablen

Übermorgen:(Mo,Di,Mi,Do,Fr,Sa,So),

abgesehen davon, daß Namen zweimal vergeben werden.

Beispiel: Die Standard-Prozedur VAL(T,z) ergibt den Wert des Aufzählungstyps T mit der Ordnungszahl z. (T kann auch CHAR, INTEGER oder CARDINAL sein). Wenn x vom Typ T ist, gilt also VAL(T,ORD(x))=x. Somit ist mit den obigen Variablendeklarationen folgende Zuweisung möglich:

```
IF ORD(Gestern)<=5
   THEN Heute:=VAL(Tag,ORD(Gestern)+1)
   ELSE Heute:=Mo
END. (* Heute:=VAL(Tag,ORD(Gestern)+1 MOD 6) *)
```

Die Bedingung der Typengleichheit wurde jedoch für bestimmte Konstrukte abgeschwächt. Z.B. sind zwei Variablen (oder eine Variable und ein Ausdruck) auch dann hinsichtlich der Zuweisung kompatibel, wenn die erste vom Typ INTEGER und die zweite vom Typ CARDINAL (oder umgekehrt) ist. Falls also i,j:INTEGER und c,d:CARDINAL deklariert wurde, ist es zulässig, zu schreiben

i := c+d;
c := i+j.

Allerdings muß auf die Wertebereiche geachtet werden. Nicht zulässig ist dagegen

i := i+c;
c := i+d ,

da in Ausdrücken strenge Typenbindung verlangt ist (Ausdruckskompatibilität).

Programmiersprachen mit strenger Typenbindung sind in ihrem Gebrauch relativ sicher, da bereits der Compiler die Verträglichkeit der Typen von Programmobjekten überprüfen und somit Fehler erkennen kann. Allzu strenge Typenbindung erweist sich aber zuweilen als zu restriktiv, besonders für die Systemprogrammierung. Deshalb sind in Modula Möglichkeiten vorgesehen, die Typenbindung zu durchbrechen. Es gibt zwei Möglichkeiten, den Typ des Wertes einer Variablen oder eines Ausdrucks zu ändern.

1) Typkonvertierung:
Der Variablenwert wird während der Programmausführung in die Darstellungsform des neuen Typs konvertiert und kann somit einer Variablen des neuen Typs zugewiesen werden. Die Konvertierung muß explizit im Programm mittels der dafür vorgesehenen Standard-Prozeduren vorgenommen werden (vgl. Kap. 6.5). Es sind z.B. VAL und ORD solche Funktionen.

Beispiel:
Es sei VAR x:[42..126]; a:CHAR;
Die Anweisung a:=CHR(x) bewirkt eine Konvertierung des Wertes der Variablen x (interpretiert als ASCII-Ordnungszahl) in die Zeichendarstellung und die Zuweisung an die Variable a vom Typ CHAR.

2) Typtransfer:
Ohne daß Wertedarstellungen konvertiert werden, wird bei der Übersetzung die Darstellung eines Variablenwerts als Wert des neuen Typs interpretiert, d.h. das Bitmuster des Wertes wird nicht verändert sondern nur dem neuen Typ zugeordnet. Diese (ungeprüfte) Typenwandlung muß - ebenfalls explizit - durch die Verwendung von sogenannten Typentransferfunktionen vorgenommen werden (vgl. auch Kap. 8.4). Dabei ist der Name des neuen Typs als Name für die Typtransformation zu verwenden.

Beispiele:

```
VAR a:CHAR;Heute:Tag;
Heute:=Sa;
a:=CHAR(Heute);
IF 4 IN BITSET(Heute) THEN ... END;
c:=CARDINAL(i);
```

Falsch ist dagegen CARDINAL(i):=c.

Anmerkung für Fortgeschrittene : Diese Möglichkeit des Typtransfers ist mit Vorsicht zu gebrauchen, da die Ergebnisse implementierungsabhängig sind. Für x:INTEGER ist z.B. nicht garantiert, daß 0 IN BITSET(x) genau dann den Wert TRUE hat, wenn x einen geraden Wert hat.

4.9 Aufgaben

Man stelle Wahrheitswertetafeln für folgende logische Ausdrücke auf:

```
(NOT notwendig)<=preiswert und
 NOT(notwendig <=preiswert).
```

Wieviele verschiedene Tafeln von Wahrheitswerten für zwei logische Variablen gibt es? Man gebe dafür logische Ausdrücke an und entwerfe ein Programm, das diese Tafeln ausgibt.

Welche der folgenden Ausdrücke sind syntaktisch korrekt gebildete einfache Ausdrücke? Welche Klammern sind überflüssig?

(3*4/5)-16*(24 MOD 6), NOT p&q,
exp(a)*(3.0/9.9), a+(b(c+d)), NOT(x#y)OR z

Man schreibe eine Ausgabeprozedur für Namen von Werten eines Aufzählungstyps, z.B. für BOOLEAN.

5. Anweisungen und Kontrollstrukturen

Übersicht:
Ziel dieses Kapitels ist es, Anweisungen allgemein einzuführen und den Leser speziell mit Zuweisungen und den in Modula verfügbaren Kontroll-Anweisungen vertraut zu machen.

Unterschiede zu Pascal:
Alle Kontroll-Anweisungen bis auf REPEAT werden durch END abgeschlossen. (Zwischen DO bzw. THEN und END steht jeweils eine Anweisungsfolge). In der FOR-Schleife ist das TO/DOWNTO-Konstrukt durch die Angabe einer Schrittweite in einem BY-Teil ersetzt. Die IF-Anweisung ist durch einen ELSIF-Teil erweitert. In der CASE-Anweisung ist ein ELSE-Teil möglich. Zusätzlich gibt es die LOOP-Anweisung mit dem EXIT-Befehl. Eine Sprunganweisung GOTO ist nicht vorhanden.

5.1 Ausdrücke und Anweisungen

Anweisungen sind sozusagen die atomaren Bestandteile eines Programmes. Wenn man - wie üblich - Programmiersprachen als formale Sprachen ansieht, so entsprechen Anweisungen einfach den Wörtern dieser Sprachen. Sie werden vom Rechner identifiziert, gedeutet und ausgeführt. Modula-Anweisungen, wie solche einer jeden höheren Programmiersprache, können dabei natürlich nur mittelbar ausgeführt werden. Sie müssen nämlich erst in die auf Maschinen-Ebene atomaren (Maschinen-) Instruktionen übersetzt werden (vgl. Kap. 2.4).

Die elementarste Anweisung ist die Zuweisung eines Wertes an eine Variable. Die Zuweisung (assignment) sieht syntaktisch wie folgt aus:

assignment = designator ":=" expression.

Im Moment genügt es, wenn Sie sich unter einem Bezeichner (designator) den Namen einer Variablen vorstellen.

Einfachste Beispiele sollen dies illustrieren:

```
i:=1;    (* der Variablen i wird der Wert 1 zugewiesen *)
i:=i+1;  (* der Wert der Variablen i wird um 1 erhöht *)
```

Eine Zuweisung wird in drei Schritten abgearbeitet:

(1) Der Bezeichner wird ausgewertet. (D.h. die Speicheradresse des bezeichneten Objekts wird bestimmt; handelt es sich dabei z.B. um ein Feldelement (siehe Kap. 8.1), so wird als erstes dessen Index berechnet).

(2) Der Wert des Ausdruckes (expression), also der rechten Seite der Zuweisung, wird errechnet.

(3) Der durch den Bezeichner benannten Variablen der linken Seite (in Schritt 1 bestimmt) wird der Wert der rechten Seite (in Schritt 2 gewonnen) zugewiesen.

Sie sollten sich vor Augen halten, daß durch die Ausführung einer Zuweisung der alte Wert der Variablen auf der linken Seite überschrieben wird und damit verloren ist. Stellen wir uns beispielsweise vor, daß der Wert zweier Variablen i und j zu vertauschen sei. Die beiden Zuweisungen

i:=j; j:=i;

leisten nicht das gewünschte. In der ersten Anweisung wird zwar der Wert von j der Variablen i zugewiesen (und damit ist ihr alter Wert verloren). Dadurch wird dann jedoch die zweite Anweisung nutzlos, da sie bewirkt, daß der Variablen j der Wert von i und damit jetzt ihr eigener Wert zugewiesen wird. Um zu verhindern, daß der alte Wert von i verloren geht, muß man ihn - wie man so sagt - zwischenspeichern, etwa in einer Variablen iAlt. Dieser Wert wird dann j zugewiesen:

iAlt:=i; i:=j; j:=iAlt; (* i,j vertauschen *)

oder als Prozedur (vgl. Kap. 6):

Beispiel 5.1 Vertauschen:

```
PROCEDURE Flip(VAR i,j:ITEM);
(* vertauscht i und j vom Typ ITEM *)
VAR iAlt:ITEM;
BEGIN
   iAlt:=i ; i:=j ; j:=iAlt
END Flip;
```

Der in einer Zuweisung auf der rechten Seite verwendete Ausdruck besteht in der Regel seinerseits aus einem oder mehreren Operanden und Operatoren. Ein solcher Ausdruck wird nun ausgewertet, indem (bei Berücksichtigung der Klammerung) die Operatoren auf ihre jeweiligen Operanden angewendet werden. Die Operanden sind dabei Konstanten, Variable oder sogar Funktionen. Wenn nicht durch Klammerung oder durch Hierarchie ("Punkt-Rechnung geht vor Strich-Rechnung") eine andere Reihenfolge festgelegt ist, wird ein solcher Ausdruck von links nach rechts ausgewertet.

So entspricht also der Ausdruck (die Terme Ti sind z.B. Variable)

T1+T2+ ... +Tn

bzgl. seines Wertes dem (geklammerten) Ausdruck

((...(T1+T2)+T3)+.....)+Tn

Beide Ausdrücke sind Beispiele für sogenannte einfache Ausdrücke.

Die Syntax einfacher Ausdrücke (simple expression) ist gegeben durch

SimpleExpression = ["+"|"-"] term {AddOperator term}

wobei AddOperator für drei verschiedene Operatoren steht:

AddOperator = "+"|"-"|OR.

Was ist nun ein "term"? Wie der einfache Ausdruck aus Termen, so besteht ein Term seinerseits aus Faktoren:

term = factor {MulOperator factor}.
MulOperator = "*"|"/"|DIV|MOD|AND|"&".

Jeder Faktor wiederum ist entweder eine Konstante, eine Variable, eine Funktion oder ein geklammerter Ausdruck. Wieder werden Terme von links nach rechts berechnet, solange Sie durch Klammerung nicht etwas anderes verlangen. So entspricht also der Ausdruck (die Faktoren Fi sind z.B. Variable)

F1*F2* ... *Fn

bzgl. seines Wertes dem (geklammerten) Ausdruck

((...(F1*F2)*F3)*.....)*Fn.

Die folgende Definition der Syntax eines Faktors vervollständigt die Definition von einfachen Ausdrücken. (Was unter aktuellen Parametern zu verstehen ist, wird in Kap. 6 erklärt).

factor = number|string|set|designator[Actual Parameter]|
"("expression")"|NOT factor.

Sie können nun anhand dieser rekursiven Definition überprüfen, ob die folgenden Ausdrücke syntaktisch richtig gebildet wurden:

a*a+2*a*b+b*b, 1.0+z+z*z+z*z*z, (1.0-z*z*z*z)/1.0-z)
sin(x)*sin(x)+cos(x)*cos(x), MathLib.arctan(1.0)*4.0*r*r

Folgendes ist zu beachten:

(1) Sinnvollerweise muß jeder Variablen in einem Ausdruck zuvor ein Wert zugewiesen worden sein.

(2) Zwei Operatoren dürfen nicht nebeneinander zu stehen kommen: statt a*-b ist also a*(-b) zu schreiben.

(3) Sie müssen jede Multiplikation ausschreiben, d.h. statt 2n eben 2*n. Die Zeichenfolge 2n wäre nämlich vom Compiler nicht zu interpretieren, da Namen mit einem Buchstaben beginnen müssen; dagegen würde das Produkt ab der beiden Variablen a und b als die (wahrscheinlich nicht definierte) Variable ab interpretiert.

(4) Die multiplikativen Operatoren binden stärker als die additiven Operatoren. Wenn Sie sich über die Rangfolge von Operatoren nicht ganz im Klaren sind, sind zusätzliche Klammern immer hilfreich.

Mit der formalen Definition der Syntax eines Ausdrucks steht Ihnen nun die Zuweisung und damit eine Modula-Anweisung zur Verfügung. Es gibt in Modula eine Reihe weiterer Anweisungen (statements), mit denen wir Sie im weiteren Verlauf vertraut machen wollen. An dieser Stelle sei zunächst die Syntax einer Anweisung definiert, wobei alle bisher noch nicht genannten Anweisungen aufgezählt sind:

```
statement = [assignment|ProcedureCall|
             WhileStatement|RepeatStatement|ForStatement|
             LoopStatement|IfStatement|CaseStatement|
             WithStatement|ReturnStatement|EXIT].
```

Einige Anweisungen sind strukturiert und bestehen damit ihrerseits aus weiteren Anweisungen. Die Syntax einer Anweisung ist also wie diejenige eines Ausdruckes rekursiv definiert.

Das wichtigste Prinzip, aus einzelnen Anweisungen ein ganzes Programm zusammenzustellen, ist das der Aneinander-Reihung (Sequenz). Die einzelnen Anweisungen werden dann der Reihe nach abgearbeitet. Die Anweisungen werden durch Semikolon getrennt. Die Folge von Anweisungen

S1;S2; ... ;Sn

bewirkt, daß die Anweisung S2 sofort nach Beendigung der Abarbeitung der Anweisung S1, die Anweisung S3 sofort nach Beendigung von S2 bearbeitet werden soll usw.. Dies ist auch gleich das Beispiel einer Anweisungsfolge (statement sequence). Die Syntax einer Anweisungsfolge ist durch

StatementSequence = statement{";"statement}.

gegeben.

Wenn Sie die Definition einer Anweisung genau überprüfen, werden Sie feststellen, daß eine Anweisung auch aus überhaupt keiner syntaktischen Einheit bestehen kann. Man nennt diesen Fall die leere Anweisung. Da solche leeren Anweisungen zugelassen sind, meldet der Compiler z.B. keinen Fehler, wenn Sie (überflüssigerweise) vor END ein Semikolon gesetzt haben.

5.2 Kontroll-Strukturen

Wahrscheinlich werden Sie dieses Buch nicht von Anfang bis Ende, Seite für Seite lesen. Um z.B. etwas über Kontroll- Strukturen im allgemeinen und diejenigen von Modula im besonderen zu lernen, werden Sie wohl wie folgt verfahren:

Wenn Sie schon wissen, was eine Kontroll-Struktur ist, werden Sie dieses Kapitel überspringen; ansonsten werden Sie den allgemeinen Ausführungen solange Ihre Aufmerksamkeit schenken, bis Sie sie verstanden haben oder aber bis es Ihnen reicht. Dieses Vorgehen läßt sich mit den Modula-Kontroll-Strukturen IF und REPEAT wie folgt beschreiben:

```
IF (Kontroll- Strukturen schon bekannt)
   THEN Kapitel überspringen
   ELSE
      REPEAT lesen UNTIL verstanden OR keine Lust mehr
END (* IF *)
```

Generell dienen also Kontroll-Strukturen dazu, die Reihenfolge zu bestimmen, in der die Anweisungen eines Programms abzuarbeiten sind, d.h. festzulegen, welche Programm-Befehle unter welchen Bedingungen ausgeführt, wie oft wiederholt oder übersprungen werden sollen. Die einfachste Kontroll-Struktur, die Anweisungsfolge, haben wir schon kennengelernt.

5.2.1 Wiederholungsanweisungen

Häufig werden Sie die Möglichkeit brauchen, einen oder mehrere Befehle öfter abarbeiten zu lassen. Die Anzahl der Wiederholungen wird dabei durch eine Bedingung "kontrolliert". Verschiedene Kontroll-Strukturen eröffnen Ihnen die Möglichkeit der kontrollierten Wiederholung: die WHILE- und die REPEAT-Anweisung, die FOR-Schleife und bedingt auch die LOOP-Anweisung. Während der Ausführung einer solchen Wiederholungsanweisung gibt es sogenannte Invarianten. Das sind Aussagen über Beziehungen zwischen Variablen und zwar solche, die sich, wie oft auch immer die Anweisungsfolge wiederholt wird, nicht ändern. Solche Invarianten sind nützlich, um die Korrektheit von Programmen überprüfen zu können (Wirth 75, Bab 87).

Die WHILE-Anweisung

Der WHILE-Befehl bewirkt, daß die zu wiederholende Anweisung oder Folge von Anweisungen solange ausgeführt wird, wie die kontrollierende Bedingung erfüllt ist. Die Syntax der WHILE-Anweisung ist durch

WhileStatement = WHILE expression DO statementSequence END

gegeben.

Der Ausdruck, also die die Abarbeitung der WHILE-Anweisung kontrollierende Bedingung, ist vom Typ BOOLEAN. Mit einer WHILE-Anweisung erreichen Sie, daß

(1) der Boolesche Ausdruck (zwischen "WHILE" und "DO") berechnet wird; sein Wert ist entweder TRUE oder FALSE,

(2) falls diese Berechnung den Wert TRUE ergeben hat, die Anweisungsfolge ausgeführt und Schritt 1 wiederholt wird; anderenfalls (d.h. wenn der Ausdruck den Wert FALSE hat) ist die WHILE-Anweisung abgearbeitet und der Rechner geht zur Bearbeitung der der gesamten WHILE-Anweisung folgenden Anweisung über.

Ein einfaches Beispiel soll nun den Gebrauch der WHILE-Anweisung erläutern.

Es seien x und y vom Typ CARDINAL. Zu berechnen sei der (ganzzahlige) Quotient q = x DIV y und der Rest r = x MOD y bei Division von x durch y; q entspricht dann gerade der Anzahl von Wiederholungen, y von x zu subtrahieren. Aus dem naheliegenden Ansatz

```
q:=0;z:=x;
WHILE z>y DO
    z:=z-y;q:=q+1
END;
r:=z;
```

wird durch die Beobachtung, daß anstelle der Variablen z gleich r(est) hätte verwendet werden können, das folgende elegantere Programmstück:

```
q:=0; r:=x;          (* q = x DIV y , r = x MOD y *)
WHILE r >= y DO
        r:=r-y;q:=q+1
END;
```

Die Beziehung q*y+r=x ist die Invariante dieser WHILE-Anweisung. Sie ist vor Eintritt in die Schleife (0*y+x=x) und auch nach dem Verlassen der Schleife (x=(x DIV y)*y+x MOD y, (siehe Kap. 4.4) erfüllt.

Einige "Kleinigkeiten" müssen Sie noch beachten:
1) Sie sollten sicherstellen, daß die kontrollierende Bedingung irgendwann einmal nicht mehr erfüllt ist. Sonst würde Ihr Programm nämlich in einer unendlichen Schleife kreisen. Zudem gibt es für diesen Spezialfall die geeignetere, weil einleuchtendere Modula-Anweisung LOOP. Offensichtlich muß also der Wert des kontrollierenden Ausdrucks durch die Anweisungsfolge so verändert werden, daß er irgendwann einmal auch den Wert FALSE annimmt. Die folgenden Beispiele von WHILE-Anweisungen terminieren überhaupt nicht oder nur unter bestimmten Vorbedingungen:

```
WHILE i > 0 DO
    k:=2*k  (* i wird nicht verändert *)
END;
```

oder

```
WHILE i <> 0 DO
    i:=i-2 (* i muß geradzahlig und >0 sein *)
END;
```

oder

```
WHILE n = i DO (* die Anweisungsfolge *)
   n:=n*i; i:=i+1 (* n:=n*i;i:=i+1 wird einmal *)
END (* oder gar nicht ausgeführt *);
```

2) Wenn bei Eintritt in die WHILE-Anweisung die kontrollierende Bedingung den Wert FALSE hat, so wird die Anweisungsfolge überhaupt nicht durchgeführt, d.h. die Programm-Ausführung 'fällt durch' den ganzen WHILE-Befehl (abweisende Schleife).

3) Um effizient zu programmieren, sollten Sie identische Berechnungen nicht in einer Schleife 'verstecken' und damit mehrfach durchführen lassen. Sei beispielsweise b irgendein Ausdruck vom Typ BOOLEAN und f und h seien irgendwelche Prozeduren. Dann ist es besser, statt

```
WHILE b(i) DO
   f(i,h(x))
END;
```

die von der Variablen i unabhängige Funktion h(x) nur einmal berechnen zu lassen:

```
z:=h(x);
WHILE b(i) DO
   f(i,z)
END;
```

Folgendermaßen kann man die Exponentialreihe an der Stelle x auswerten: (Im Vorgriff auf Kap. 6 stellen wir hier gleich die Realisierung als Funktions-Prozedur vor. Mit der Anweisung RETURN wird der Funktionswert an das aufrufende Programm zurückgegeben).

Beispiel 5.2 Exponential-Funktion:

```
PROCEDURE exponential(x:REAL):REAL;
   CONST epsilon = 1.0E-6; (*epsilon ist die Genauigkeit*)
   VAR exp,term:REAL;i:INTEGER;
BEGIN
   exp:=1;term:=1;i:=1;
   WHILE term>epsilon DO
      term:=term*x/FLOAT(i);
      exp:=exp+term;i:=i+1
   END;
   RETURN exp
END exponential;
(* FLOAT ist eine Typ-Konvertierungsfunktion *)
```

Die REPEAT-Anweisung

In gewisser Hinsicht komplementär zur WHILE-Anweisung ist die REPEAT-Anweisung. Die Syntax der REPEAT-Anweisung wird durch

RepeatStatement = REPEAT StatementSequence UNTIL expression

beschrieben. Im Unterschied zur WHILE-Anweisung wird die Bedingung jedesmal nach (statt vor) der Ausführung der Anweisungsfolge überprüft. Die Anweisungsfolge der REPEAT-Anweisung wird also in jedem Fall mindestens einmal ausgeführt. Ein Vorteil der REPEAT-Anweisung besteht darin, daß Variable, die in der kontrollierenden Bedingung vorkommen, erst in der Anweisungsfolge gesetzt und damit nicht eigens initialisiert werden müssen.

Für das folgende Beispiel verwenden wir (wieder im Vorgriff) einen Feld-Datentyp. Felder sind endliche Folgen indizierter Variabler desselben Types. Die genaue Definition bringen wir in Kap. 8.1.

Es sei der Wert x in einem Feld a=(a[1],...,a[n]) von REAL-Zahlen a[i] zu suchen. Diese Suche kann mit einer REPEAT-Anweisung wie folgt programmiert werden:

```
i:=0;
REPEAT (* i=n+1 wenn x nicht gefunden *)
   i:=i+1
UNTIL (i>n) OR (a[i]=x);
```

Wesentlich ist hier die spezielle Art, Boolesche Ausdrücke auszuwerten (vgl. Kap. 4.2), denn a[n+1] ist nicht definiert. Sie erspart so den umständlichen Gebrauch von zusätzlichen Booleschen Variablen (Flags), um zu verhindern, daß i die vorgegebenen Indexgrenzen überschreitet.

Die LOOP-Anweisung

Die LOOP-Anweisung enthält keine kontrollierende (Abbruch-) Bedingung. Die Abarbeitung der Anweisungsfolge zwischen LOOP und END kann nur vermittels einer EXIT-Anweisung in der Anweisungsfolge selbst terminiert werden: den EXIT-Befehl auszuführen bedeutet, zu der ersten Anweisung nach der LOOP-Anweisung zu springen, die LOOP-Schleife also zu verlassen. Es sind daher auch mehrere EXIT-Anweisungen zulässig.

Die Syntax des LOOP-Befehles ist ganz einfach:

LoopStatement = LOOP StatementSequence END.

Wie wir später sehen werden, gibt es Situationen, in denen der Gebrauch des LOOP-Kommandos angezeigt ist. Generell ist aber zu empfehlen, wo immer möglich die WHILE- oder die REPEAT-Anweisung zu benützen, da beide aufgrund der einzigen kontrollierenden Bedingung am Anfang bzw. am Ende übersichtlicher sind. Dennoch sei hier zur Illustration der LOOP-Anweisung die Karikatur eines Betriebssystems mit einem sehr rudimentären Kommando-Interpreter angeführt:

```
LOOP
   ReadString(Kommando);
   KommandoEntschlüssler(Kommando);
   (* zerlegt Kommando in command und Argumente *)
   Suche file mit Namen command;
   IF found THEN execute(command,arguments)
            ELSE WriteString(command,' not found!') END;
END
```

Das Betriebssystem ist ein Programm, das vom 'Hochfahren' des Rechners bis zu seinem Abschalten ununterbrochen läuft. Insofern ist es nicht erstaunlich, daß die obige Skizze keine EXIT-Anweisung (wohin auch) enthält.

Treffendere und ausführlichere Beispiele für den Gebrauch der LOOP-Anweisung werden wir erst in Teil III im Zusammenhang mit Coroutinen und Prozessen vorstellen können.

Die FOR-Anweisung

Wenn vorab schon bekannt ist, wie oft eine Anweisungsfolge zu durchlaufen ist, kann dies am prägnantesten durch eine sogenannte FOR-Schleife formuliert werden. Syntaktisch ist die FOR-Anweisung folgendermaßen aufgebaut:

```
ForStatement =  FOR identifier ":=" expression1 TO expression2
                                    [BY expression3] DO
                                    StatementSequence
                END.
```

Der identifier in einer FOR-Schleife heißt Kontroll- oder Zähl-Variable. Im Kontroll-Teil der Schleife wird festgelegt, welche Werte im Bereich expression1..expression2 die Kontroll-Variable nacheinander annehmen soll. Und zwar wird dabei die Kontroll-Variable anfangs auf expression1 gesetzt (die Kontroll-Variable und -Ausdrücke müssen ausdruckskompatibel sein) und dann solange um expression3 erhöht, bis sie größer als expression2 ausfällt; expression3 entspricht also einer Schrittweite für die Kontroll-Variable. Falls Sie keine Schrittweite angeben, wird die Kontroll-Variable immer um eins erhöht. Als Kontroll-Variable sind nur (nicht qualifizierte) Variablen vom Typ INTEGER, CARDINAL und CHAR, deren Unterbereichstypen sowie alle Aufzählungstypen zugelassen. Die Schrittweite muß eine Konstante vom Typ INTEGER oder CARDINAL sein. Für Zählvariablen vom Aufzählungstyp oder vom Typ CHAR sind nur die beiden Schrittweiten +1 und -1 zugelassen.

Die folgenden Einschränkungen sind zu beachten:

(1) Weder die drei Ausdrücke noch die Kontroll-Variable selber dürfen in der Anweisungsfolge verändert werden.

(2) Nach Abarbeitung der FOR-Schleife ist der Wert der Kontroll-Variablen als undefiniert anzusehen.

Einige Beispiele mögen die Verwendung von FOR-Schleifen veranschaulichen.
Die Summe der ersten n natürlichen Zahlen können Sie auch so berechnen:

```
sum:=0;
FOR i:=1 TO n DO sum:=sum+i END;
```

Ein weiteres Beispiel soll zeigen, wie man das Minimum eines Feldes a und dessen Index finden kann. Dabei ist übrigens der Umstand, daß nach jedem Schleifen-Durchlauf min = min(a[0], ... ,a[i-1]) gilt, eine Invariante.

```
min:=a[0]; k:=0;
FOR i:=1 TO n-1 DO
   IF a[i] < min THEN
      k:=i;min:=a[k]
   END
END;
```

Als Typ der Kontroll-Variablen ist - wie erwähnt - jeder Aufzählungstyp zugelassen. So liefert etwa das folgende Beispiel eine ASCII-Liste.

Beispiel 5.3 ASCII-Liste:
(vgl. auch den UNIX-file ascii(VII)
oder die ASCII-Liste im Anhang)

```
MODULE ascii;
FROM InOut IMPORT Write,WriteLn,WriteOct;
VAR ch:CHAR;
BEGIN
   FOR ch:=' ' TO 'z' DO (* nur durckbare Zeichen *)
      Write('|');WriteOct(ORD(ch),3);Write(' ');Write(ch);
      IF (ORD(ch) MOD 8 = 7) THEN Write('|');WriteLn END
   END;WriteLn
END ascii.
```

Anmerkung: Wenn Sie dieses Programm-Beispiel auch einmal ausprobieren sollten, so kann es Ihnen passieren, daß das Programm eine Ausgabe produziert, die nicht exakt dem UNIX-file ascii entspricht: möglicherweise werden nämlich die Octal-Zahlen nicht wie gewünscht drei-stellig ausgegeben. Der Grund dafür ist der folgende: Im (Basis-) Modul InOut werden zunächst die Octal-Ziffern entsprechend der Octal-Zahl-Darstellung des ersten Argumentes berechnet und ausgegeben. Es werden NOctDigits (vordefiniert) viele Zeichen ausgegeben; danach wird, soweit gemäß dem zweiten Argument noch nötig, mit führenden Blanks aufgefüllt. Wenn nun die

Konstante NOctDigits mit sechs festgelegt wurde, so werden eben alle Octal-Zahlen mindestens sechs-stellig ausgegeben. Dem können Sie nur dadurch abhelfen, daß Sie entweder das Modul InOut verändern oder sich eine eigene Prozedur WriteOct schreiben, die z.B. nur die letzten drei Stellen der Octal-Zahlen-Darstellung des Argumentes ausgibt.

Im folgenden Beispiel fallen alle Primzahlen durch das sogenannte Sieb des Eratosthenes, die kleiner als eine vorgegebene Schranke sind. Mit der Möglichkeit, die Kontroll-Variable um eine feste Schrittweite zu erhöhen, läßt sich dieses Programm dadurch optimieren, daß nur ungerade Zahlen betrachtet werden.

Beispiel 5.4 Sieb des Eratosthenes:

```
MODULE prim;
FROM InOut IMPORT WriteString,WriteInt,WriteLn;
CONST max=100; (* 2 < Primzahlen < 2*max+1 *)
VAR p:ARRAY[1..max] OF BOOLEAN;i,j:INTEGER;
BEGIN
   WriteString('Sieb des Eratosthenes');WriteLn;
   FOR i:=1 TO max DO p[i]:=TRUE END;
   FOR i:=3 TO (2*max+1) DIV 3 BY 2 DO
      FOR j:=3 TO (2*max+1) DIV i BY 2 DO
         p[i*j DIV 2]:=FALSE
      END
   END;
   j:=-1;
   FOR i:=1 TO max DO
      IF p[i] THEN
         j:=j+1;WriteInt(2*i+1,6);
         IF j MOD 10 = 9 THEN WriteLn END
      END
   END;WriteLn
END prim.
```

Dieses Programm produziert die folgenden Primzahlen, wobei nur etwa halb soviel Speicher-Platz für Daten und zudem auch weniger Rechen-Zeit benötigt wird, als wenn nur die Schrittweite 1 möglich wäre.

```
Sieb des Eratosthenes
     3     5     7    11    13    17    19    23    29    31
    37    41    43    47    53    59    61    67    71    73
    79    83    89    97   101   103   107   109   113   127
   131   137   139   149   151   157   163   167   173   179
   181   191   193   197   199
```

5.2.2 Bedingte Anweisungen

Die Syntax der bedingten Anweisung, der sogenannten IF-Anweisung, ist gegeben durch

IfStatement = IF expression THEN StatementSequence
{ELSIF expression THEN StatementSequence}
[ELSE StatementSequence] END.

Alle auftretenden Ausdrücke sind wieder vom Typ BOOLEAN.

Wenn Bi Boolesche Ausdrücke (Bedingungen) und AFj Anweisungsfolgen bezeichnen, so bewirkt die folgende IF-Anweisung

```
IF B1 THEN AF1
   ELSIF B2 THEN AF2
   ELSIF B3 THEN AF3
   ELSE AF4
END;
```

daß nacheinander die Ausdrücke Bi ausgewertet werden und daß, sobald sich das erste TRUE ergibt, die zugehörige Anweisungsfolge durchgeführt wird. Dann wird mit der auf das END folgenden Anweisung fortgefahren. Ist kein Ausdruck gleich TRUE, wird der ELSE-Teil ausgeführt.

Das Signum (Vorzeichen) sig einer Zahl x läßt sich beispielsweise folgendermaßen ermitteln:

```
IF x=0 THEN sig:=0
   ELSIF x<0 THEN sig:=-1
   ELSE sig:=1
END;
```

Im folgenden Programm-Stück wird der größte gemeinsame Teiler (gcd) und das kleinste gemeinsame Vielfache (lcm) zweier ganzer Zahlen berechnet:

```
u:=x; v:=y;
WHILE x <> y DO
   IF x > y THEN x:=x-y;u:=u+v
            ELSE y:=y-x;v:=v+u
   END
END;  (* gcd = x , lcm = (u+v)/2 *)
```

Ein Modul, mit dem Sie dieses Programmstück testen können (Testmodul), könnte etwa folgendermaßen aussehen:

Beispiel 5.5 Größter gemeinsamer Teiler und kleinstes gemeinsames Vielfaches:

```
MODULE ggTukgV;
FROM InOut IMPORT ReadCard,Write,WriteCard,
                   WriteString,WriteLn;
VAR u,v,x,X,y,Y:CARDINAL;
BEGIN
      WriteString('x = ');ReadCard(X);x:=X;
      WriteString('y = ');ReadCard(Y);y:=Y;
      u:=x; v:=y;
      WHILE x<>y DO
         IF (u+v<u)OR(u+v<v) THEN
            WriteString('Overflow'); WriteLn
         END;
         IF x>y THEN x:=x-y; u:=u+v
                ELSE y:=y-x; v:=u+v
         END (* IF x>y *)
      END; (* WHILE x<>y *)

      WriteString('ggT(');WriteCard(X,1);
      Write(',');WriteCard(Y,1);
      WriteString(') = ');WriteCard(x,1);
      WriteLn;

      IF (u+v<u)OR(u+v<v) THEN
         WriteString('Overflow');WriteLn
      END;
      WriteString('kgV(');WriteCard(X,1);
      Write(',');WriteCard(Y,1);
      WriteString(') = ');WriteCard((u+v) DIV 2,1);
      WriteLn
END ggTukgV.
```

Nachdem Sie z.B. 1985 und 794 eingegeben haben, teilt Ihnen dieses Modul mit, daß

ggT(1985,794) = 397
kgV(1985,794) = 3970

gilt.

Im nächsten Beispiel sollen drei Zahlen x, y und z in aufsteigende Ordnung gebracht werden. (Die Prozedur Flip(u,v) aus Kap. 5.1 vertauscht die beiden Variablen u und v).

```
IF x>y THEN Flip(x,y) END;
IF x>z THEN Flip(x,z);
   IF x>y THEN Flip(x,y) END
END;
```

Die Berechnung einer auf den Intervallen [a0,a1),..,[an-1,an) stückweise definierten Funktion f:[a0,an)-->M mit f(x)=fi(x), falls x in [ai-1,ai), läßt sich vermittels des ELSIF-Konstruktes übersichtlich und effektiv programmieren:

```
IF x<a0 THEN WriteString('nicht definiert');WriteLn;
   ELSIF x<a1 THEN fx:=f1(x)
      ELSIF x<a2 THEN fx:=f2(x)
       :
      ELSIF x<an THEN fx:=fn(x)
   ELSE WriteString('nicht definiert');WriteLn
END (* IF *) .
```

5.2.3 Fallunterscheidungen

Die sogenannte *CASE-Anweisung* gestattet es Ihnen, Mehrfachentscheidungen in einem Programm übersichtlich zu programmieren. Statt umständlich

```
IF Kriterium = 1.Version THEN Aktion 1 END;
IF Kriterium = 2.Version THEN Aktion 2 END;
 ...
IF Kriterium = n.Version THEN Aktion n END;
IF (Kriterium # 1.Version) AND (Kriterium # 2.Version)
   AND ... AND (Kriterium # n.Version)
      THEN Aktion im Ausnahme-Fall END;
```

schreiben zu müssen, kann derselbe Programm-Ablauf prägnanter auch wie folgt erzielt werden:

```
CASE Kriterium OF
   1.Version: Aktion 1|
   2.Version: Aktion 2|
      .
      .
      .
   n.Version: Aktion n
   ELSE Aktion im Ausnahme-Fall
END;
```

Die auszuführende Aktion wird durch den Wert von Kriterium ausgewählt. Wenn also Kriterium z.B. den Wert 2.Version hat, so wird Aktion 2 ausgeführt.

Die Syntax der CASE-Anweisung ist folgendermaßen beschrieben:

CaseStatement = CASE expression OF case {"|" case}
[ELSE StatementSequence]
END.

wobei

case = [CaseLabelList ":" StatementSequence]
CaseLabelList = CaseLabels {"," CaseLabels}
CaseLabels = ConstExpression [".." ConstExpression]

gilt. Der Ausdruck muß einen einfachen Datentyp (nicht REAL) haben.

Als Beispiel sei wieder eine Karikatur eines Betriebssystems mit einem sehr rudimentären Kommando-Interpretierer (command string interpreter) angeführt.

```
TYPE Modula = (m2c,m2l,m2d);
VAR command: Modula;
LOOP
   ReadString(Kommando);
   command:=KommandoEntschlüssler(Kommando);
   CASE command OF
      m2c : compilieren|
      m2l : linken|
      m2d : debuggen
      ELSE WriteString('Kommando unbekannt')
   END
END;
```

Anzumerken ist, daß (im Gegensatz zu einigen Pascal-Dialekten) kein 'fall through' für CASE-Anweisungen vorgesehen ist, d.h. die Ausführung einer CASE-Anweisung ohne ELSE-Teil führt zu einem Fehler genau dann, wenn der die CASE-Anweisung steuernde Ausdruck einen Wert annimmt, der in der CaseLabelList nicht vorkommt. Das folgende (hoffentlich abschreckende) Beispiel liefert also unerwartete Ereignisse:

```
i:=5;
CASE i OF
   1:WriteString('i=1')|
   2:WriteString('i=2')
END; (* CASE *)
```

Ein weiteres Beispiel für den nutzbringenden Gebrauch der CASE-Anweisung liefert die Erstellung von Tabellen, wie z.B. das folgende Programm zur Berechnung einer Radix-50 Liste. Radix-50 bezeichnet ein Verfahren, einen Teil der ASCII-Zeichen so zu kodieren, daß drei (statt maximal zwei wie im Fall des vollständigen ASCII-Alphabetes) Radix-50 Zeichen in einem 16-Bit Wort abgespeichert werden können. Der Name Radix-50 erklärt sich aus der Tatsache, daß das Radix-50 Alphabet genau 40 (oktal also 50) Zeichen enthält, nämlich die Zeichen: Leerzeichen, 'A',...,'Z', '$', '.' und die Ziffern '0',...,'9'. Es gibt somit 40**3=64000 Tripel von Radix-50-Zeichen. In einem 16-Bit Wort lassen sich nun maximal 65536 verschiedene Objekte codieren. Da 41**3=68921 größer ist als 65536, ist die Radix-50 Kodierung hinsichtlich der Speichernutzung als optimal anzusehen.

Beispiel 5.6 Radix-50 Kodierung:

```
MODULE rad50List;
FROM InOut IMPORT Read,Write,WriteString,WriteOct,WriteLn;
CONST TAB=11C; (* Tabulator-Steuerzeichen *)
VAR ch      :CHAR;
    Rad50Set:ARRAY[0..39] OF CHAR;

PROCEDURE Rad50toInt(ch:CHAR):INTEGER;
BEGIN
   CASE ch OF  ' '     : RETURN  0|
               'A'..'Z': RETURN ORD(ch)-64|
               '$'     : RETURN 27|
               '.'     : RETURN 28|
               'u'     : RETURN 29| (* undefined *)
               '0'..'9': RETURN ORD(ch)-18
               ELSE    RETURN -1
   END
END Rad50toInt;

PROCEDURE Rad50(ch1,ch2,ch3:CHAR):CARDINAL;
VAR c:CARDINAL; (* Codierung eines Zeichen-Tripels *)
    i1,i2,i3:CARDINAL;
BEGIN
   i1:=Rad50toInt(ch1);
   i2:=Rad50toInt(ch2);
   i3:=Rad50toInt(ch3);
   c:=i3+40*i2+1600*i1;RETURN c
END Rad50;

BEGIN
   WriteString('Radix-50 Character/Position Table');
   WriteLn;
   WriteString('First ch');Write(TAB);
   WriteString('Second ch');Write(TAB);
   WriteString('Third ch');WriteLn;
   FOR ch:=' ' TO 'u' DO (* nur einige Ascii's *)
      IF Rad50toInt(ch) >=0 THEN
        Write(ch);Write(' ');WriteOct(Rad50(ch,' ',' '),8);
        Write(TAB);
        Write(ch);Write(' ');WriteOct(Rad50(' ',ch,' '),8);
        Write(TAB);
        Write(ch);Write(' ');WriteOct(Rad50(' ',' ',ch),8);
        WriteLn
      END
   END
END rad50List.
```

Dieses Modul produziert nun die folgende Liste. (Die Octal-Zahl-Darstellung eines codierten Zeichen-Tripels erhalten Sie, indem Sie die drei entsprechenden Octal-Zahlen aufaddieren.)

```
Radix-50 Character/Position Table
 First ch          Second ch         Third ch
    000000            000000            000000
 $  124300         $  002070         $  000033
 . 127400          .  002140         .  000034
 0  135600         0  002260         0  000036
 1  140700         1  002330         1  000037
 .
 .  vgl. Tab. 5.1
 .
 Y  116100         Y  001750         Y  000031
 Z  121200         Z  002020         Z  000032
 u  132500         u  002210         u  000035
```

Beim Dekodieren von drei in einer CARDINAL-Zahl untergebrachten Rad-50-Zeichen können Sie nun im wesentlichen in analoger Weise vorgehen.

Beispiel 5.7 Radix-50 Liste, sortiert!:

```
MODULE rad50sList; (* geordnete Rad50-Liste *)
FROM InOut IMPORT Write,WriteOct,WriteString,WriteLn;
CONST TAB=11C;
VAR ch:CHAR;c1,c2,c3:CARDINAL;i:INTEGER;

PROCEDURE InttoRad50(i:INTEGER):CHAR;
BEGIN (* Decodieren *)
   CASE i OF
      0     : RETURN ' '|
      1..26 : RETURN CHR(i+64)|
      27    : RETURN '$'|
      28    : RETURN '.'|
      29    : RETURN 'u'| (* undefined *)
      30..39: RETURN CHR(i+18)
      ELSE       RETURN CHR(0)
   END
END InttoRad50;

PROCEDURE Rad50toInt(ch:CHAR):INTEGER;
BEGIN (* Codieren *)
   CASE ch OF
      ' '     : RETURN  0|
      'A'..'Z': RETURN ORD(ch)-64|
      '$'     : RETURN 27|
      '.'     : RETURN 28|
      'u'     : RETURN 29| (* undefined *)
      '0'..'9': RETURN ORD(ch)-18
      ELSE      RETURN -1
```

```
   END
END Rad50toInt;

PROCEDURE Rad50(ch1,ch2,ch3:CHAR):CARDINAL;
VAR c:CARDINAL; (*Konvertiert Zeichen-Tripel in CARDINAL*)
    i1,i2,i3:INTEGER;
BEGIN
   i1:=Rad50toInt(ch1);
   i2:=Rad50toInt(ch2);
   i3:=Rad50toInt(ch3);
   c:=i3+40*i2+1600*i1;RETURN c
END Rad50;

BEGIN
   WriteString('Radix-50 Character/Position Table');
   WriteLn;
   WriteString('First ch');Write(TAB);
   WriteString('Second ch');Write(TAB);
   WriteString('Third ch');WriteLn;
   FOR i:=0 TO 39 DO
      ch:=InttoRad50(i);c1:=Rad50(ch,' ',' ');
      c2:=Rad50(' ',ch,' ');c3:=Rad50(' ',' ',ch);
      Write(ch);Write(' ');WriteOct(c1,8);Write(TAB);
      Write(ch);Write(' ');WriteOct(c2,8);Write(TAB);
      Write(ch);Write(' ');WriteOct(c3,8);WriteLn
   END   (* FOR *)
END rad50sList.
```

Hier also der sortierte Ausdruck:

```
Radix-50 Character/Position Table
First ch          Second ch         Third ch
   000000            000000            000000
A  003100         A  000050         A  000001
B  006200         B  000120         B  000002
C  011300         C  000170         C  000003
D  014400         D  000240         D  000004
E  017500         E  000310         E  000005
F  022600         F  000360         F  000006
G  025700         G  000430         G  000007
H  031000         H  000500         H  000010
I  034100         I  000550         I  000011
J  037200         J  000620         J  000012
K  042300         K  000670         K  000013
L  045400         L  000740         L  000014
M  050500         M  001010         M  000015
N  053600         N  001060         N  000016
O  056700         O  001130         O  000017
P  062000         P  001200         P  000020
Q  065100         Q  001250         Q  000021
R  070200         R  001320         R  000022
```

S	073300	S	001370	S	000023
T	076400	T	001440	T	000024
U	101500	U	001510	U	000025
V	104600	V	001560	V	000026
W	107700	W	001630	W	000027
X	113000	X	001700	X	000030
Y	116100	Y	001750	Y	000031
Z	121200	Z	002020	Z	000032
$	124300	$	002070	$	000033
.	127400	.	002140	.	000034
u	132500	u	002210	u	000035
0	135600	0	002260	0	000036
1	140700	1	002330	1	000037
2	144000	2	002400	2	000040
3	147100	3	002450	3	000041
4	152200	4	002520	4	000042
5	155300	5	002570	5	000043
6	160400	6	002640	6	000044
7	163500	7	002710	7	000045
8	166600	8	002760	8	000046
9	171700	9	003030	9	000047

Tab. 5.1

Der CASE-Anweisung kommt im Zusammenhang mit sogenannten varianten Verbunden (variant records) eine besondere Bedeutung zu, wie wir im weiteren Verlauf noch sehen werden.

5.3 Aufgaben

Läßt sich das Problem, drei Zahlen in aufsteigende Ordnung umzusortieren, auch kürzer als im Beispiel aus Abschnitt 5.2 programmieren?

Man schreibe eine eigene Version der InOut-Prozedur WriteOct, die auch weniger als 6 Zeichen auszugeben gestattet.

Man schreibe ein Programm, das die Reihe

$$1 + 1/2 + 1/3 + ... + 1/n$$

für verschiedene n durch Abarbeiten der Summe von links nach rechts sowie durch Abarbeiten der Summe von rechts nach links bestimmt und die Ergebnisse vergleicht.

Man gebe ein Programm an, das fünfstellige, römische Zahlen in Dezimalzahlen umwandelt. Es werden die Zahlenwerte der römischen Ziffern einfach addiert, es sei denn, links von einem Zahlenzeichen steht ein Zahlenzeichen mit kleinerem Wert, dann wird subtrahiert.

Weshalb ist für sum:INTEGER und n mit 180<n<255 die Anweisungsfolge "sum:=0;FOR i:=1 TO n DO sum:=sum+i END" der direkten Berechnung sum:=(n+1)*n DIV 2 vorzuziehen?

6. Prozeduren und Funktionen

Übersicht:
In diesem Kapitel werden Prozeduren und Funktions-Prozeduren (Unterprogramme) eingeführt und deren Vereinbarung und Aufruf besprochen. Die Rekursion von Unterprogrammen und die Lokalität in Unterprogrammen wird erklärt.

Unterschiede zu Pascal:
Prozeduren und Funktionen als formale Parameter in anderen Prozeduren und Funktionen sind nicht vorgesehen. In Modula gibt es dafür Prozedur-Typen (s. Kap. 7). Es gibt ferner die formalen Typen ARRAY OF TYPE, die es erlauben, Felder ohne vorher bekannte Indexgrenzen als Parameter (offene Felder) zu übergeben. Der Prozedur-Bezeichner muß in Modula nach dem terminierenden END wiederholt werden. Funktionswerte werden durch RETURN dem Funktionsnamen zugewiesen.

Bei komplexeren Programmieraufgaben ist es anzeigt, das zu lösende Problem in Teilaufgaben zu zerlegen und diese einzeln in Angriff zu nehmen. Dabei entstehen kleinere, überschaubarere Programmteile. Diese lassen sich als Unterprogramme (Prozeduren oder Funktionen) vereinbaren. Unterprogramme können als eigenständige Programmeinheiten angesehen werden, die sich wiederum untergliedern lassen (schrittweise Verfeinerung). Sie handeln Teilaspekte ab, die eine logische Einheit bilden. Immer, wenn dasselbe Teilproblem innerhalb eines Programms gelöst werden muß, kann dasjenige Unterprogramm aufgerufen werden, in dem die dazu notwendigen Anweisungen stehen. Beim Aufruf können Parameterwerte festgelegt werden (Parameterübergabe). Dadurch wird nicht nur Schreibarbeit sondern auch Speicherplatz eingespart. Außerdem werden große Programme übersichtlicher. Sie sind dann leichter zu lesen und zu verstehen. Bislang sind uns in Beispielen immer wieder Prozeduren und Funktionen begegnet. Jetzt soll deren Syntax erklärt werden.

6.1 Unterprogramme

In Modula sind Prozeduren und Funktionen im Programm textuell als abgeschlossene Teile erkennbar. Ihre Vereinbarung wird Prozedurdeklaration (procedure declaration) genannt. In der Prozedurdeklaration wird die Gesamtheit der Aktionen der Programmeinheit mit einem Namen verbunden. Das Unterprogramm läßt sich dann mit diesem Namen aufrufen (procedure call). Eine Funktion ist eine Prozedur, die zusätzlich mit einem Wert behaftet ist. Zuerst sei die Syntax der Deklaration von Prozeduren und Funktionen angegeben.

```
ProcedureDeclaration = ProcedureHeading ";" block ident.
ProcedureHeading = PROCEDURE ident [FormalParameters].
block = {declaration}[BEGIN StatementSequence] END.
declaration = CONST {ConstDeclaration ";"}|
   TYPE {TypeDeclaration";"}|
   VAR {VariableDeclaration";"}|
      ProcedureDeclaration";"|ModuleDeclaration";".
FormalParameters =
   "("[FPSection{";"FPSection}]")"[":"qualident].
FPSection = [VAR] IdentList":"FormalType.
FormalType = [ARRAY OF] qualident.
```

Eine Prozedur setzt sich also aus einem Prozedurkopf, einem Prozedurrumpf (block) und der Wiederholung ihres Namens nach dem terminierenden END zusammen.

Der Prozedurkopf beginnt mit dem Schlüsselwort PROCEDURE, gefolgt von dem Namen und dem optionalen Teil der formalen Parameter. Die formalen Parameter werden geklammert. Bei einer Funktion folgt noch der Typ des Funktionswerts. Bei Funktionen müssen immer formale Parameter angegeben werden, gegebenfalls nur ein leeres Klammerpaar.

Die Parameter-Klammer enthält eine (eventuell auch leere) Folge von Parameter-Vereinbarungen, die durch ";" getrennt werden. Eine solche Vereinbarung besteht aus einem optionalen VAR, einer Namensliste und dem formalen Typ des oder der Parameter. (Eine Namensliste ist ein Name oder eine durch "," getrennte Folge von Namen). Der formale Typ kann durch einen qualifizierten Namen bezeichnet sein oder ein sogenannter offener Feldtyp, ein ARRAY OF "qualifizierter Name", sein. Die untere Indexgrenze eines offenen Feldtyps wird auf 0 gesetzt; die obere Indexgrenze wird erst zur Laufzeit (s. Abschnitt. 6.5) bestimmt.

Ein Prozedurrumpf hat einen Deklarationsteil, einen Anweisungsteil und das Schlüsselsymbol END. Der Deklarationsteil enthält die Vereinbarungen der nur innerhalb der Prozedur verwendbaren, sogenannten lokalen, Konstanten, Typen, Variablen, Prozeduren und Moduln. Der optionale Anweisungsteil besteht aus dem Schlüsselsymbol BEGIN und einer Folge von Anweisungen. Die Wiederholung des Prozedurnamens nach dem Prozedurrumpf erlaubt es dem Compiler, bei syntaktischen Fehlern (z.B. fehlendem END) trotzdem das Ende einer Prozedur zu erkennen. Dadurch kann durch den Compiler ein Fehler als Fehler innerhalb dieser Prozedur lokalisiert werden.

Wir wollen nun ein einfaches Beispiel betrachten, das uns schon in Kap. 5.1 begegnet ist:

```
PROCEDURE Flip(VAR i,j:ITEM);
(* vertauscht i und j *)
   VAR iAlt: ITEM;
BEGIN (* Flip *)
   iAlt := i; i := j; j := iAlt
END Flip;
```

PROCEDURE Flip(VAR i,j:ITEM) ist der Prozedurkopf (oder die Schnittstelle der Prozedur) mit dem Prozedurnamen Flip und den formalen Parametern i und j vom Typ ITEM. Weiter gilt für unser Beispiel:

```
Parametervereinbarung:   VAR i,j:ITEM
Namensliste:             i,j
formaler Typ:            ITEM
Prozedurrumpf:           VAR iAlt: ITEM;
                         BEGIN (* Flip *)
                            iAlt := i; i := j; j := iAlt
                         END
```

Der Prozedurrumpf enthält die Deklaration der lokalen Variablen iAlt; sein Anweisungsteil ist:

```
BEGIN (* Flip *)
   iAlt := i; i := j; j := iAlt .
```

Im Gegensatz zu Pascal besteht ein leerer Rumpf nicht aus dem Paar BEGIN END sondern nur aus END.

Das folgende Unterprogramm gibt als Wert das Maximum der (aktuellen) Parameter zurück.

Beispiel 6.1 Maximum:

```
PROCEDURE Maximum(a,b: INTEGER): INTEGER;
(* berechne das Maximum von a und b *)
BEGIN (* Maximum *)
   IF (a > b) THEN RETURN a
              ELSE RETURN b
   END (* IF *)
END Maximum;
```

Damit haben wir eine Funktion kennengelernt. Funktionen unterscheiden sich von Prozeduren dadurch, daß sie einen Wert bestimmen, der in einem Ausdruck derjenigen Prozedur, die die Funktion aufruft, an Stelle des Funktionsaufruf (s.u.) verwendet wird. Der Typ des Funktionswerts (in unserem Beispiel INTEGER) wird im Prozedurkopf angegeben. Er darf nicht strukturiert sein. Der Ausdruck, welcher den Funktionswert spezifiziert, steht nach dem Schlüsselwort RETURN. Er wird innerhalb der Funktion mit RETURN sozusagen an das aufrufende Programm zurückgegeben. Der Ausdruck nach RETURN muß zuweisungskompatibel zum Funktionstyp sein.

Es sind in einem Unterprogramm durchaus mehrere RETURNs möglich. Funktionen werden in Modula oft auch Funktionsprozeduren genannt, was aufgrund ihrer Syntax naheliegt. In eigentlichen Prozeduren kann RETURN für einen "Abbruch in Ausnahmesituationen" verwendet werden.

6.2 Aufruf von Unterprogrammen

Unterprogramme werden meist mit einer Liste von Argumenten (den sogenannten aktuellen Parametern) aufgerufen. In der Definition des Unterprogramms entsprechen diesen Argumenten die formalen Parameter. Beim Aufruf des Unterprogramms werden die formalen Parameter durch die aktuellen Parameter ersetzt und zwar wird der erste formale Parameter in der Parameterliste durch den ersten aktuellen Parameter ersetzt, der zweite formale Parameter durch den zweiten aktuellen Parameter u.s.f (Positionsgleichheit). Der Compiler überprüft formale und aktuelle Parameter auf Kompatibilität und gibt bei Diskrepanz Fehlermeldungen aus. Die aktuellen Parameter werden entweder als sogenannte Variablen-Parameter (per reference) oder als Werte-Parameter (per value) übergeben (s.u.).

Die Syntax für den Aufruf von Prozeduren sieht folgendermaßen aus:

ProcedureCall = designator[ActualParameters].
ActualParameters = "("[ExpList]")".
ExpList = expression{","expression}.
designator=qualident{"."ident|"["ExpList"] "|" ↑ "}.

Der Aufruf geschieht durch Nennung des Prozedur-Namen mit einer Liste aktueller Parameter.

Aufrufe von Prozeduren bilden selbständige Anweisungen; Funktionen dagegen werden in Ausdrücken aufgerufen, z.B:

```
Flip(out,in);
ergebnis := Maximum(3,ergebnis DIV 2)+100;
```

Variablen-Parameter (Referenzen)

Die Variablen-Parameter sind durch VAR vor dem Namen der formalen Parameter gekennzeichnet. Der aktuelle Parameter muß eine Variable sein und denselben Typ wie der formale Parameter haben. Variablen-Parametern können im Unterprogramm Werte zugewiesen werden, welche auch nach der Rückkehr aus dem Unterprogramm noch vorhanden sind, da im Unterprogramm die Adresse des aktuellen Parameters verwendet wird. Über diese Adresse (Referenz) wird im Unterprogramm auf den Speicherplatz des aktuellen Parameters zugegriffen. Wenn ein aktueller Parameter ein Ausdruck ist, dessen Wert eine Variable bezeichnet, so wird dieser Parameter vor der

Übergabe ausgewertet. Wird also z.B. eine indizierte Variable (Feldkomponente) übergeben, dann wird die Indizierung bei der Übergabe ausgewertet. Danach wird dieses eine, indizierte Feldelement wie eine einfache Variable behandelt. Im Unterprogramm ist also nicht mehr erkennbar, daß diese Variable ein Element eines Feldes ist.

Wert-Parameter

Bei Werteparametern kann der aktuelle Übergabeparameter ein beliebiger Ausdruck sein (z.B eine Konstante oder eine Variable). Es muß Zuweisungskompatibilität bestehen. Der aktuelle Parameter wird ausgewertet und sein Wert de facto einer lokalen Variablen desselben Typs zugewiesen. Ein Wertparameter kann keine Ergebnisse in die aufrufende Umgebung transportieren.
Es mag manchmal aus Zeit- und Speicherplatzgründen sinnvoll sein, strukturierte Variable, z.B. Felder, nicht als Wert-Parameter sondern als Variablen-Parameter zu übergeben, da der aktuelle Wert eines Wert-Parameters immer in die lokale Umgebung der Prozedur kopiert wird. Bei allen anderen Variablen ist dies jedoch nicht zu empfehlen, um sog. Seiteneffekte auszuschließen. Seiteneffekte sind durch Aufruf einer Prozedur bewirkte Veränderungen von Variablenwerten, die nicht im Prozedurkopf spezifiziert wurden oder aber als VAR-Parameter übergeben werden. Nebenwirkungen werden bei Programmänderungen leicht übersehen und können zu Fehlern führen, die nur sehr schwer zu erkennen sind.

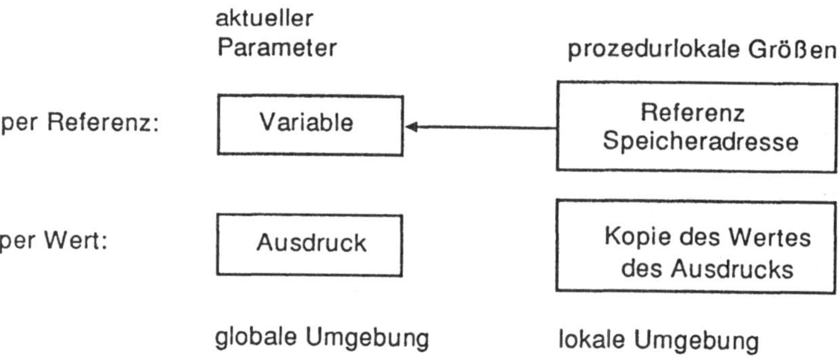

Fig. 6.1 Parameterübergabe

Offene Feld-Parameter

Speziell für Felder gibt es eine weitere Art der Parameterübergabe, denn oft ist es notwendig, Felder verschiedener Länge an ein Unterprogramm zu übergeben. Dafür sind die sogenannten offenen Felder vorgesehen. Bei ihrer Definition wird als Typ ARRAY OF Elementtyp angegeben. Im Unterprogramm sind die Indexgrenzen des

Feldes (z.B. string) dann 0 und HIGH(string). HIGH ist eine standardmäßig vorhandene Funktion, mit der zur Laufzeit die Länge des übergebenen Felds bestimmt werden kann.

Beispiel 6.2 Ausgabeprozedur für Fehlermeldungen:

```
PROCEDURE ErrorMessage(message: ARRAY OF CHAR);
(* Fehlermeldung ausgeben analog zu WriteString *)
CONST EOS = 0C;
VAR index: CARDINAL;
BEGIN (* ErrorMessage *)
   index := 0;
   WHILE ((index <= HIGH(message))
         AND (message[index] <> EOS)) DO
      Write(message[index]);INC(index);
   END; (* WHILE *)
END ErrorMessage;
```

Beim Aufruf dieser Prozedur kann eine Zeichenkette oder eine entsprechende Variable (z.B. vom Typ ARRAY[8..34] OF CHAR) als aktueller Wertparameter an das Unterprogramm übergeben werden (s. Kap. 8.2); z.B:

ErrorMessage('hier steht die Fehlermeldung');

Funktions-Prozeduren

Funktionen sind - wie erwähnt - Unterprogramme, deren Name stellvertretend für den errechneten Wert steht. Funktionen werden dann verwendet, wenn in einem Unterprogramm nur ein einziger Wert berechnet werden soll; dieser wird dann bei Ausführung der RETURN-Anweisung zurückgegeben.

ReturnStatement = RETURN[expression].

Funktionen werden also in Ausdrücken aufgerufen. Sollen mehrere Werte berechnet werden, so ist es besser, anstelle einer Funktion mit 'Nebenwirkungen' eine Prozedur zu verwenden.

Aufrufe von Funktionen ohne Parameter müssen das Klammerpaar enthalten, um zwischen dem Funktionsaufruf i:=Func() und der Zuweisung i:= Func unterscheiden zu können (s. Kap. 7).

Hinweise: Mnemotechnisch günstig gewählte Namen für Funktionen sind Substantive, bei Funktionen vom TYP BOOLEAN sind es Adjektive und bei Prozeduren sind es Verben, welche die Aktionen der Unterprogramme beschreiben. Unterprogramme sollten wegen der Übersichtlichkeit maximal eine Druckseite lang sein. Oft ist es vorteilhaft, nur eine einzige Anweisung in eine Zeile zu schreiben. Beim Nachvollziehen des Ablaufs eines Programms werden dann nicht so leicht Anweisungen übersehen.

Andererseits werden Programme oft übersichtlicher und verständlicher, wenn Sie mehrere logisch zusammengehörende Anweisungen in eine Zeile schreiben.

6.3 Lokalität

In einem Unterprogramm sind in der Regel alle global vereinbarten Namen verwendbar. In Unterprogrammen sollten aber nur die Namen benutzt werden, die entweder als Parameter übergeben oder lokal deklariert worden sind. Lokal zu einer Prozedur vereinbarte Namen sind nur innerhalb dieser Prozedur bekannt. Namenskonflikte und unerwünschte Nebenwirkungen werden dadurch vermieden. Der Programmbereich, in dem solche lokale Namen bekannt sind, ihr Sichtbarkeitsbereich, erstreckt sich über die Prozedur und über alle in ihr vereinbarten Unterprogramme. Wird in einem Unterprogramm derselbe Name wie in der übergeordneten Prozedur vereinbart, dann wird im Unterprogramm die lokale Variable verwendet. Auf die (globele) Variable mit demselben Namen in der übergeordneten Prozedur kann dann nicht zugegeriffen werden - sie wird unsichtbar. Außerdem kann auf die lokalen Namen der Prozedur nur solange zugegriffen werden, wie Anweisungen des Prozedurblocks bearbeitet werden. Mit Beendigung der Ausführung einer Prozedur wird der von den lokalen Namen belegte Speicherbereich zur weiteren Verwendung wieder freigegeben.
Die Blockstruktur des Programms bestimmt also den Sichtbarkeitsbereich und die Existenzdauer lokaler Objekte. Moduln bieten - wie wir noch sehen werden - eine Alternative, um Existenz- und Sichtbarkeitsbereiche für Programmobjekte festzulegen.

6.4 Rekursion

Im Hauptprogramm können Unterprogramme mehrfach und mit unterschiedlichen Parameterwerten aufgerufen werden. Auch innerhalb eines Unterprogramms lassen sich weitere (global oder lokal vereinbarte) Unterprogramme aufrufen. Handelt es sich dabei um das aufrufende Unterprogramm selbst, dann spricht man von einem rekursiven Aufruf und das Unterprogramm heißt rekursiv. Bei jedem rekursiven Aufruf werden die lokalen Datenbereiche des Unterprogramms erneut angelegt.

Das folgende Unterprogramm realisiert die Ackermann-Funktion, die gerne als Benchmark-Programm verwendet wird. Benchmark-Programme dienen zur vergleichenden Leistungsmessung (Laufzeitmessungen) von Computern.

Beispiel 6.3 Ackermannfunktion:

```
PROCEDURE Ackermann(a,b: CARDINAL): CARDINAL;
(* Berechne zum Zeitvertreib die Ackermannfunktion *)
BEGIN (* Ackermann *)
   IF a=0 THEN RETURN b+1
   ELSE IF b = 0 THEN
         RETURN Ackermann(a-1,1); (* rekursiver Aufruf *)
      ELSE
         RETURN Ackermann(a-1,Ackermann(a,b-1));
      END (* IF *);
   END (* IF *);
END Ackermann;
```

Die Ackermannfunktion ist eine (doppelt) rekursive Funktionsprozedur. Die Berechnung von Ackermann(3,4) beispielsweise erfordert 10306 rekursive Aufrufe. Das Ergebnis ist 125. (Vorsicht ist geboten, wenn diese Prozedur bei größeren Anfangswerten für die Parameter aufgerufen wird; als Folge kann der Speicherplatz nicht ausreichen oder die Werte können zu groß werden). Ein Satz der Theoretischen Informatik besagt zwar, daß jeder rekursive Algorithmus durch eine äquivalente iterative Formulierung ersetzt werden kann (Boe 66). Diese ist i.a. auch weniger speicherplatz- und zeitaufwendig. Die iterative Formulierung ist jedoch oft schwer zu finden und schwerer zu durchschauen. Sie können sich davon überzeugen, wenn Sie versuchen, für die Ackermannfunktion eine iterative Version zu finden. Rekursive Lösungen ergeben sich dagegen oft unmittelbar. Der Programmierer muß dafür sorgen, daß die Folge der rekursiven Aufrufe endet. Deshalb sind rekursive Aufrufe immer Teil einer IF-Anweisung, was auch das folgende Beispiel zeigt. Ausführlichere Beispiele für die Rekursion finden Sie in Kap. 11.

Beispiel: Stabile Heirat
Ein Heiratsvermittlungsinstitut soll zwischen n Männern und n Frauen Heiraten vermitteln. Es beginnt damit, daß es die Präferenzen der Frauen hinsichtlich der Männer und die der Männer hinsichtlich der Frauen feststellt. Das Institut ist bestrebt, solche Partnerzuordnungen zu finden, für die es unter den Kandidaten weder einen Mann noch eine Frau gibt, die nicht zu Partnern bestimmt wurden, sich aber gegenseitig ihren Partnern vorziehen würden. Solche Zuordnungen nennt man stabil. Sie lassen sich durch den folgenden rekursiven Algorithmus (formuliert in "Pseudo-Modula") ermitteln.

```
Prozedur Versuche(Kandidat);
(* finde Partnerin für Kandidat *)
BEGIN
   FOR p:=1 TO n DO
      ermittle die p-te Bevorzugte des Kandidaten
```

```
            IF Bevorzugte noch frei AND Partnerzuordnung stabil
            THEN bilde Paar (Kandidat,Bevorzugte)
                 notiere "Bevorzugte nicht mehr frei"
                 IF Kandidat nicht letzter Kandidat
                    THEN Versuche(nächster Kandidat)
                    (* rekursiver Aufruf *)
                    ELSE notiere "stabile Partnerzuordnung"
                 END;
               (* Wenn der rekursive  Aufruf terminiert, wird
                  an dieser Stelle im Programm weitergefahren *)
               notiere "Bevorzugte von Kandidat ist wieder frei"
            END
         END (* FOR *)
      END Versuche;
```

Begonnen wird mit dem Aufruf von

Versuche(ersterKandidat);

Zunächst wird für den ersten Kandidaten diejenige Kandidatin gesucht, die er bevorzugt. Dann wird für den zweiten Kandidaten unter den noch freien Kandidatinnen die bevorzugte Partnerin gesucht (Versuche (nächster Kandidat)). Wenn dadurch hinsichtlich der entstandenen Teilzuordnung ein stabiles Paar entsteht, wird für den 3-ten Kandidaten eine Partnerin gesucht u.s.f. Wenn beim i-ten Versuch (d.h. für den i-ten Kandidaten) keine stabile Zuordnung gefunden werden kann, dann wird die Bindung des (i-1)-ten Kandidaten wieder gelöst (Versuch i terminiert und mit Versuch i-1 wird an der bezeichneten Stelle weitergefahren). Für diesen wird nun eine Partnerin mit niedrigerer Präferenz (p wird erhöht) ausgewählt. Dann wird wieder nach einer Lösung für den i-ten Kandidaten gesucht. Gelingt dies nicht, wird die Bindung des (i-2)-ten Kandidaten rückgängig gemacht und so fort. Diese Lösungsstrategie nennt man Rückverfolgen (backtracking) (HoS 78). Hat man eine stabile Partnerzuordnung gefunden, so wird ebenfalls rückverfolgt, um die nächste Lösung zu finden.

Die Aufgabe, diesen Algorithmus in Modula zu formulieren, wollen wir Ihnen überlassen. Sie können sich an (Wirth 86) orientieren. Die eigentliche Schwierigkeit liegt darin, einen Algorithmus zu finden, der entscheidet, ob eine Partnerzuordnung stabil ist. In Kap. 14.3 werden wir eine ganz andere Lösung dieses Problems vorstellen.

6.5 Standardunterprogramme

Zu den Hilfsmitteln, welche beim Programmieren immer wieder benötigt werden, zählen die Standard-Unterprogramme. Die in Modula verfügbaren Standard-Unterprogramme (Prozeduren und Funktionsprozeduren) sind im Anhang aufgelistet. Sie müssen nicht explizit importiert werden.

6.6 Aufgaben

Die folgende Funktion (Hof 79) ist rekursiv zu programmieren:

$h(1) = h(2) = 1$ und
$h(n) = h(n-h(n-1)) + h(n-h(n-2)), n > 2.$

Messen Sie die Laufzeiten für verschiedene n!
Verwenden Sie in einer geeigneten WHILE-Schleife zum einen nur die Standardfunktion DEC(X) und zum anderen nur die Zuweisung X := X - 1 und vergleichen Sie die Laufzeiten!
Man programmiere eine Modula-Prozedur für das Beispiel "Stabile Heirat"!

7. Prozedurtypen

Übersicht:
In diesem Kapitel sollen Prozedurtypen, deren Definition und Verwendung besprochen werden.

Unterschiede zu PASCAL: In Pascal gibt es keinen Prozedurtyp.

Bis jetzt kennen wir Prozeduren als textuelle Zusammenfassung von Anweisungen unter einem Namen. In Modula ist es aber auch möglich, Prozeduren einer Variablen zuzuweisen, oder sie als Teil einer Datenstruktur vorzusehen. In diesem Sinn läßt sich eine Prozedur-Deklaration als eine spezielle Definition eines konstanten Objekts auffassen, dessen Wert durch eben diese Prozedur gegeben ist.

7.1 Vereinbarung von Prozedurtypen

Die formale Syntax für den Typ einer Prozedur lautet:

```
ProcedureType = PROCEDURE[FormalTypeList].
FormalTypeList = "("[[VAR] FormalType
                    {","[VAR] FormalType}] ")"[":"identifier].
FormalType = [ARRAY OF] qualident.
```

Variablen eines Prozedurtyps T können also als Wert eine Prozedur P annehmen. Die Typen der formalen Parameter der Prozedur P müssen natürlich dieselben sein wie bei der Vereinbarung des Prozedurtyps T; auch muß die Art des formalen Parameters (Wert- oder Variablen-Parameter) mit der Definition von T übereinstimmen. Bei Funktionen muß zudem der Rückgabetyp übereinstimmen. Die Prozedur P darf keine Standardprozedur sein. Sie darf auch nicht lokal zu einer anderen Prozedur vereinbart sein.
Für den Prozedurtyp einer Prozedur ohne Parameter gibt es den Standardtyp

```
TYPE PROC = PROCEDURE;
```

Beispiele:

(1) TYPE func = PROCEDURE(REAL):REAL;
func ist der Typ einer Funktion mit einem Parameter vom Typ REAL. Der Rückgabewert ist ebenfalls vom Typ REAL.

(2) TYPE FmitzweiParametern =
PROCEDURE(VAR REAL,INTEGER): BOOLEAN; .

Ist z.B. f eine Variable vom Typ func, so kann an f die Sinusfunktion sin zugewiesen werden, f := sin. In der Zuweisung wird nur der Prozedurname verwendet, keine Parameterliste. Der Aufruf f(0.2) ist dann gleichbedeutend mit dem Aufruf sin(0.2).

(3)

```
VAR abbruch: PROC;

PROCEDURE halt;
VAR a: CHAR;
BEGIN
   WriteString('Bei Eingabe von 'q' wird abgebrochen');
   Read(a);
   IF a='q' THEN HALT END
END halt;
```

Steht nun im Programm die Zuweisung
abbruch := halt;
so kann der Programmlauf mit dem Aufruf
abbruch;
beendet werden.

Ein etwas ausführlicheres Beispiel für die Verwendung von Prozedurtypen liefert die Integration von Funktionen nach Simpson. Die Prozedur Simpson hat einen formalen Prozedurparameter vom Typ func.

Beispiel 7.1 Numerische Integration nach Simpson:

```
MODULE SimpsInteg; (* Integration nach Simpson *)
FROM InOut IMPORT Write, WriteInt, WriteString, WriteLn;
FROM RealInOut IMPORT WriteReal, ReadReal;
FROM MathLib   IMPORT cos;
CONST Toleranz = 1.0E-06;

TYPE func = PROCEDURE(REAL): REAL;

PROCEDURE Simpson(function: func;
                  Untergrenze,Obergrenze,Toleranz:REAL;
                  VAR Summe: REAL;
                  VAR Iterationsschritte: INTEGER);
(* Numerische Integration nach Simpson der Funktion
 * function von Unter- bis Obergrenze; Ergebnis in Summe *)
VAR index,Teile,hoechsterIndex                   : CARDINAL;
    Abszisse, Schrittweite                       : REAL;
    geradeSumme, ungeradeSumme, EndSumme, Summe1: REAL;
BEGIN (* Simpson *)
   Iterationsschritte := 1;Teile :=2;
   Schrittweite:=(Obergrenze-Untergrenze)/FLOAT(Teile);
   ungeradeSumme := function(Untergrenze+Schrittweite);
   geradeSumme := 0.0;
```

```
      EndSumme:=function(Untergrenze)+function(Obergrenze);
      Summe := (EndSumme + 4.0 * ungeradeSumme)
              * Schrittweite / 3.0;
      LOOP
         INC(Iterationsschritte);
         Teile := Teile * 2;Summe1 := Summe;
         Schrittweite:=(Obergrenze-Untergrenze)/FLOAT(Teile);
         geradeSumme := geradeSumme + ungeradeSumme;
         ungeradeSumme := 0.0;
         hoechsterIndex := Teile DIV 2;
            FOR index := 1 TO hoechsterIndex DO
              Abszisse := Untergrenze
                         +Schrittweite*(2.0*FLOAT(index)-1.0);
              ungeradeSumme:=ungeradeSumme+function(Abszisse);
            END; (* FOR *)
            Summe := (EndSumme + 4.0 * ungeradeSumme
                    +2.0*geradeSumme)*Schrittweite/3.0;
            IF ( ABS(Summe-Summe1) <= ABS(Toleranz*Summe) )
            THEN EXIT
            ELSE
              WriteString('Nach ');
              WriteInt(Iterationsschritte,3);
              WriteString(' Schritten ist Summe= ');
              WriteReal(Summe,10,6);WriteLn;
            END (* IF *)
     END (* LOOP *)
  END Simpson;

  VAR Funktion: func;
       Summe, Obergrenze, Untergrenze: REAL;
       Iterationen: INTEGER;
  BEGIN (* SimpsInteg *)
     WriteString('  Untergrenze(real)? : > ');
     ReadReal(Untergrenze);WriteLn;
     WriteString('  Obergrenze(real)? : > ');
     ReadReal(Obergrenze);WriteLn;
     (**)
     Funktion := cos;
     Simpson(Funktion,Untergrenze,Obergrenze,Toleranz,
                     Summe,Iterationen);
     (**)
     WriteLn;WriteString('Nach ');
     WriteInt(Iterationen,4);WriteString(' Iterationen');
     WriteLn;WriteString('Flaeche=');
     WriteReal(Summe,10,6); WriteLn
  END SimpsInteg.
```

Im folgenden Programm-Beispiel werden Graphen von Funktionen auf dem Bildschirm (vertikal) skizziert, und zwar auf die einfachste, schnellste und allerdings auch unbefriedigendste Art und Weise, in der man Funktionsverläufe darstellen kann.

Beispiel 7.2 Darstellung des Graphen einer Funktion:

```
PROCEDURE graph(f:Fkt;x1,x2:REAL;n:CARDINAL);
(* es ist TYPE Fkt=PROCEDURE(REAL):REAL; zu definieren,
 * [x1,x2] ist das Intervall der Argumente und
 * n ist die Anzahl der äquidistanten Argumente
 * im Intervall [x1,x2] *)
VAR dx,fmax,fmin,scale,fx:REAL;i,j:INTEGER;
BEGIN
   fmax:=0.0;fmin:=0.0; dx:=(x2-x1)/FLOAT(n);
   FOR i:=0 TO n DO
      fx:=f(x1+FLOAT(i)*dx);
      IF fx > fmax THEN fmax:=fx END;
      IF fx < fmin THEN fmin:=fx END
   END;(* FOR i *)
   WriteReal(fmin,12,-6);WriteReal(fmax,67,-6);WriteLn;
   scale:=78.0/(fmax-fmin);
   FOR i:=0 TO n DO
      FOR j:=1 TO TRUNC((f(x1+FLOAT(i)*dx)-fmin)*scale) DO
         Write(' ')
      END;Write('*');WriteLn
   END
END graph;
```

Dieses Programm läßt sich leicht so modifizieren, daß mehrere Funktionen in demselben Koordinatenkreuz dargestellt werden.

Beispiel 7.3 Darstellung der Graphen mehrerer Funktionen:

```
MODULE fktgraphs1;
FROM InOut      IMPORT Write,WriteInt,WriteString,WriteLn;
FROM RealInOut  IMPORT ReadReal,WriteReal;
FROM MathLib    IMPORT exp,ln,sin,cos,sqrt,sh,ch;
CONST LineLength = 60;
TYPE Fkt = PROCEDURE(REAL):REAL;
VAR FktArr:ARRAY[0..2] OF Fkt;x1,x2:REAL;
    ChrArr:ARRAY[0..2] OF CHAR;

PROCEDURE graphen(fa:ARRAY OF Fkt;ca:ARRAY OF CHAR;
                  x1,x2:REAL;n:CARDINAL);
VAR dx,fmax,fmin,scale,fx,x:REAL;i,j,nr:INTEGER;
    Line:ARRAY[1..79] OF CHAR;
BEGIN
   fmax:=0.0;fmin:=0.0; dx:=(x2-x1)/FLOAT(n);
   FOR i:=0 TO n DO
      x:=x1+FLOAT(i)*dx;
      FOR nr:=0 TO HIGH(fa) DO
         fx:=fa[nr](x);
         IF fx > fmax THEN fmax:=fx END;
         IF fx < fmin THEN fmin:=fx END
      END(* FOR nr *)
   END;(* FOR i *)
```

```
      WriteReal(fmin,12,-6);
      WriteReal(fmax,LineLength-1-12,-6);WriteLn;
      scale:=FLOAT(LineLength-1)/(fmax-fmin);
      FOR i:=0 TO n DO
         FOR j:=1 TO LineLength-1 DO Line[j]:=' ' END;
         x:=x1+FLOAT(i)*dx;
         FOR nr:=0 TO HIGH(fa) DO
            Line[TRUNC( (fa[nr](x)-fmin)*scale )+1]:=ca[nr]
         END; (* FOR nr *)
         FOR j:=1 TO LineLength-1 DO Write(Line[j]) END;
         WriteLn
      END(* FOR i *)
   END graphen;

   BEGIN
     WriteString('[x1,x2] eingeben');WriteLn;
     ReadReal(x1);ReadReal(x2);
     FktArr[0]:=exp;FktArr[1]:=sin;FktArr[2]:=cos;
     ChrArr[0]:='e';ChrArr[1]:='s';ChrArr[2]:='c';
     graphen(FktArr,ChrArr,x1,x2,22)
   END fktgraphs1.
```

Das obige Modul erzeugt angewandt auf die drei Funktionen exp, sin, cos (mit x1=-4.0 und x2=+0.5) die in Fig. 7.1 wiedergegebene Ausgabe.

Naheliegend sind Verallgemeinerungen z.B. die perspektivische Darstellung von Funktionen mehrerer Veränderlicher.

7.2 Aufgaben

Sollten Sie neugierig geworden sein, so probieren Sie doch einmal aus, was das folgende Programm produziert.

Beispiel 7.4 Weitere Anwendung:

```
MODULE fktgraphs2;
FROM InOut     IMPORT Write,WriteInt,WriteString,WriteLn;
FROM RealInOut IMPORT ReadReal,WriteReal;
FROM MathLib   IMPORT sqrt;

CONST LineLength = 60;
TYPE Fkt = PROCEDURE(REAL):REAL;
VAR FktArr:ARRAY[0..3] OF Fkt;i:INTEGER;
    ChrArr:ARRAY[0..3] OF CHAR;

PROCEDURE f1(x:REAL):REAL;
BEGIN
   RETURN sqrt(1.0-x*x)
END f1;
```

```
PROCEDURE f2(x:REAL):REAL;
BEGIN
   RETURN -f1(x)
END f2;

PROCEDURE f3(x:REAL):REAL;
BEGIN
   IF x<=0.0 THEN RETURN 0.0
      ELSE IF x<0.840896 THEN RETURN x
                             ELSE RETURN f1(x)
           END (* IF x<0.84 *)
   END
END f3;

PROCEDURE f4(x:REAL):REAL;
BEGIN
   RETURN -f3(x)
END f4;

PROCEDURE graphen(VAR fa:ARRAY OF Fkt;VAR ca:ARRAY OF CHAR;
                  x1,x2:REAL;n:CARDINAL);
VAR dx,fmax,fmin,scale,fx,x:REAL;i: CARDINAL;
    j,nr:INTEGER;
      Line:ARRAY[1..79] OF CHAR;
BEGIN
   fmax:=0.0;fmin:=0.0; dx:=(x2-x1)/FLOAT(n);
   FOR i:=0 TO n DO
      x:=x1+FLOAT(i)*dx;
      WriteReal(x,10,4);
      FOR nr:=0 TO HIGH(fa) DO
         fx:=fa[nr](x);
         IF fx > fmax THEN fmax:=fx END;
         IF fx < fmin THEN fmin:=fx END
      END(* FOR nr *)
   END;(* FOR i *)
   WriteReal(fmin,12,-6);
   WriteReal(fmax,LineLength-1-12,-6);WriteLn;
   scale:=FLOAT(LineLength-1)/(fmax-fmin);
   FOR i:=0 TO n DO
      FOR j:=1 TO LineLength-1 DO Line[j]:=' ' END;
      x:=x1+FLOAT(i)*dx;
      FOR nr:=0 TO HIGH(fa) DO
         Line[TRUNC( (fa[nr](x)-fmin)*scale )+1]:=ca[nr]
      END; (* FOR nr *)
      FOR j:=1 TO LineLength-1 DO Write(Line[j]) END;
      WriteLn
   END(* FOR i *)
END graphen;
```

```
BEGIN
   FktArr[0]:=f1;FktArr[1]:=f2;
   FktArr[2]:=f3;FktArr[3]:=f4;
   FOR i:=0 TO 3 DO ChrArr[i] :='*' END;
   graphen(FktArr,ChrArr,-1.0,1.0,22)
END fktgraphs2.
```

```
------------------------------------------------------------
[x1,x2] eingeben
-9.99679E-01                                   1.648721E+00
       c              e                s
    c                 e            s
  c                   e        s
c                      e   s
c                      s
c                 s    e
 c            s        e
   c      s            e
      c                 e
   s     c              e
 s           c           e
s                 c       e
s                     c    e
s                          ce
  s                          e c
    s                          e   c
       s                         e    c
           s                       e     c
               s                      e    c
                   s                      e c
                        s                   c e
                            s              c        e
                                s        c
------------------------------------------------------------
```

Fig. 7.1 Darstellung von Funktionsverläufen

8. Strukturierte Datentypen

Übersicht:
In diesem Kapitel werden Feld- und Verbundtypen, sowie variante Verbunde und Mengen eingeführt.

Unterschiede zu Pascal:
Es gibt keine 'packed arrays'. Auf die veränderte Syntax von CASE wurde schon hingewiesen. In Modula wird für eine Menge oft nur ein Speicherwort bereitgestellt. Damit sind die zulässigen Grundtypen auf solche mit maximal soviel Werten beschränkt, wie die Wortlänge des verwendeten Rechners vorgibt. Als Basistypen sind nur Aufzählungs- und Unterbereichstypen zugelassen.

8.1 Felder

Oft benützte und in allen höheren Programmiersprachen verfügbare Datenobjekte, deren Typ strukturiert ist, sind die Felder (Reihungen, array).

Ein Feld ist eine Anordnung von Variablen identischen Typs. Auf ein Feldelement, d.h. auf eine dieser Variablen, kann über den sogenannten Feld-Index (oder kurz Index) zugegriffen werden. Felder kommen im Alltag vielfach vor. Z.B. stellt die Inventar-Liste in einem Lagerhaus ein Feld dar, wobei die Bauteile-Nummer als Index angesehen werden kann und jedes Feldelement angibt, in wieviel Exemplaren das entsprechende Teil am Lager ist. Genauso wird die Opus-Zahl in einem Werkverzeichnis wie dem Köchel-Verzeichnis als Index für die Namen der zugehörigen Kompositionen verwendet. Charakteristisch für ein Feld ist also der Typ seines Index und der Typ seiner Elemente, wie dies in der Syntax der Deklaration für Feldtypen auch zum Ausdruck kommt:

ArrayType = ARRAY SimpleType{","SimpleType} OF type.

Indizes sind also Ausdrücke von einfachem Typ; und zwar sind Unterbereichs-Typen und Aufzählungs-Typen sowie CHAR und BOOLEAN zugelassen. Als Standard-Operation auf Objekten eines Feld-Daten-Typs gibt es nur die Zuweisung. So praktische Operationen wie komponentenweise Addition, Multiplikation oder lexikographische Ordnung sind auch für Felder, auf deren Grund-Typ diese Operationen definiert sind, nicht vorgegeben, sondern müssen vom Benutzer selber programmiert werden.

Beispiel: Zeichenketten (sogenannte Strings) werden in Modula in der Regel als Felder des Ihnen bekannten Grundtyps CHAR definiert. Der Typ

tStr = ARRAY[0..2] OF CHAR

hat also als Werte alle Folgen von genau drei Buchstaben. Im nächsten Beispiel - einer Liste von (abgekürzten) Monatsnamen - läuft der Index von 1 bis 12, und die Feld-Elemente bestehen aus jeweils drei Buchstaben. Auf ein einzelnes Feld-Element können Sie zugreifen, indem Sie nach dem Feld-Namen in eckigen Klammern den gewünschten Index angeben. Die Monats-Namen lassen sich also wie folgt abspeichern:

```
VAR MoNaLi  : ARRAY[1..12] OF tStr
MoNaLi[1]  :='Jan';MoNaLi[2]  :='Feb';MoNaLi[3]  :='Mar';
MoNaLi[4]  :='Apr';MoNaLi[5]  :='Mai';MoNaLi[6]  :='Jun';
MoNaLi[7]  :='Jul';MoNaLi[8]  :='Aug';MoNaLi[9]  :='Sep';
MoNaLi[10]:='Okt';MoNaLi[11]:='Nov';MoNaLi[12]:='Dez';
```

Wenn nun eine Variable "Urlaub" vom Typ tStr definiert wird, so kann ihr wie folgt ein Wert zugewiesen werden:

Urlaub := MoNaLi[(3*i) MOD 12+1] .

Vor der eigentlichen Zuweisung wird der Ausdruck, der den Indexwert bestimmt, ausgewertet. Wie oben schon angedeutet wurde, müssen Sie Operationen auf Objekten eines Feld-Typs selbst programmieren. Als Beispiel sei hier ein Test-Modul für die lexikographische Ordnung von Zeichenketten präsentiert:

Beispiel 8.1 Lexikographische Ordnung von Zeichen-Ketten:

```
MODULE lexitest;
FROM InOut IMPORT ReadString,Write,WriteString,WriteLn;
CONST StrLen=79;
TYPE String=ARRAY[0..StrLen] OF CHAR;
VAR a,b:String;

PROCEDURE lexiLE(a,b:String):BOOLEAN;
VAR i:INTEGER;  (* TRUE iff a lexikographisch *)
BEGIN           (* kleiner oder gleich b *)
   i:=-1;
   REPEAT i:=i+1 UNTIL (i>StrLen) OR (a[i]#b[i]);
   RETURN (i>StrLen) OR (a[i]<b[i])
END lexiLE;

BEGIN
   WriteString(' lexitest ');
   WriteLn;
   WriteString('String a:> ');
   ReadString(a); WriteLn;
   WriteString('String b:> ');
   ReadString(b); WriteLn;
   WriteString(a);
   IF lexiLE(a,b) AND lexiLE(b,a) THEN Write('=')
      ELSE
      IF lexiLE(a,b) THEN Write('<') ELSE Write('>') END
   END;
```

```
    WriteString(b)
END lexitest.
```

In Abschnitt 8.2 werden wir noch etwas näher auf Zeichenketten eingehen.

Die Syntax, ein Feld zu bezeichen, ist durch

designator = qualident{"["ExpList"]"}
ExpList = expression{","expression}

gegeben. Wie schon in der Typ-Deklaration so kommt auch hier wieder zum Ausdruck, daß Sie mehrere Indizes, durch Kommata getrennt, zu neuen Indizes zusammensetzen können. Auf diese Weise lassen sich sogenannte mehrdimensionale Felder gewinnen, die gleichermaßen aber auch als Felder, deren Feldelemente wieder Felder sind, deklariert werden können. So läßt sich zum Beispiel eine Fläche im drei-dimensionalen Cartesischen Raum durch den Wert der z-Koordinate, den diese an gewissen x-y-Gitterpunkten annimmt, wie folgt beschreiben:

```
TYPE Flaeche = ARRAY[0..N],[0..N] OF REAL;
```

oder, wenn der Index zuvor als eigener Typ deklariert wird:

```
TYPE Koordinate = [0..N];
     Flaeche = ARRAY Koordinate,Koordinate OF REAL;
```

Matrizen, Determinanten und dergleichen lassen sich ebenso natürlich durch zweidimensionale Felder darstellen. Generell ist der Typ

```
matrix = ARRAY[ 1..N] ,[ 1..N]  OF REAL
```

im mathematischen Sinn gleichwertig, wenn auch nicht zuweisungskompatibel zu

```
matrix = ARRAY[1..N] OF ARRAY[1..N] OF REAL  .
```

Letzteres läßt sich als Zeile von Spalten-Vektoren oder als Spalte von Zeilen-Vektoren interpretieren.

Sie können jetzt z.B. Matrizen miteinander multiplizieren. Gegeben seien die drei Matrizen a, b und c durch

```
TYPE MxKMatrix=ARRAY[1..m],[1..k] OF REAL;
     KxNMatrix=ARRAY[1..k],[1..n] OF REAL;
     MxKMatrix=ARRAY[1..m],[1..n] OF REAL;
VAR a:MxKMatrix;b:KxNMatrix;c:MxNMatrix;
```

Um nun c=a*b zu berechnen, ist es ratsam eine REAL-Variable sum einzuführen, um so das mehrmalige, indizierte Zugreifen auf immer dasselbe Element c[i,j] zu vermeiden:

Beispiel 8.2 Matrix-Multiplikation:

```
PROCEDURE MatMul(a:MxKMatrix,b:KxNMatrix;
                 VAR c:MxNMatrix);
VAR sum:REAL;
BEGIN
   FOR i:=1 TO M DO
      FOR j:=1 TO N DO
         sum:=0.0;
         FOR k:=1 TO K DO
            sum:=sum+a[i,k]*b[k,j]
         END;
         c[i,j] := sum
      END (* FOR j *)
   END  (* FOR i *)
END MatMul;
```

Wir wollen den in Kap. 10 angegebenen Zufalls-Zahlen-Generator daraufhin testen, ob die von ihm produzierten (Pseudo-) Zufalls-Zahlen zumindest annähernd gleichverteilt sind. Dazu müssen wir die Häufigkeit des Auftretens von Zufalls-Zahlen auszählen. Die Ergebnisse wird man geschickterweise in einem Feld abspeichern. Absolute Häufigkeiten sind prinzipiell vom Typ CARDINAL. Unser "Versuchs-Logbuch" enthält damit zwangsläufig eine Ansammlung von Zählern, von denen jeder die Anzahl des Auftretens von Zufalls-Zahlen wiedergibt. Das folgende Modul leistet das Gewünschte:

Beispiel 8.3 Test-Modul für Modul Zufall:

```
MODULE ZufallsTest;
(* Test-Modul für Zufall *)
FROM InOut IMPORT WriteString, WriteCard, WriteLn;
IMPORT Zufall;

CONST NoOfTrial = 1000; (* Zahl der Versuche *)
              n = 10;   (* ZufallsZahlen von 1 bis n *)
VAR h:ARRAY[1..n] OF CARDINAL;i,nr:CARDINAL;

BEGIN (* Zufallstest *)
   WriteString('Test des Zufalls-Zahlen-Generators');
   WriteLn;
   FOR i:=1 TO n DO h[i]:=0 END; (* Initialisieren *)
   FOR nr:=1 TO NoOfTrial DO
      i:=Zufall.RandomCard(1,n);h[i]:=h[i]+1
   END;
   FOR i:=1 TO n DO (* Ausgabe *)
      WriteString('absolute Häufigkeit von');
      WriteCard(i,3);WriteString(' ist');
      WriteCard(h[i],6);WriteLn
   END
END ZufallsTest.
```

Das Testprogramm erzeugt dann die folgende Ausgabe:

```
 Bitte einen Startwert !      999
Test des Zufalls-Zahlen-Generators
absolute Häufigkeit von  1 ist    96
absolute Häufigkeit von  2 ist    92
absolute Häufigkeit von  3 ist   101
absolute Häufigkeit von  4 ist    99
absolute Häufigkeit von  5 ist   101
absolute Häufigkeit von  6 ist    98
absolute Häufigkeit von  7 ist   113
absolute Häufigkeit von  8 ist    97
absolute Häufigkeit von  9 ist   104
absolute Häufigkeit von 10 ist    99
```

Im folgenden Programm werden die Binomial-Ausdrücke "n über k" in den Feldelementen binomi[n,k] abgespeichert und in Form des bekannten Pascalschen Dreieckes ausgegeben.

Beispiel 8.4 Binomial-Koeffizienten:

```
MODULE binomial;
FROM InOut IMPORT Write,WriteString,WriteInt,WriteLn;
CONST nmax=10;
VAR binomi:ARRAY[0..nmax],[0..nmax] OF INTEGER;
    n,k,l:INTEGER;

PROCEDURE binom;
BEGIN (* belegt das Feld binomi *)
   FOR n:=0 TO nmax DO
      binomi[0,n]:=1;binomi[n,n]:=1
   END;
   FOR n:=1 TO nmax DO
      FOR k:=1 TO n-1 DO
         binomi[n,k]:=binomi[n-1,k-1]+binomi[n-1,k]
      END
   END
END binom;

BEGIN
   WriteString('Pascalsches Dreieck');WriteLn;
   binom;
   FOR n:=1 TO nmax DO
      FOR l:=3*n TO 3*nmax DO Write(' ') END;
      FOR k:=1 TO n DO WriteInt(binomi[n,k],6) END;
      WriteLn
   END
END binomial.
```

Dieses Programm gibt dann die Binomial-Koeffizienten in der folgenden Form aus:

```
Pascalsches Dreieck
                                 1
                              1     1
                           1     2     1
                        1     3     3     1
                     1     4     6     4     1
                  1     5    10    10     5     1
               1     6    15    20    15     6     1
            1     7    21    35    35    21     7     1
         1     8    28    56    70    56    28     8     1
      1     9    36    84   126   126    84    36     9     1
```

Angenommen, wir interessieren uns für die absoluten Häufigkeiten - wie wir sie in Beispiel 8.3 berechnet haben - erst dann, wenn sie in absteigender Reihenfolge sortiert sind. Oder als allgemeines Problem formuliert:
Gegeben sei ein Feld von Elementen, die vergleichbar sind. Dieses Feld ist ab- oder aufsteigend umzuordnen. Das Feld sei vom Typ h:ARRAY[1..hmax] OF ITEM. Für den Typ ITEM müssen also die Vergleichs-Operatoren definiert sein, um Felder vom Grundtyp ITEM sortieren zu können.

Die folgende Prozedur sortiert das Feld h in aufsteigender Ordnung unter Verwendung des naheliegendsten Algorithmus', nämlich sich das kleinste, zweit-kleinste usw. Element zu suchen und dieses mit dem ersten, zweiten, usw. Element zu vertauschen.

Beispiel 8.5 Sortieren durch Auswahl:

```
PROCEDURE Sort(VAR h:ARRAY OF CARDINAL);
VAR i,j,min:CARDINAL;
BEGIN
   FOR i:=0 TO HIGH(h)-1 DO
      min:=h[i];k:=i;(*k ist die Stelle des aktuellen min*)
      FOR j:=i+1 TO hmax DO
         IF h[j] < min THEN k:=j;min:=h[j]
      END;
      h[k]:=h[i];h[i]:=min        (* vertauschen *)
   END
END Sort;
```

Bemerkung: Das UNIX-Kommando typo beispielsweise nimmt intern solch einen Sortier-Vorgang vor: für jedes Wort, das in der als Argument bezeichneten Datei vorkommt, wird die Häufigkeit seines Auftretens bestimmt. Danach werden die Wörter - absteigend sortiert nach ihrer Seltenheit - zusammen mit diesem Maßstab ihrer "Merkwürdigkeit" aufgelistet.
Es sei an dieser Stelle darauf hingewiesen, daß es eine Vielzahl von Sortier-Algorithmen gibt, welche verschiedene Vor- und Nachteile aufweisen (vgl. Wirth 86, Knuth 73).

8.2 Zeichenketten

Eine wichtige Anwendung der Feldtypen stellen Zeichenketten (strings) dar. Charakteristisch für Zeichenketten ist ihre variable Länge. Diese ist je nach Anwendung beschränkt. So sind Zeichenketten, die über das Terminal ein- oder ausgegeben werden, sinnvollerweise nicht länger als 80 Zeichen. Es gibt im wesentlichen zwei Möglichkeiten, die Länge einer Zeichenkette festzuhalten. Entweder wird ein (spezielles) Zeichen für das Ende der Kette vereinbart (vgl. Beispiel 6.2) oder man reserviert für jede Zeichenkette einen Speicherplatz, in dem die Länge vermerkt ist. In Modula sieht die Typ-Definition für Zeichenketten dann etwa folgendermaßen aus:

```
CONST StrLen = 80;
TYPE String1 = ARRAY[0..StrLen] OF CHAR;
```

wobei im 0-ten Feld-Element durch CHR(Länge) die Länge abgespeichert wird, oder aufwendiger (im Vorgriff auf Abschnitt 8.3)

```
TYPE tString2 = RECORD
                  l : [0..StrLen];
                  s : ARRAY[0..StrLen - 1] OF CHAR
                END;
```

oder

```
TYPE tString = ARRAY[0..StrLen - 1] OF CHAR;
```

wobei das Ende der Zeichenkette etwa durch 0C (das "kleinste" Zeichen) angezeigt wird. Die verschiedenen Versionen unterscheiden sich vor allem in der Geschwindigkeit, mit der die Länge einer Zeichenkette bestimmt werden kann.

In den Standard-Prozeduren von Modula wird von der dritten Möglichkeit Gebrauch gemacht. So überträgt z.B. die Prozedur ReadString(s) die eingelesenen Zeichen buchstabenweise in das Feld s und füllt die restlichen Feldelemente mit 0C auf. Entsprechend gibt WriteString(s) die Elemente von s zeichenweise aus, bis das erste 0C erreicht oder das letzte (das StrLen-te) Element ausgegeben wurde. Anhand des folgenden Programmes können Sie diese Aussagen verifizieren.

Beispiel 8.6 String-Konzept:

```
MODULE StringTest;
FROM InOut IMPORT ReadString,
           Write,WriteInt,WriteString,WriteLn;
CONST StrLen=8;
TYPE STRING=ARRAY[0..StrLen-1] OF CHAR;
VAR s:STRING;i:INTEGER;

BEGIN
   WriteString("Bitte String eingeben :> ");
   ReadString(s);
   WriteLn;
   WriteString(s);WriteLn;
   FOR i:=0 TO StrLen-1 DO
```

```
        WriteInt(i+1,3);WriteString('-tes Zeichen ist ');
        Write(s[i]);WriteString(' mit Ordnung');
        WriteInt(ORD(s[i]),4);WriteLn
    END
END StringTest.
```

Eingabe: Modula
Ausgabe:

```
1-tes Zeichen ist M mit Ordnung  77
2-tes Zeichen ist o mit Ordnung 111
3-tes Zeichen ist d mit Ordnung 100
4-tes Zeichen ist u mit Ordnung 117
5-tes Zeichen ist l mit Ordnung 108
6-tes Zeichen ist a mit Ordnung  97
7-tes Zeichen ist   mit Ordnung   0
8-tes Zeichen ist   mit Ordnung   0
```

Details der Implementierung von ReadString und WriteString können Sie, falls Sie über die Quellen verfügen, dem Bibliotheks-Modul InOut entnehmen.

Ist nun s vom Typ tString definiert, dann sind Zuweisungen von Zeichenketten, z.B. s:="Zeichenkette", möglich. Auf jeden Fall muß dann s ein Feld von Zeichen sein, dessen kleinster Index 0 ist. Außerdem ist auf die Länge der Zeichenkette zu achten. In neueren Modula-Versionen kann einer Variablen vom Typ CHAR jede Zeichenkette der Länge 1 zugewiesen werden und umgekehrt.

Neben dem Vergleich hinsichtlich der lexikographischen Ordnung (Beispiel 8.1) gibt es eine Anzahl weiterer nützlicher Operationen auf Zeichenketten, so z.B. eine Funktion, die die Länge einer Kette berechnet.

Beispiel 8.7 Zeichenkettenlänge:

```
PROCEDURE Length(s:ARRAY OF CHAR):CARDINAL;
CONST NUL=0C;
VAR len:CARDINAL;
BEGIN
   len:=0;
   WHILE (l<=HIGH(s))AND(s[l]#NUL) DO l:=l+1 END;
   RETURN len-1
END Length;
```

8.3 Verbunde

Wie wir an dieser Stelle noch einmal betonen möchten, sind die Elemente eines Feldes alle von demselben Typ. Es gibt jedoch Daten-Typen, die es - im Gegensatz zu Feld-Typen - gestatten, eine Ansammlung von Variablen unterschiedlichen Typs zu einer neuen Einheit zusammenzufassen. Diese Daten-Typen heißen Verbunde (records). Daten durch Verbunde zu strukturieren, wird implizit in vielen Bereichen angewandt. In der Statistik z.B. muß ein Merkmalsträger mindestens zwei unterscheidbare Merkmale aufweisen, wenn man das Auftreten dieser Merkmale korrellieren möchte. Ein Merkmalsträger wäre also dafür durch das Tupel seiner Einzel-Merkmale zu beschreiben. Auch im Alltag gibt es viele Beispiele für Verbunde. So besteht das Datum aus den Bestandteilen Tag, Monat und Jahr, von denen jeder Teil als von einem verschiedenen Unterbereichstyp angesehen werden kann:

```
TYPE Datum = RECORD
                 Tag:[1..31];
                 Monat:[1..12];
                 Jahr: CARDINAL
             END;
```

Mit demselben Schema lassen sich die Uhrzeit

```
TYPE Zeit = RECORD
                Stunde :[0..23];
                Minute :[0..59];
                Sekunde:[0..59]
            END;
```

wie auch beispielsweise Personal-Daten beschreiben:

```
TYPE Person = RECORD
                  Name,Vorname:ARRAY[0..40] OF CHAR;
                  Geschlecht:  (maennlich, weiblich);
                  Geburtstag:   Datum
              END;
```

Die Verbund-Komponenten (manchmal auch Felder bezeichnet) werden in der selben Form wie Variable deklariert. Sie können nun auf einen Verbund als Gesamtheit oder auf einzelne seiner Komponenten zugreifen. Verbund-Komponenten werden dabei durch ihre qualifizierten Namen angewählt. Z.B.:

```
VAR Kunde:Person;
  Kunde.Name
  Kunde.Vorname
  Kunde.Geschlecht
  Kunde.Geburtstag
  Kunde.Geburtstag.Jahr
```

Diese Komponenten können wie gewohnt (einzeln) bearbeitet werden.

Für Verbunde als ganzes gibt es dagegen nur die Zuweisung. Die Syntax einer Verbund-Deklaration ist

RecordType = RECORD FieldListSequence END.

wobei die Feld-Listen einfach den Typ der einzelnen Verbund-Komponenten deklarieren:

FieldListSequence = FieldList{ ";"FieldList}
FieldList = [IdentList":"type|VariantFieldList].

Was eine "VariantFieldList" ist, werden wir im nächsten Abschnitt erklären.

So wie zu Feldern die FOR-Schleife gehört, um bequem auf Elementen von Feldern operieren zu können, gibt es in Modula eine Anweisung, die uns den Umgang mit den Komponenten eines Verbundes erleichtert. Die WITH-Anweisung erlaubt es Ihnen nämlich, innerhalb einer Anweisungsfolge auf die Komponenten ein und desselben Verbundes ohne Nennung des Verbund-Namens zuzugreifen.

Beispielsweise läßt sich ein Datum leicht folgendermaßen ausgeben: (PostStempel sei dabei eine Variable vom Typ Datum)

```
WITH PostStempel DO
   WriteCard(Tag,2);Write('.');
   WriteCard(Monat,2);Write('.');
   WriteCard(Jahr,4)
END;
```

Dieses Stückchen Programm ist dem folgenden gleichwertig:

```
WriteCard(PostStempel.Tag,2);Write('.');
WriteCard(PostStempel.Monat,2);Write('.');
WriteCard(PostStempel.Jahr,4)
```

Eine etwas komfortablere Ausgabe des Datums können Sie erzielen, wenn Sie die Monats-Namen-Liste aus dem vorangegangenen Abschnitt verwenden:

```
WITH PostStempel DO
   WriteCard(Tag,2);Write('.');
   WriteString(MoNaLi[Monat]);Write(' ');
   WriteCard(Jahr,4)
END;
```

Die Syntax der WITH-Anweisung lautet:

WithStatement = WITH designator DO StatementSequence END.

Innerhalb der Anweisungsfolge müssen die Komponenten-Namen des mit designator bezeichneten Verbundes nicht jedesmal eigens mit dem Verbund-Namen referenziert werden. Die With-Anweisung kann auch zur Effizienz eines Programmes beitragen, dann nämlich, wenn - wie im folgenden Beispiel einer Personen-Datei - aufwendige Index-Berechnungen zur Bestimmung des Verbund-Namens nötig sind. Bei Verwendung der WITH-Anweisung müssen sie nur einmal durchgeführt werden.

Als letztes Beispiel für den Gebrauch von Verbunden sei also der Daten-Typ Person zu einer Personen-Datei zusammengefügt:

```
VAR KundenDatei : ARRAY[1..10000] OF Person;
```

Dabei kann dem Feld-Index z.B. eine laufende Kunden-Nummer o.ä. entsprechen. Folgendermaßen können Sie dann eine neue Kundin in Ihrer Kunden-Datei eintragen:

```
WITH KundenDatei[1503] DO
   Vorname    := "Mona Lisa";
   Name       := "La Gioconda";
   Geschlecht := weiblich; (* ? *)
   WITH Geburtstag DO (* Leonardo's *)
      Tag     := 15;
      Monat   := 4;
      Jahr    := 1452
   END (* WITH Geburtstag *)
END; (* WITH KundenDatei *)
```

Hier ist vielleicht angezeigt, Sie davor zu warnen, innerhalb der WITH-Anweisung den angewählten Verbund wechseln zu wollen. Die Auswertung des Feldindex geschieht vor der Ausführung des WITH-Statements. Vereinfacht gesagt, sollte der Verbund-Name innerhalb der zugehörigen WITH-Anweisung nicht vorkommen.

8.4 Variante Verbunde

Das Konzept der varianten Verbunde gestattet es Ihnen, denselben Speicherbereich als mit verschiedenen Daten-Strukturen belegt anzusehen, ihn damit unterschiedlich ansprechen und daher verschieden interpretieren zu können. Es dürfte allerdings klar sein, daß durch diese Möglichkeit leicht Fehler enstehen bzw. vorhandene Fehler nur schwer entdeckt werden können.

In unserem ersten Beispiel wollen wir davon ausgehen, daß eine graphische Darstellung aus elementaren geometrischen Figuren auf dem Bildschirm aufzubauen ist. Die Speicherung eines solchen Bildschirm-Inhaltes geschehe in der Daten-Struktur

```
VAR screen : ARRAY[0..NoOFig] OF tFigur;
```

wobei die Variable screen[i] vom Typ tFigur die i-te elementare Figur beschreibt, die zu einem Ensemble elementarer Figuren gehört. Der Daten-Typ varianter Verbunde ermöglicht es nun, die für jede elementare Figur charakteristischen Größen in ein und demselben Verbund festzuhalten.

```
TYPE tPosition = RECORD
                    x,y:REAL
                 END;
     tFigure = RECORD
                  Position:tPosition; (* Lage der Figur *)
                  CASE FigTyp:(Dreieck,Rechteck,
                               Kreis,Ellipse) OF
                     Dreieck :(* Ecke A=Position *)
                              B,C:tPosition|
```

```
          Rechteck:(* Ecke A=Position *)
                      B:tPosition;h:REAL
                      (* Höhe *)|
          Kreis    :(* Mittelpunkt=Position *)
                      r:REAL (* Radius *)|
          Ellipse  :(* 1.Brennpunkt=Position *)
                      F:tPosition;
                      (* 2. Brennpunkt *)
                      a:REAL
                      (* 2a=große Achse *)
      END (* CASE Typ *)
   END;
```

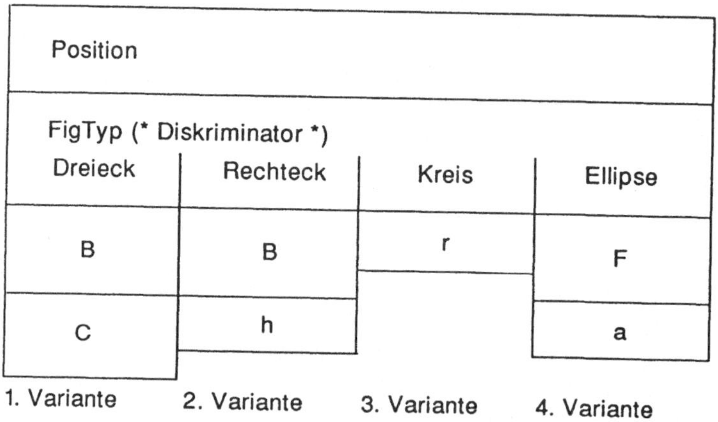

Fig. 8.1 Varianter Record

Es gilt diejenige Variante, deren Kennung dem Wert des sogenannten Diskriminators oder tag-Feldes FigTyp entspricht.

Statt für jedes der in Frage kommenden Objekte einen eigenen (gewöhnlichen) Verbund zu vereinbaren, können Sie so alle Objekte in einer Daten-Struktur zusammenfassen. Der Compiler reserviert Speicherplatz für die Komponente mit dem größten Platzbedarf.

Bemerkung: An dieser Stelle müssen wir die mehr mathematisch orientierten Leser nun leider enttäuschen. Der obige variante Verbund entspricht zwar der Idee, die zur Einführung dieses Datentypes geführt hat; er wird aber (von unserem Modula-Compiler unter UNIX) insofern moniert, als dieser die mehrfache Verwendung derselben Namen in den einzelnen Varianten nicht zuläßt. Wir sind daher gezwungen, den Datentyp tFigur etwas abzuändern (s. nächstes Beispiel).

Als Beispiel für den Umgang mit varianten Verbunden sei der Kürze halber nicht ein Programm zur Darstellung der Figuren auf dem Bildschirm sondern nur eine Prozedur angegeben, die die Fläche der eingeführten, elementaren Figuren berechnet. Vielleicht ist für Sie hilfreich, daß wir zugleich geeignete Ein-Ausgabe-Prozeduren vorstellen.

Beispiel 8.8 Flächen-Berechnung elementar geometrischer Figuren:

```
MODULE FlaechenInhalt;
FROM InOut IMPORT ReadCard,
                  Write,WriteCard,WriteString,WriteLn;
FROM RealInOut IMPORT ReadReal,WriteReal;
FROM MathLib IMPORT sqrt;

TYPE tPosition = RECORD
                   x,y:REAL
                 END (* tPosition *);
     tTyp      = (Dreieck,Rechteck,Kreis,Ellipse);
     tFigur    = RECORD
                   Position:tPosition; (* Lage der Figur *)
                   CASE Typ:tTyp OF
                      Dreieck : (* Ecke A = Position *)
                                 B,C:tPosition|
                      Rechteck: (* Ecke A = Position *)
                                 D:tPosition;
                                 h:REAL (* Höhe *)|
                      Kreis   : (* Mittelpunkt = Position *)
                                 r:REAL (* Radius *)|
                      Ellipse : (* Brennpunkt  = Position *)
                                 F:tPosition;
                                (* 2. Brennpunkt *)
                                 ha:REAL (* 2a=große Achse *)
                   END (* CASE Typ *)
                 END; (* Figur *)
VAR figure:tFigur;

 PROCEDURE Flaeche(figur:tFigur):REAL;
 CONST pi = 3.141592;
 VAR la,lb,lc,lp:REAL;

    PROCEDURE Laenge(a,b:tPosition):REAL;
    VAR u,v,l:REAL;
    BEGIN
       u:=a.x-b.x;v:=a.y-b.y;
       RETURN sqrt(u*u+v*v);
    END Laenge;

 BEGIN (* Flaeche *)
    WITH figur DO
       CASE Typ OF
          Dreieck: (* p=1/2 Umfang *)
             la:=Laenge(Position,B);lb:=Laenge(B,C);
```

```
            lc:=Laenge(C,Position);lp:=0.5*(la+lb+lc);
            RETURN sqrt(lp*(lp-la)*(lp-lb)*(lp-lc))|
         Rechteck:
            la:=Laenge(Position,D);
            RETURN (la*h) |
         Kreis:
            RETURN (pi*r*r)|
         Ellipse:
            lc:=0.5*Laenge(Position,F);
            lb:=sqrt(ha*ha-lc*lc); (* 2b=kleine Achse *)
            RETURN (pi*ha*lb)
      END (* CASE Typ *)
   END (* WITH figur *)
END Flaeche;

PROCEDURE FigurEin(VAR figur:tFigur);
VAR t:CARDINAL;

   PROCEDURE ReadPos(VAR pos:tPosition);
   BEGIN
      WITH pos DO
         WriteString('x ? ');
         ReadReal(x);
         WriteString('x= '); WriteReal(x,10,-6); WriteLn;
         WriteString('y ? ');
         ReadReal(y);
         WriteString('y= '); WriteReal(y,10,-6); WriteLn;
      END (* WITH *)
   END ReadPos;

BEGIN (* FigurEin *)
    WriteString('** Figur eingeben'); WriteLn;
    WriteString('Typ: 0 (3Eck), 1 (4Eck), 2 ');
    WriteString('(Kreis), 3 (Ellipse) eingeben ');
    ReadCard(t); WriteLn;
    WITH figur DO
      Typ:=VAL(tTyp,t);
      WriteString('Position eingeben ');
      ReadPos(Position);WriteLn;
      CASE Typ OF
         Dreieck: (* Ecke A = Position *)
            WriteString('Ecke B und C eingeben ');
            ReadPos(B);WriteLn;ReadPos(C);WriteLn|
         Rechteck: (* Ecke A = Position *)
            WriteString('Ecke D eingeben ');ReadPos(D);
            WriteLn;
            WriteString('Höhe eingeben ');ReadReal(h);
            WriteLn|
         Kreis: (* Mittelpunkt = Position *)
            WriteString('Radius eingeben ');ReadReal(r);
            WriteLn|
         Ellipse: (* 1. Brennpunkt = Position *)
```

```
            WriteString('2. Brennpunkt eingeben ');
            ReadPos(F); WriteLn;
            WriteString('ha eingeben ');ReadReal(ha);
            WriteLn
      END (* CASE Typ *)
   END (* WITH figur *)
END FigurEin;

PROCEDURE FigurAus(figur:tFigur);

   PROCEDURE WritePos(pos:tPosition);
   BEGIN
      WITH pos DO
         Write('(');WriteReal(x,12,-6);Write('/');
         WriteReal(y,12,-6);Write(')');WriteLn
      END (* WITH *)
   END WritePos;

BEGIN (* FigurAus *)
   WITH figur DO
      WriteString('Position = ');
      WritePos(Position);
      CASE Typ OF
         Dreieck:(* Ecke A = Position *)
            WriteString('Dreieck'); WriteLn;
            WriteString('Ecke B = ');
            WritePos(B);
            WriteString('Ecke C = ');
            WritePos(C)|
         Rechteck:(* Ecke A = Position *)
            WriteString('Rechteck'); WriteLn;
            WriteString('Ecke D = ');WritePos(D);
            WriteString('Höhe = ');WriteReal(h,12,-6);
            WriteLn|
         Kreis: (* Mittelpunkt = Position *)
            WriteString('Kreis'); WriteLn;
            WriteString('Radius = ');WriteReal(r,12,-6);
            WriteLn|
         Ellipse:(* 1. Brennpunkt = Position *)
            WriteString('Ellipse'); WriteLn;
            WriteString('2. Brennpunkt = ');
            WritePos(F);
            WriteString('ha = ');WriteReal(ha,12,-6);
            WriteLn
         ELSE
            WriteString('++++ unbekannter Figurtyp');
            WriteCard(CARDINAL(ORD(Typ)),4); WriteLn
      END; (* CASE Typ *) WriteLn
   END (* WITH figur *)
END FigurAus;

BEGIN (* main *)
```

```
    WriteString('Flaechenberechnung'); WriteLn;
    FigurEin(figure);FigurAus(figure);
    WriteString('Fläche =');
    WriteReal(Flaeche(figure),10,-6);WriteLn
END FlaechenInhalt.
```

Im varianten Verbund "figur" gilt diejenige Variante, deren Kennung - z.B. Dreieck - dem Wert des Diskriminators "Typ" entspricht. Der Diskriminator bekommt seinen Wert in FigurEin zugewiesen.

Nun kann die Definition einer varianten Feldliste nachgeholt werden:

```
VariantFieldList =
    CASE[ident]":"qualident OF
        variant{"|"variant}
        [ELSE FieldListSequence]
    END.
```

Dabei besteht eine Variante (variant) aus einer oder mehreren Konstanten des Diskriminators (tag-Feld), der nach CASE genannt wird, und der zugehörigen Folge von Feld-Listen, die ihrerseits weitere CASE-Teile enthalten mögen:

```
variant = CaseLabelList":"FieldListSequence.
CaseLabelList = CaseLabels{","CaseLabels}
CaseLabels = ConstExpression[".."ConstExpression].
```

Man beachte, daß ein Diskriminator nicht vereinbart werden muß und daß ein ELSE-Teil analog zur CASE-Anweisung möglich ist.

Programmiersprachen wie Modula oder Pascal sind durch ihre starke Typenbindung gekennzeichnet. Jedoch ist wie in Pascal auch in Modula durch variante Verbunde ein - wenn auch kontrollierbarer - Bruch mit der strengen Typisierung möglich, wie das folgende Beispiel zeigt (vgl. dazu auch Kap. 4.8). Wenn nämlich in der Vereinbarung eines varianten Verbundtyps der Diskriminator fehlt, wird einfach angenommen, daß ein Objekt dieses Verbundtyps die in einer Zuweisung oder einem Ausdruck verlangte Variante ist.

Als Beispiel sei eine Prozedur vorgestellt, die jeden eingelesenen Buchstaben in den entsprechenden Groß-Buchstaben umwandelt. Die Funktions-Prozedur

```
PROCEDURE upper(ch:CHAR):CHAR;
BEGIN
    IF ('a' <= ch) AND (ch <= 'z') THEN
        ch:=CHR(ORD(ch)-32) END;
    RETURN(ch)   (* RETURN CAP(ch) *)
END upper;
```

kann nämlich unter Verwendung varianter Verbunde folgendermaßen neu programmiert werden. Wir geben gleich ein Modul an, in dem diese Prozedur getestet wird.

Dabei wird für die Variable c der qualifizierte Name c.Zeichen verwendet, wenn c als Zeichen, und der qualifizierte Name c.Bits, wenn c als Menge von Bits interpretiert werden soll.

Beispiel 8.9 Konvertierung in Großbuchstaben:

```
MODULE upper;
FROM InOut IMPORT Read,Write,WriteString,WriteLn;
CONST ETX=3C;
VAR ch:CHAR;

PROCEDURE up(ch:CHAR):CHAR;
VAR c:RECORD
         CASE BOOLEAN OF
            TRUE :Zeichen:CHAR|
            FALSE:Bits:BITSET
         END
      END;
BEGIN
   c.Zeichen:=ch;EXCL(c.Bits,13); (* 5.Bit in Zeichen=0 *)
   RETURN c.Zeichen;
END up;

BEGIN
   WriteString('upper: Zeichen eingeben, ');
   WriteString('Ende mit Control C');WriteLn;
   REPEAT
      Read(ch);Write(up(ch))
   UNTIL ch=ETX;
END upper.
```

Auf diese Weise wird zumindest klar, daß sich die Darstellung eines Großbuchstabens von derjenigen des entsprechenden Kleinbuchstabens nur im "Groß/Klein-Bit" an der fünften Stelle in der das Zeichen codierenden Bit-Folge unterscheidet. Verifizieren können Sie dies auch anhand der ASCII-Tabelle. Wir hoffen, daß Sie jetzt mehr über die "Geheimnisse" der Groß-/Klein-Schreibung gelernt haben, als dies durch den bequemen Verweis auf die verfügbare Standard-Funktion CAP möglich gewesen wäre. Natürlich ist diese Art der Programmierung implementierungsabhängig. Im Beispiel 8.9 wird vorausgesetzt, daß Zeichen rechtsbündig in einem Wort abgelegt werden. Außerdem ist das am wenigsten signifikante Bit das Bit 0.

Bemerkung: Variante Verbunde zusammen mit dem Konzept der Prozedurtypen ermöglichen es, Maschinenbefehle in ein Modula-2-Programm trickreich "einzuschmuggeln". Dazu muß i.w. ein Verbundfeld (vom Typ CARDINAL) mit Maschinencode geeignet initialisiert und dann als vom Typ einer Prozedur interpretiert werden. In Teil II werden wir eine "bequemere" Möglichkeit, sog. In-Line-Code zu verwenden, vorstellen.

8.5 Mengen

Jeder Datentyp legt die Menge der Werte fest, welche die Variablen dieses Typs annehmen können. Die Werte-Menge einer Variablen eines Mengen-Datentyps ist nun gerade die Potenzmenge eines gegebenen, sogenannten Grundtypes. Wenn z.B. der Grundtyp als Unterbereichstyp

TYPE Binary=[0..1];

deklariert wurde, so kann eine Menge S mit Grundtyp Binary, deklariert durch

VAR S:SET OF Binary ;

genau die vier Werte: { }, {0}, {1}, {0,1} annehmen. Generell können aus einem Grundtyp B mit der Kardinalität b (d.h. mit b verschiedenen Werten) 2**b verschiedene Mengen gebildet werden.

Mengen werden im Speicher einfach als Folgen von Bits dargestellt. Dabei ist das i-te Bit genau dann gesetzt, wenn der i-te Wert des Grundtyps ein Element der zu speichernden Menge ist. Zwangsläufig muß also für jeden Wert des Grundtyps ein Bit reserviert werden. In Modula wird für eine Menge nur immer ein Speicherwort bereitgestellt. Damit sind die zulässigen Grundtypen auf solche mit maximal soviel Werten beschränkt, wie die Wortlänge des Rechners vorgibt.
Beispiel:

```
TYPE digit    = (zero,one,two,three,four,five);
     DigitSet = SET OF digit;
VAR EvenDigits: DigitSet; (* Mengen-Variable *)
EvenDigits := DigitSet{zero,four};
(* Zuweisung einer Mengenkonstanten *)
```

Den Mengen-Konstanten muß der Name des Mengentyps vorangestellt werden. Dies ist nur bei Mengen vom Typ BITSET nicht notwendig.

Im Report über Modula werden als Grundtypen nur Unterbereichstypen des Standardtyps CARDINAL in der Form [0..n] mit n<=N oder eines Aufzählungstyps mit nicht mehr als N Werten zugelassen, wobei jedoch N ein kleines ganzzahliges Vielfaches der Wortlänge des Rechners sein kann.

Für Mengen gibt es die beiden Standard-Prozeduren INCL und EXCL, die wir schon für BITSETs kennengelernt haben, mit gleicher Bedeutung auch für beliebige Mengen. Ebenso sind die Operatoren +, -, *, /, IN sowie die Vergleichs-Operatoren <, <=, >, >=, <> bzw. # auch auf beliebige Mengen anwendbar.
Beispiel: Vereinigung

```
VAR  Dig:digit;
Dig := two;
EvenDigits := EvenDigits+{Dig};
```

Das nächste Beispiel für Mengen macht einen kleinen Exkurs in die Graphen-Theorie notwendig. Als Beispiel für den Gebrauch des Datentyps Menge wollen wir nämlich die Zusammenhangskomponenten eines Graphen berechnen. Dazu sind erst einmal eine Reihe einführender Definitionen nötig.

Ein Graph besteht aus einer Menge von Knoten (Punkten), die durch sogenannte Kanten (Striche) verbunden sind. Beispielsweise bildet das Strecken-Netz der Bundesbahn einen Graphen, dessen Knoten den Bahnhöfen und dessen Kanten den (Gleis-) Strecken entsprechen. Es gibt ungerichtete und gerichtete Graphen. Kanten gerichteter Graphen haben eine Orientierung. Sie gehen vom Ausgangs- zum End-Knoten. Wir werden im weiteren nur ungerichtete Graphen betrachten. Zwei Knoten heißen benachbart, wenn sie durch eine Kante verbunden sind. Eine Folge benachbarter Punkte legt einen sogenannten Pfad fest. Zwei Kanten heißen inzident, wenn sie einen gemeinsamen Endpunkt haben. Ein Graph heißt zusammenhängend, wenn es von jedem Knoten zu jedem anderen Knoten einen verbindenden Pfad gibt. Eine Zusammenhangskomponente ist ein maximaler, zusammenhängender Untergraph. (Von einer Zusammenhangskomponenten des Steckennetzes der Bundesbahn zu einer anderen können Sie also nur zu Fuß, mit Auto oder Fahrrad, nicht aber mit der Bahn gelangen).

Graphen lassen sich in unterschiedlichster Weise in Rechnern darstellen. Üblich ist die Darstellung vermittels der sogenannten Adjazenz-Matrix. Die Adjazenz-Matrix eines Graphen mit n Knoten ist eine binär-wertige nxn-Matrix, deren Element in der i-ten Spalte und der j-ten Zeile angibt, ob eine Kante vom i-ten zum j-ten Knoten existiert. Die Adjazenz-Matrizen ungerichteter Graphen sind entweder nur etwa oberhalb der Hauptdiagonalen besetzt oder ganz einfach symmetrisch. Für Graphen mit vielen Knoten und verhältnismäßig wenigen Kanten sind dagegen Darstellungen durch dynamische Listen geeigneter (vgl. Kap. 13.1).

Im folgenden Beispiel der Berechnung der Zusammenhangskomponenten eines ungerichteten Graphen wollen wir den jeweiligen Graphen durch ein Feld von BITSETs beschreiben. Das i-te BITSET enthält die Nachbarn des i-ten Knotens. Aufgrund dieser Darstellung können unsere Graphen nicht mehr als 16 Knoten aufweisen. Die Zusammenhangskomponenten werden mit dem folgenden Algorithmus bestimmt: Die Variable c zählt die Komponenten und das Feld CompNo ordnet jedem Knoten die Nummer derjenigen Zusammenhangskomponente zu, in der er sich befindet. Die Prozedur Comp(i) bestimmt die Zusammenhangskomponente, in der der Knoten i liegt, in rekursiver Weise: Dem Knoten i wird die Komponenten-Nummer c zugeordnet; dasselbe passiert für alle zu i benachbarten Knoten, indem dieselbe Prozedur Comp auf alle Nachbarn angewandt wird.

Beispiel 8.10 Zusammenhangskomponenten ungerichteter Graphen:

```
MODULE graph;
FROM InOut IMPORT Write,WriteString,WriteLn,WriteInt,
                  Read,ReadInt;
CONST maxnode=15; (* node = 0..15 *)
TYPE Node    =[0..maxnode];
     NodeSet =SET OF Node;
     adjazenz=ARRAY[0..maxnode] OF NodeSet;
VAR gr:adjazenz;n:INTEGER;

PROCEDURE InGraph; (* Eingabe *)
VAR i,j:INTEGER;
BEGIN
   FOR i:=0 TO maxnode DO gr[i]:=NodeSet{} END;
      WriteString('Anzahl n der Knoten eingeben (0..15) ');
      REPEAT ReadInt(n) UNTIL (n>0) AND (n<=maxnode);
      FOR i:=0 TO n DO
         REPEAT WriteString('Kante von Knoten');
            WriteInt(i,3);WriteString(' zu Knoten ');
            WriteString('(Ende mit -1) ');
            REPEAT ReadInt(j) UNTIL (-1<=j) AND (j<=n);
            IF j>-1 THEN INCL(gr[i],j) END;
         UNTIL j=-1;
      END
END InGraph;

PROCEDURE OutGraph; (* Ausgabe *)
VAR i,j:Node;
BEGIN
   FOR i:=0 TO n DO FOR j:=0 TO n DO
      IF j IN gr[i] THEN
         WriteString('Kante von');WriteInt(i,3);
         WriteString(' zu');WriteInt(j,3);WriteLn
      END (* IF *)
   END END
END OutGraph;

PROCEDURE ConComp;      (* Zusammenhangskomponenten *)
VAR CompNo:ARRAY Node OF Node;c,cc:CARDINAL;i:Node;
   PROCEDURE Comp(i:Node);(* bestimmt rekursiv die *)
   VAR j:Node;        (* Zshgs-Komp., die i enthält *)
   BEGIN
      CompNo[i]:=c;
         FOR j:=0 TO n DO
            IF (j IN gr[i]) OR (i IN gr[j]) THEN
               IF CompNo[j]=0 THEN Comp(j) END
            END
         END
   END Comp;
BEGIN  (* ConComp *)
   WriteString('Zusammenhangs-Komponenten des ');
```

```
   WriteString('ungerichteten Graphen');WriteLn;
   FOR i:=0 TO n DO CompNo[i]:=0 END;
   c:=0;
   FOR i:=0 TO n DO
      IF CompNo[i]=0 THEN (* i wurde noch keiner    *)
         c:=c+1;Comp(i) (* Zshgs-Komp. zugeordnet *)
      END
    END;
    FOR cc:=1 TO c DO
       WriteInt(cc,2);WriteString('-te Komponente = {');
       FOR i:=0 TO n DO
          IF CompNo[i]=cc THEN WriteInt(i,3) END
       END;
       WriteString('} ');WriteLn
    END
END ConComp;

BEGIN
   InGraph;OutGraph;ConComp
END graph.
```

Eine kleine Anregung soll dieses Kapitel beenden. Wenn Sie unbedingt mit großen Mengen arbeiten wollen, dürfen Sie natürlich nicht einfach vereinbaren:

```
VAR AsciiSet: große Menge OF CHAR; .
```

Die unseres Erachtens kanonische Definition von großen Mengen besteht darin, große Mengen als Felder von BITSETs aufzufassen (vgl. auch (Wirth 83)). Zwangsläufig sind dann die Elemente großer Mengen zuerst einmal ganze Zahlen. Die eindeutige Abbildung der gewünschten Elemente auf ganze Zahlen leisten die Funktionen ORD und VAL.

Die "Ideal"-Daten-Struktur

große Menge OF großer Aufzählungstyp

würde dadurch abgebildet auf

Abbild einer großen Menge = große Menge OF
[1..(Kardinalität des großen Aufzählungstyps)]

und dieses wiederum auf

realisierte große Menge = (genügend großes) Feld von BITSETs

Wenn wir in diesem Sinn den Daten-Typ bigset durch

bigset = ARRAY[0..NoOfBitSets] OF BITSET

vereinbaren, so kann eine Variable vom Typ bigset n = (NoOfBitSets+1)*Wortlänge Elemente haben.

In der Regel sind diese Elemente also von 0 bis n-1 durchnumeriert. Die Umsetzung vom speziellen Element auf seine Nummer und umgekehrt besorgen dann die Standard-Funktionen ORD und deren Inverse VAL.

Beipiel 8.11 Große Mengen:

```
MODULE set;
(* Rechnen mit grossen Mengen *)
FROM InOut IMPORT Read,ReadCard,WriteLn,
                  Write,WriteString,WriteCard;
CONST WordLen=16;N=31;
      NoOfBitSets=(N+1-WordLen) DIV WordLen;
      (* Elemente von 0 bis N=(NoOfBitSet+1)*WordLen-1 *)

TYPE bigset=ARRAY[0..NoOfBitSets] OF BITSET;
VAR r,s,t:bigset;c:CARDINAL;

PROCEDURE clearBigSet(VAR s:ARRAY OF BITSET);
VAR i:CARDINAL;
BEGIN
   FOR i:=0 TO HIGH(s) DO s[i]:={} END
END clearBigSet;

PROCEDURE INCLinBigSet(c:CARDINAL;
                       VAR s:ARRAY OF BITSET);
BEGIN
   IF (c DIV WordLen) <= HIGH(s)
      THEN INCL(s[c DIV WordLen],c MOD WordLen)
      ELSE WriteString('range error');WriteLn END
END INCLinBigSet;

PROCEDURE EXCLfromBigSet(c:CARDINAL;
                         VAR s:ARRAY OF BITSET);
BEGIN
   IF (c DIV WordLen) <= HIGH(s)
      THEN EXCL(s[c DIV WordLen],c MOD WordLen)
      ELSE WriteString('range error');WriteLn END
END EXCLfromBigSet;

PROCEDURE IsInBigSet(c:CARDINAL;
                     VAR s:ARRAY OF BITSET):BOOLEAN;
BEGIN
   IF (c DIV WordLen) <= HIGH(s)
      THEN
         RETURN ((c MOD WordLen) IN s[c DIV WordLen])
      ELSE WriteString('range error');WriteLn END
END IsInBigSet;

PROCEDURE Union(VAR r,t:ARRAY OF BITSET;
                VAR s:ARRAY OF BITSET);
VAR i:CARDINAL;
BEGIN
   FOR i:=0 TO HIGH(s) DO s[i]:=r[i]+t[i] END
```

```
END Union;

PROCEDURE Section(VAR r,t:ARRAY OF BITSET;
                  VAR s:ARRAY OF BITSET);
VAR i:CARDINAL;
BEGIN
   FOR i:=0 TO HIGH(s) DO s[i]:=r[i]*t[i] END
END Section;

PROCEDURE Difference(VAR r,t:ARRAY OF BITSET;
                     VAR s:ARRAY OF BITSET);
VAR i:CARDINAL;
BEGIN
   FOR i:=0 TO HIGH(s) DO s[i]:=r[i]-t[i] END
END Difference;

PROCEDURE SymDiff(VAR r,t:ARRAY OF BITSET;
                  VAR s:ARRAY OF BITSET);
VAR i:CARDINAL;
BEGIN
   FOR i:=0 TO HIGH(s) DO s[i]:=r[i]/t[i] END
END SymDiff;

PROCEDURE WriteBigSet(VAR s:ARRAY OF BITSET);
VAR c:CARDINAL;
BEGIN
   Write('{');
   FOR c:=0 TO N DO
      IF IsInBigSet(c,s) THEN WriteCard(c,6) END
   END;
   WriteString('} ');WriteLn
END WriteBigSet;

PROCEDURE ReadBigSet(VAR s:ARRAY OF BITSET);
BEGIN
   clearBigSet(s);
   WriteString('Eingabe der Elemente.'); WriteLn;
   WriteString('Ende durch CARDINAL-Zahl >');WriteCard(N,3);
   WriteLn;
   WriteString('Nach jeder Zahl <RET>');
   WriteLn;
   REPEAT
      WriteString('Element ? ');
      ReadCard(c);
      WriteString('Element = '); WriteCard(c,3); WriteLn;
      IF (c>=0)AND(c<=N) THEN INCLinBigSet(c,s) END
   UNTIL (c>N)OR(c<0)
END ReadBigSet;

BEGIN
   ReadBigSet(s);WriteBigSet(s);
   ReadBigSet(t);WriteBigSet(t);
```

```
      Union(s,t,r);
      WriteString('Union       ');WriteBigSet(r);
      Section(s,t,r);
      WriteString('Section     ');WriteBigSet(r);
      Difference(s,t,r);
      WriteString('Difference ');WriteBigSet(r);
      SymDiff(s,t,r);
      WriteString('SymDiff     ');WriteBigSet(r)
   END set.
```

Dieses Test-Modul für große Mengen wurde schon so konzipiert, daß Sie nach geringfügigen Änderungen den Typ bigset mit den zugehörigen Operationen in einer Bibliothek zur Verfügung stellen können (s. Kap. 10). Insbesondere wurden allen Prozeduren die betreffenden Mengen als offene Felder übergeben, so daß prinzipiell beliebig große Felder von BITSETs bearbeitet werden können. Das dazugehörige Definitions-Modul sieht dann etwa folgendermaßen aus:

Beispiel 8.12 Definitionsmodul BigSet:

```
DEFINITION MODULE BigSet;
FROM InOut IMPORT Read,ReadCard,WriteLn,
                  Write,WriteString,WriteCard;
CONST WordLen=16;N=31;
      NoOfBitSets=(N+1-WordLen) DIV WordLen;
(* Elemente von 0 bis N=(NoOfBitSet+1)*WordLen-1 *)
TYPE bigset=ARRAY[0..NoOfBitSets] OF BITSET;

  PROCEDURE clearBigSet(VAR s:ARRAY OF BITSET);
  PROCEDURE INCLinBigSet(c:CARDINAL;
                         VAR s:ARRAY OF BITSET);
  PROCEDURE EXCLfromBigSet(c:CARDINAL;
                           VAR s:ARRAY OF BITSET);
  PROCEDURE IsInBigSet(c:CARDINAL;
                       VAR s:ARRAY OF BITSET);
  PROCEDURE Union(r,t:ARRAY OF BITSET;
                  VAR s:ARRAY OF BITSET);
  PROCEDURE Section(r,t:ARRAY OF BITSET;
                    VAR s:ARRAY OF BITSET);
  PROCEDURE Difference(r,t:ARRAY OF BITSET;
                       VAR s:ARRAY OF BITSET);
  PROCEDURE SymDiff(r,t:ARRAY OF BITSET;
                    VAR s:ARRAY OF BITSET);
  PROCEDURE WriteBigSet(s:ARRAY OF BITSET);
  PROCEDURE ReadBigSet(VAR s:ARRAY OF BITSET);
END BigSet.
```

8.6 Aufgaben

Es gibt eine Anzahl nützlicher Operationen auf Zeichenketten. Häufig möchte man Zeichenketten aneinanderhängen, Teilstücke löschen oder eine Zeichenkette daraufhin untersuchen, ob und wenn ja an welcher Stelle eine zweite Zeichenkette enthalten ist. Schreiben Sie also den zum folgenden DEFINITION MODULE gehörenden IMPLEMENTATION MODULE Strings;

```
DEFINITION MODULE Strings;
   TYPE tString = ARRAY[0..StrLen] OF CHAR;
   PROCEDURE Len(s:ARRAY OF CHAR):CARDINAL;
   PROCEDURE Concat(r,s:ARRAY OF CHAR;
             VAR t:ARRAY OF CHAR);
   PROCEDURE Pos(s,t:ARRAY OF CHAR):CARDINAL;
END Strings.
```

Man schreibe ein Programm, das unter Verwendung von großen Mengen einzugebende Zeichen danach sortiert, ob sie Steuerzeichen, Ziffern, Großbuchstaben, Kleinbuchstaben oder Sonderzeichen (unterteilt in Trennzeichen wie Blank, Tab und CR bzw. LF und sonstige) sind und vergleiche den Programmieraufwand mit Lösungen, die etwa CASE-Anweisungen verwenden.

9. Dynamische Datentypen

Übersicht:
In diesem Kapitel werden rekursive Datentypen eingeführt sowie dynamische Datenstrukturen, deren Definition, Erzeugung und Verwendung besprochen.

Unterschiede zu Pascal:
In Modula werden Zeiger durch POINTER TO deklariert. Die in den meisten Pascal-Implementationen vorhandenen Standardfunktionen MARK und RELEASE gibt es nicht. Stattdessen sind entsprechende Funktionen aus einem Standardmodul der Speicherverwaltung zu importieren.

Die bislang behandelten strukturierten Datentypen haben statische Struktur. Ihre Komponentenzahl wird bei der Typdefinition festgelegt. In vielen Anwendungen werden jedoch Datenstrukturen benötigt, die dynamisch - während der Laufzeit - wachsen und schrumpfen können. Anstelle neuer Datenstrukturen stellt dafür Modula die Zeigertypen (pointer types) zur Verfügung. Sie erlauben es, nach gewissen Regeln selbstdefinierte Strukturen dynamisch zu erzeugen.
Die formale Definition für einen Zeigertyp lautet:

PointerType = POINTER TO Type

Der durch Type spezifizierte Datentyp heißt der Bezugstyp des Zeigertyps. Der Wert einer Variablen vom Zeigertyp (ein sogenannter Zeiger oder Pointer) kann als Anfangsadresse eines Speicherbereichs aufgefaßt werden.

9.1 Zeiger

Ein Zeiger weist auf ein Objekt (Bezugsvariable) seines Bezugstyps. Er ist sozusagen an den Typ dieses Objekts gebunden. Außer solchen Verweisen kann ein Zeiger den Wert NIL annehmen, der besagt, daß der Zeiger auf keine Bezugsvariable weist. NIL ist das einzige Literal (Konstante) der Zeigertypen. Hat ein Zeiger den Wert NIL, dann ist der Zugriff auf Objekte des Bezugstyps über diesen Zeiger nicht definiert.
Beispiel:

```
TYPE tpKnoten = POINTER TO tKnoten;
      tKnoten = ...irgendein Datentyp...
VAR Zeiger: tpKnoten
```

Fig. 9.1 veranschaulicht diese Deklarationen.

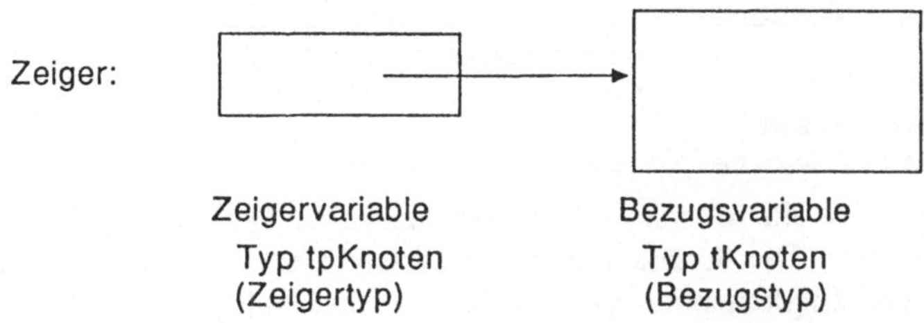

Fig. 9.1 Zeigervariable

Bezugsvariable haben keine eigenen Namen. Auf sie wird vielmehr mittels des sogenannten Dereferenzierungs-Operators ^ zugegriffen. Er wird in einem Bezeichner syntaktisch wie folgt verwendet:

designator = qualident{"."ident|"["ExpList"]"|"^"}.

Beispiel:

```
VAR Kn: tKnoten;
If Zeiger^ <> Kn THEN ... END;
```

Hier ist Zeiger^ die Bezugsvariable.
Zeigervariable sind statisch. Die Variablen des Bezugstyps werden dagegen bei der Deklaration noch nicht erzeugt. Damit mit ihnen gearbeitet werden kann, muß zuvor Speicherplatz zur Verfügung gestellt werden. Ebenso muß dieser Speicherplatz wieder explizit freigegeben werden, wenn er nicht mehr benötigt wird. Dies geschieht durch den Aufruf von Prozeduren aus der Standard-Bibliothek. Üblicherweise befinden sich dafür in dem Modul Storage Prozeduren mit den Namen ALLOCATE und DEALLOCATE (siehe Kap. 12). Mit ALLOCATE bekommt der Zeiger den Wert der Adresse des Speicherbereichs, in dem das referierte Objekt dargestellt wird. Solange der Speicherplatz nicht explizit mit DEALOCATE freigegeben wird, erstreckt sich der Existenzbereich des referierten Objektes über das gesamte Programm und nicht nur über den Block derjenigen Prozedur, in der es erzeugt wurde. Bei der Deklaration von Zeigertypen kann der Name des Bezugstyps vor dessen Deklaration verwendet werden.

Beispiel (vgl. Fig. 9.2): Die Zeigervariable pKnoten (vom Zeigertyp tpToKnoten) verweise auf Bezugsvariable des Typs tKnoten. Die Größe (Speicherplatzbedarf) dieser Bezugsvariable läßt sich durch die Funktion TSIZE (tKnoten) bestimmen (siehe Kap. 11.1). Wenn Knoten eine Variable des Bezugstyps tKnoten ist, so läßt sich die Größe auch durch die Standardfunktion SIZE(Knoten) ermitteln.

```
TYPE
tpToKnoten = POINTER TO tKnoten;
tKnoten    = RECORD
                naechsterKnoten: tpToKnoten;
                    KnotenWert : INTEGER
             END;
VAR pKnoten, ersterKnoten: tpToKnoten;
```

Der Typ tKnoten ist ein rekursiver Datentyp, da seine Definition indirekt auf sich selbst Bezug nimmt. Die Größe rekursiver Datentypen ist von vorneherein nicht bekannt, was ihre Implementierung über Zeiger notwendig macht. Die folgenden Anweisungen sollen den Umgang mit Zeigern demonstrieren.

```
ALLOCATE(pKnoten,TSIZE(tKnoten))
(* Speicherplatz für ein Objekt vom Typ
   tKnoten wird bereitgestellt *)

ersterKnoten := pKnoten;
ersterKnoten^.Knotenwert := 1;

ALLOCATE(pKnoten^.naechsterKnoten,TSIZE(tKnoten));
(* Speicherplatz für ein weiteres Objekt vom Typ
   tKnoten wird bereitgestellt *)

ersterKnoten^.naechsterKnoten^.naechsterKnoten:=NIL;

DEALLOCATE(pKnoten^.naechsterKnoten,TSIZE(tKnoten));
(* Der Speicherplatz für das Objekt vom Typ tKnoten,
   auf das die Zeigervariable pKnoten^.naechsterKnoten
   verweist, wurde freigegeben *)
```

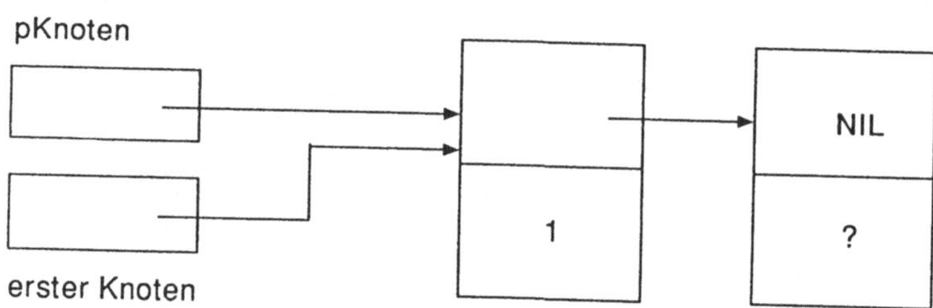

Fig. 9.2 Zeigerstruktur

Im obigen Beispiel läßt sich zunächst (nach der Erzeugung mit ALLOCATE) auf die dynamisch erzeugte Variable vom Typ tKnoten nur mit dem Zeiger pKnoten zugreifen. Nach der Zuweisung des Zeigers pKnoten an die Zeigervariable ersterKnoten kann auch über diesen Zeiger auf dasselbe Objekt zugegriffen werden. In der nachfolgenden Anweisung wird dann über diesen Zeiger der Komponente Knotenwert der Bezugsvariablen ersterKnoten^ ein Wert zugewiesen. Die zweite Variable vom Typ tKnoten wird durch den zweiten Aufruf von ALLOCATE mit pKnoten^.naechsterKnoten erzeugt. Die Bezugsvariable ist dann als pKnoten^.naechsterKnoten^ oder als ersterKnoten^.naechsterKnoten^ ansprechbar.

Werden mit DEALLOCATE dynamische Objekte zurückgegeben, auf die noch weitere Zeiger verweisen (dangling pointers), dann sind Zugriffe über diese Zeiger nicht mehr sinnvoll, denn die Daten ihrer Bezugsvariablen werden meist mit Daten von Bezugsvariablen überschrieben, die neu an derselben Adresse eingerichtet werden. Beim Zugriff über "dangling pointers" gibt es keine Fehlermeldung, die erhaltenen Werte sind jedoch zufällig. Solche Zugriffe zu verhindern, liegt in der Verantwortung des Programmierers, da sie vom System nicht erkannt werden können. Nicht zurückgegebene dynamische Objekte, auf die kein Pointer mehr zeigt, werden Abfall (garbage) genannt.

Die einzigen zulässigen Operationen auf Zeigern sind die relationalen Operationen gleich (=) und ungleich (#,<>). Zeigt nur ein Zeiger auf ein Objekt des Bezugstyps, dann sprechen wir von linearen und baumartigen Datenstrukturen.

9.2 Ein Beispiel

Es folgt ein einfaches Beispiel für die Verwendung von Zeigern. Weitere Beispiele für den Umgang mit Zeigervariablen befinden sich im Teil II. Im Beispiel sollen INTEGER-Werte mit Hilfe von dynamischen Datenstrukturen in Form einer Liste sortiert werden. Wir wollen den Algorithmus zunächst umgangssprachlich formulieren.

```
wiederhole
  Zahl einlesen;
  falls Zahl größer Null
    dynamische Datenstruktur mit Wert erzeugen;
    durchsuche Liste der vorhandenen Datenstrukturen
      und füge neu erzeugte Datenstruktur nach dem
      Vorgänger (letzte Zahl kleiner gleich der
      aktuellen Zahl) ein;
  sonst
    gebe sortierte Liste aus;
beende Schleife;
```

In eine Liste, die aus Listenelementen mit den Werten 5, 7 und 11 besteht, soll ein Element mit dem Wert 9 eingefügt werden (vgl. Fig. 9.3).

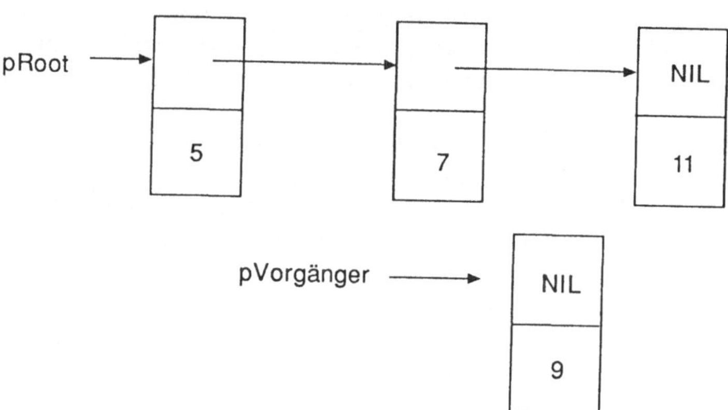

Fig. 9.3 Datenstruktur Liste

Wie wird ein neues Element eingefügt? Der Vorgänger des Elements mit dem Wert 9 wird ausgehend von pRoot (einem Zeiger auf den Anfang der Liste) bestimmt. Anschließend muß der Zeiger in dieser Bezugsvariablen (mit dem Wert 7) so geändert werden, daß er auf die neue Bezugsvariable zeigt. Der Zeiger in der neuen Bezugsvariablen muß dann so geändert werden, daß er auf die Bezugsvariable mit dem Wert 11 zeigt. Damit ist das Element mit dem Wert 9 durch Umhängen zweier Zeiger in die Liste einsortiert.

Beispiel 9.1 Dynamisches Sortieren:

```
MODULE DynDatSort;
(* Sortieren von positiven INTEGERn
   mit Hilfe von dynamischen Datenstrukturen *)
FROM SYSTEM IMPORT SIZE;
FROM Storage IMPORT ALLOCATE;
FROM InOut IMPORT ReadInt, WriteString, WriteInt, WriteLn;
TYPE tpToKnoten = POINTER TO tKnoten;
     tKnoten    = RECORD
                     naechsterKn: tpToKnoten;
                     KnotenWert: INTEGER;
                  END; (* RECORD *)
VAR pKnoten     : tpToKnoten;
    pRoot       : tpToKnoten;
    pVorgaenger: tpToKnoten;
    Wert        : INTEGER;

PROCEDURE CreateKnoten(Wert: INTEGER): tpToKnoten;
(* erzeuge Knoten mit dem KnotenWert Wert *)
VAR plKnoten: tpToKnoten;
    Knoten  : tKnoten;
    (* wird nur für die Beschaffung von Speicher benötigt *)
BEGIN (* CreateKnoten *)
```

```
   ALLOCATE(plKnoten,SIZE(Knoten));
   WITH plKnoten^  DO
      KnotenWert := Wert;
      naechsterKn := NIL;
   END; (* WITH *)
   RETURN plKnoten
END CreateKnoten;

PROCEDURE SearchPred(start: tpToKnoten;
                          Wert: INTEGER): tpToKnoten;
(* suche ab dem Knoten start den Knoten mit KnotenWert>Wert
 * Rueckgabewert:NIL falls kein Vorgaenger,
 * sonst Zeiger auf diesen Knoten *)
VAR p1,p2: tpToKnoten;
BEGIN (* SearchPred *)
   p1 := NIL; p2 := start;
   WHILE (p2<>NIL) & (p2^.KnotenWert <= Wert) DO
      p1 := p2; p2 := p1^.naechsterKn;
   END; (* WHILE *)
   RETURN p1
END SearchPred;

PROCEDURE OutSortedData(start: tpToKnoten);
(* gib die sortierten Daten aus *)
VAR p1,p2: tpToKnoten; cnt: INTEGER;
BEGIN (* OutSortedData *)
   cnt := 1; p1 := start;
   WHILE (p1<>NIL) DO
      IF (cnt MOD 11) = 0 THEN WriteLn
      END; (* IF *)
      WriteInt(p1^.KnotenWert,6);
      INC(cnt); p1 := p1^.naechsterKn;
   END (* WHILE *)
END OutSortedData;

BEGIN (* DynDatSort *)
   pRoot := NIL;
   WriteString('Bitte positive Zahlen eingeben');
   WriteString(' (Eingabeende durch negative Zahl)');
   WriteLn;
   LOOP
      WriteString('Bitte Zahl eingeben: ');
      ReadInt(Wert);
      IF Wert >= 0 THEN
         pKnoten := CreateKnoten(Wert);
         pVorgaenger := SearchPred(pRoot,Wert);
         IF pVorgaenger = NIL THEN
            IF pRoot = NIL THEN
               pRoot := pKnoten;
            ELSE
               pKnoten^.naechsterKn := pRoot;
               pRoot := pKnoten
```

```
            END (* IF *)
         ELSE
            pKnoten^.naechsterKn:= pVorgaenger^.naechsterKn;
            pVorgaenger^.naechsterKn:=pKnoten;
         END (* IF *)
      ELSE
         OutSortedData(pRoot); EXIT
      END (* IF *)
   END (* LOOP *)
END DynDatSort.
```

In Teil II werden wir noch ausführlich auf dynamische Datenstrukturen, deren Datentypen rekursiv sind, und Sortieralgorithmen eingehen.

9.3 Aufgaben

Erweitern Sie den Datentyp tKnoten so, daß Sie eine in zweifacher Richtung verzeigerte Liste (double linked list) erhalten. (In jedem Listenelement gibt es Zeiger sowohl auf das Vorgänger- wie auch auf das Nachfolgerelement). Wenn der einzusortierende Wert größer als der Mittelwert des ersten und des letzten Knotenwertes der Liste ist, soll vom Ende der Liste her gesucht werden sonst vom Anfang her.
Wieviel Vergleiche gegenüber DynDatSort ersparen Sie sich bei Verwendung der zweifach verzeigerten Liste? Überlegen Sie sich den schlechtesten Fall und den Mittelwert der Anzahl der eingesparten Vergleiche bei gleichverteilten Knotenwerten.
Was bewirken die folgenden beiden Zuweisungen?

```
TYPE Adresse = POINTER TO INTEGER;
VAR a: Adresse;
a := Adresse(170440B);
a^ := 17;
```

Die Ausführung dieser scheinbar so harmlosen Anweisungen kann zu einem Programmabsturz führen. Weshalb?

TEIL II

MODULARE PROGRAMMIERUNG

THE KEY TO SUCCESSFULL PROGRAMMING IS FINDING
THE RIGHT STRUCTURE OF THE DATA AND PROGRAM
WIRTH

10. Moduln

Übersicht
In diesem Kapitel wird das Modulkonzept von Modula näher erläutert. Zuerst werden lokale Moduln als Teile eines Hauptmoduls sowie Definitions- und Implementationsmoduln als separat übersetzbare Programmeinheiten eingeführt. Dann werden die wichtigsten Modultypen vorgestellt: Funktions-, Daten- und Dateimoduln sowie Abstrakte Datentypen.

Modula unterstützt - in weit stärkerem Maße als Pascal - die modulare Programmierung und mit ihr das Geheimnisprinzip und die Standardisierung von Programmeinheiten. In diesem Teil II sollen nun die verschiedenen Möglichkeiten der modularen Programmierung, die das Sprachkonzept von Modula anbietet, ausführlich erläutert werden.

10.1 Lokale Moduln

Ein Modula-Programm stellt in der Regel eine Hierarchie aus mehreren Moduln dar. Das Programm selbst wird als Hauptmodul (main module) bezeichnet. Es enthält meist sogenannte lokale Moduln und importiert praktisch immer Programmobjekte aus externen Moduln (z.B. aus dem Modul InOut).

Der Zweck lokaler Moduln ist die sinnvolle Strukturierung des Hauptmoduls (oder auch eines Implementationsmoduls) und das Verbergen von Details. Lokale Moduln legen nämlich Sichtbarkeitsbereiche für Bezeichner fest. Nur die in einem Modul deklarierten Bezeichner, die exportiert werden, sind außerhalb des Moduls verwendbar (sichtbar). Andere Details der in lokalen Moduln deklarierten Programmobjekte bleiben unsichtbar. Andererseits lassen sich innerhalb eines Moduls nur die Bezeichner verwenden, die importiert oder lokal deklariert werden. Die importierten bzw. exportierten Bezeichner werden in den Importlisten bzw. in der Exportliste der Moduldeklaration aufgeführt. Externe Namen, die in der Importliste nicht aufgeführt werden, sind im Modulinneren nicht bekannt. Syntaktisch hat die Moduldeklaration folgende Form:

```
ModuleDeclaration =
   MODULE ident [priority] ";" {import} [export]
                block ident.
```

(Von Prioritäten soll in Teil III die Rede sein).

Importlisten, speziell für lokale Moduln, haben die folgende Form:

import = IMPORT IdentList ";".

(Vollständige Definition s. Abschnitt 10.2). Für die Exportliste gilt:

export = EXPORT[QUALIFIED] IdentList ";".

Diese Listen dürfen also keine qualifizierten Namen enthalten (s. Syntax von IdentList). Ein Hauptmodul enthält naturgemäß keine Exportliste.

Beispiel 10.1: GTKV

```
MODULE GTKV;
FROM InOut IMPORT Write,WriteCard,Read,ReadCard,
                  WriteString,WriteLn;
VAR X,Y:CARDINAL;

MODULE ggTukgV;
IMPORT X,Y,Write,WriteString,WriteCard,WriteLn;
EXPORT ggT,kgV;

PROCEDURE ggT;
VAR x,y,u,v:CARDINAL;
BEGIN
   x:=X;y:=Y;berechne(x,y,u,v);
   WriteString('ggT(');write(x)
END ggT;

PROCEDURE kgV;
VAR x,y,u,v:CARDINAL;
BEGIN
   x:=X;y:=Y;berechne(x,y,u,v);
   WriteString('kgV(');
   Overflow(u,v);write((u+v) DIV 2)
END kgV;

PROCEDURE berechne(VAR x,y,u,v:CARDINAL);
BEGIN
   u:=x;v:=y;
   WHILE x<> y DO
      Overflow(u,v);
      IF x > y THEN x:=x-y;u:=u+v
               ELSE y:=y-x;v:=u+v;
      END
   END
END berechne;

PROCEDURE write(c:CARDINAL);
BEGIN
   WriteCard(X,1);Write(',');WriteCard(Y,1);
   WriteString(')=');WriteCard(c,1);WriteLn
END write;
```

```
PROCEDURE Overflow(a,b:CARDINAL);
BEGIN
   IF (a+b < a) OR (a+b < b)
      THEN WriteString('Overflow');WriteLn
   END
END Overflow;

BEGIN
(* Es ist keine Initialisierung noetig *)
   WriteString('lokaler Modul ggTukgV');
   WriteLn
END ggTukgV;

VAR e:CHAR;(* Zeichen fuer Ende des Programmlaufs*)

BEGIN
   REPEAT
   WriteString('x = ');ReadCard(X);WriteLn;
   WriteString('y = ');ReadCard(Y);WriteLn;
   ggT;kgV;
   WriteString('Ende? j/n');WriteLn;Read(e)
   UNTIL (e = 'j')
END GTKV.
```

Das lokale Modul ggTuKgV verbirgt die Details der Berechnung des größten gemeinsamen Teilers und des kleinsten gemeinsamen Vielfachen; nur die beiden Prozedurnamen ggT und kgV sind außen, d.h. in dem Block, in dem das Modul deklariert wurde, sichtbar.

Alle in der Importliste angeführten Namen müssen in dem Block, in dem das lokale, importierende Modul deklariert ist, bekannt sein. Alle in der Exportliste angeführten Namen müssen natürlich im exportierenden Modul deklariert (oder von einem inneren Modul exportiert) werden.

Ein Modulblock enthält neben dem Deklarationsteil meist auch einen Anweisungsteil. In diesem Anweisungsteil werden in der Regel lokale Variablen initialisiert. Die Anweisungsteile der lokalen Moduln werden in der Reihenfolge, in der die Moduln deklariert wurden, abgearbeitet - und zwar bevor der Anweisungsteil des Hauptmoduls durchlaufen wird. Das folgende Beispiel soll dies und die Sichtbarkeitsbereiche bestimmter Objekte veranschaulichen. Man überzeuge sich, daß die Ausgabe des Moduls W = YZ1XX2 lautet.

Beispiel 10.2 Sichtbarkeitsbereiche:

```
MODULE W;
FROM InOut IMPORT Write,WriteCard;
VAR a : CARDINAL;

MODULE X ;
EXPORT Probe,B;
VAR B : CHAR;
PROCEDURE Probe():CHAR; (* B wird im Anweisungsteil *)
BEGIN RETURN B (* von Z initialisiert *)
END Probe;
END X;
(*in X sind nur die lokalen Objekte B und Probe sichtbar*)

MODULE Y;
IMPORT Write,a;
EXPORT AB;
CONST B = 2;
PROCEDURE AB(VAR c : CARDINAL);
   BEGIN c := B*a
   END AB;
BEGIN Write('Y') (* Y erstes Ausgabezeichen *)
END Y;
(* in Y sind a und Write sowie die
   lokalen Objekte B und AB sichtbar *)

MODULE Z;
IMPORT Write,WriteCard;
IMPORT a,B;
BEGIN
   a := 1;B := 'Z';
   Write(B);WriteCard(a,1) (* Z2 wird ausgegeben *)
END Z;
(*in Z sind a und B sichtbar und werden initialisiert*)

BEGIN
   B := 'X';Write(B); (* X wird ausgegeben *)
   Write(Probe());
   AB(a);WriteCard(a,1) (* X2 wird ausgegeben *)
END W.
```

Auch Prozeduren legen Sichtbarkeitsbereiche fest (siehe Kap. 6.3). Es bestehen aber zwischen lokalen Moduln und Prozeduren wesentliche Unterschiede, die Sie sich vergegenwärtigen sollten.

(1) Ein Modul ist eine Zusammenfassung von Datenstrukturen und Prozeduren für eine bestimmte Aufgabe.

(2) Der Sichtbarkeitsbereich für die Objekte eines Moduls kann durch die Export- und Importlisten gezielt erweitert oder eingeschränkt werden. Bei Prozeduren (in Modula) gibt es dagegen keine Möglichkeit, die Sichtbarkeit globaler Vari-

ablen einzuschränken oder lokale Variable im Hauptmodul sichtbar zu machen. Bis auf den eigenen Namen exportiert eine Prozedur keine weiteren Bezeichner.

(3) Die zu einem Modul lokalen Programmobjekte existieren, d.h. ihre Werte sind definiert, solange die Modulumgebung existiert. Bei Prozeduren dagegen verlieren die lokalen Objekte ihre Existenz, sobald die Prozedur abgearbeitet ist. In anderen Worten, die "Lebensdauer" lokaler Objekte beginnt mit dem Prozeduraufruf und endet mit der Ausführung der Prozedur. Lokale Objekte eines Moduls können dagegen "im Verborgenen" (unsichtbar) existieren. Sie sind statisch.

(4) Der Anweisungsteil eines Moduls wird nur einmal bei der Initialisierung abgearbeitet, der einer Prozedur dagegen bei jedem Prozeduraufruf.

Mit diesem Konzept lassen sich vor allem drei Ziele verwirklichen: das Geheimnisprinzip, die hierarchische Strukturierung eines Programmes und die Vermeidung von Namenskonflikten.

Geheimnisprinzip

Eine Moduldeklaration bewirkt das Errichten einer Art Hülle, welche die lokalen Objekte umschließt. Diese Hülle bestimmt, ob die von ihr umschlossenen Objekte sichtbar sind oder nicht und zwar unabhängig von deren Existenzbereichen. Für die Modulumgebung unwichtige Details können so verborgen werden. Man nennt dies das Geheimnisprinzip. Damit haben wir die Möglichkeit, von Details zu abstrahieren.

Modul-Hierarchie

Moduln, die Objekte exportieren, können ihrerseits Objekte aus anderen Moduln importieren. Dadurch läßt sich eine Hierarchie von Moduln erzeugen (vgl. Fig. 10.1): aus Objekten "untergeordneter" Moduln lassen sich in übergeordneten Moduln komplexere Objekte konstruieren; untergeordnete Moduln importieren dagegen nicht aus übergeordneten Moduln. Manche Autoren schlagen überdies vor, auch zu vermeiden, daß Moduln gleicher Hierarchiestufe Objekte austauschen. Es liegt auf der Hand, daß ein derart strukturiertes Programm leichter als ein monolithisches Programm zu entwickeln ist. Auch der Nachweis seiner Korrektheit dürfte wesentlich leichter ausfallen, als dies bei einem nicht hierarchisch gegliederten Programm der Fall ist. Von der Korrektheit eines Moduls kann man sich überzeugen, ohne daß seine Einbettung in die Umgebung beachtet werden muß.

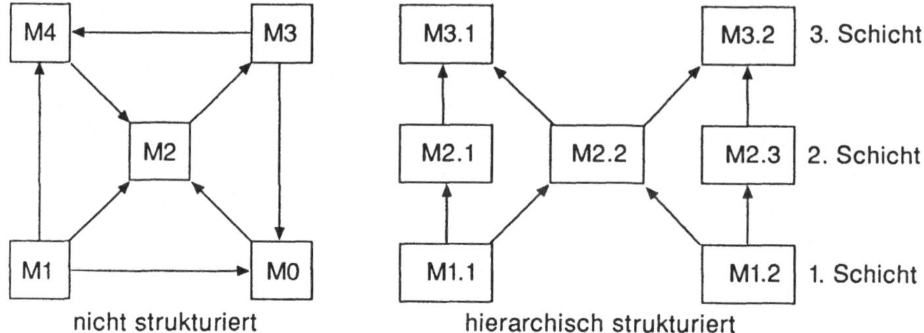

Fig. 10.1 Modulsysteme:
A--> B bedeutet:
A exportiert nach B oder
B importiert von A oder
B benutzt A

Die Modul-Hierarchie eines Programmes wird über die Import- und Exportlisten definiert.

Moduln können im Prinzip in beliebiger Tiefe geschachtelt werden. Entsprechend oft müssen dann die Bezeichner von innen nach außen exportiert oder von außen nach innen importiert werden.

Beispiel 10.3 Schachtelung von lokalen Moduln:
(Man überzeuge sich, daß die Ausgabe CBA lautet).

```
MODULE A1;
FROM InOut IMPORT Write;
VAR a : CHAR;
   MODULE B;
   IMPORT Write,a;
   EXPORT Probe;
      MODULE C;
      IMPORT Write;
      EXPORT Probe;
      VAR a : CHAR;
      PROCEDURE Probe(d:CHAR):CHAR;
         BEGIN RETURN CHR(ORD(d) - 1)
      END Probe;
```

```
        BEGIN a := 'D';
           Write(Probe(a)) (* C *)
        END C;
     BEGIN
     a := 'C';Write(Probe(a)) (* B *)
     END B;
  BEGIN
     Write(Probe(Probe(a)))  (* A *)
  END A1.
```

Qualifizierter Export

Angenommen, die lokale Variable a des Moduls C soll ebenfalls exportiert werden. Dies würde zu einem Namenskonflikt in Modul B führen, denn a würde dann zwei verschiedene Variablen bezeichnen. Die eine wird aus A1 importiert, die andere von C exportiert. Diese Namenskollision läßt sich durch die Angabe des Schlüsselsymbols QUALIFIED nach dem Symbol EXPORT in Modul C vermeiden (qualifizierter Export). In Modul B ist dann die aus C importierte Variable nur mit ihrem qualifizierten Namen C.a verwendbar, während die aus A1 importierte Variable weiterhin unter dem Namen a sichtbar ist.

Beispiel 10.4 Qualifizierter Export:
(Man überzeuge sich, daß die Ausgabe jetzt CBBCA lautet).

```
MODULE A2;
FROM InOut IMPORT Write;
VAR a : CHAR;
   MODULE B;
   IMPORT Write,a;
   EXPORT  C;
      MODULE C;
      IMPORT Write;
      EXPORT QUALIFIED a, Probe;
      VAR a : CHAR;
      PROCEDURE Probe(d:CHAR):CHAR;
         BEGIN RETURN CHR(ORD(d) - 1)
      END Probe;
      BEGIN a := 'D';
         Write(Probe(a))  (* C *)
      END C;
   BEGIN
   a := 'C';Write(C.Probe(a));  (* B *)
   a := 'B';Write(a);Write(C.Probe(C.a)) (* BC *)
   END B;
BEGIN
   Write(C.Probe(a)) (* A *)
END A2.
```

Wenn ein Verbundtyp von einem Modul exportiert wird, sind nicht nur sein Name sondern auch die Namen seiner Komponenten in der Modulumgebung sichtbar; dasselbe gilt für einen Aufzählungstyp. Wenn von einem Modul der Name eines anderen lokalen Moduls - d.h. das Modul als Ganzes - exportiert wird, sind in der Umgebung des exportierenden Moduls alle Bezeichner sichtbar, die in der Exportliste des exportierten Moduls aufgeführt sind. Standardnamen werden automatisch in alle Module importiert.

Da Sie in Modula die Möglichkeit haben, die Sichtbarkeitsbereiche von Programmobjekten selbst explizit zu bestimmen, können Sie, wie wir gesehen haben, in natürlicher Weise Modul-Hierarchien entwerfen und das Geheimnisprinzip anwenden. Das Modulkonzept kommt aber erst dann voll zur Geltung, wenn sich Moduln separat vom Hauptprogramm übersetzen lassen. Dann können nämlich linkbare Programmeinheiten in einer externen Modulbibliothek aufbewahrt werden und stehen bei Bedarf zur Verfügung.

10.2 Externe Moduln

Moduln für eine Programmbibliothek - sogenannte externe (globale oder separate) Moduln - werden vernünftigerweise in compilierter, linkbarer Form aufbewahrt. Die Voraussetzung dazu ist in Modula gegeben. Ein Modul läßt sich nämlich in Definitionsteil (das Definitionsmodul) und in Implementationsteil (das Implementationsmodul) aufteilen. Diese Teile werden separat übersetzt. Erst, wenn man sie für die Compilierung bzw. für das Linken eines Programm-Moduls benötigt, werden sie aus den Modulbibliotheken geholt. Man erspart sich dadurch Compilierzeit bei der Programmentwicklung, da nach Änderungen bestimmter einzelner Programmeinheiten nicht alles erneut übersetzt werden muß.

Ein externes Modul hat folgende Gestalt:

```
Definitionsmodul Name;
(* Schnittstelle des externen Moduls *)
   Importlisten;
   Deklaration der exportierten Objekte
END Name.

Implementationsmodul Name;
(* Realisierung der exportierten Objekte *)
   Importlisten;
   Definition der exportierten Objekte;
   Deklaration und Definition der lokalen Objekte
BEGIN
   Initialisierung der lokalen und exportierten Objekte
END Name.
```

Das Implementationsmodul gehört zu dem Definitionsmodul mit demselben Namen. In ihm werden die exportierten Prozeduren, Typen, etc. aufgeführt und eventuell initialisiert. Die Verbindung des externen Moduls mit anderen Moduln geschieht über das Definitionsmodul.

Im folgenden Beispiel ist ein einfaches (jedoch nützliches) externes Modul wiedergegeben.

Beispiel 10.5 Modul Zufall (Defilnitionsmodul):

```
DEFINITION MODULE Zufall;
EXPORT QUALIFIED RandomCard;
PROCEDURE RandomCard(A,B:CARDINAL):CARDINAL;
(* A ist obere, B untere Grenze des Intervalls
   aus dem die Pseudo-Zufallszahlen entnommen werden *)
END Zufall.
```

Ein mögliches Implementationsmodul wäre:

Beispiel 10.5 Modul Zufall (Implementationsmodul):

```
IMPLEMENTATION MODULE Zufall;
(* Zufallszahlen nach der Kongruenzmethode *)
FROM InOut IMPORT WriteString,WriteLn,WriteCard,
                  Write,ReadCard;
CONST Modulus =2345;Faktor = 5;Inkrement = 7227;
VAR Seed:CARDINAL;
    StartWert: CARDINAL;

PROCEDURE RandomCard(A,B:CARDINAL):CARDINAL;
VAR random:REAL;
BEGIN
   Seed   := (Faktor * Seed + Inkrement) MOD Modulus;
   random := FLOAT(Seed)/FLOAT(Modulus);
   random := random * (FLOAT(B) - FLOAT(A) +1.0) + FLOAT(A);
   RETURN TRUNC(random)
END RandomCard;

PROCEDURE NewSeed(Startwert: CARDINAL);
BEGIN (* NewSeed *)
  Seed := Startwert;
END NewSeed;

BEGIN
   WriteString('Zufall: ');WriteLn;
   WriteString('Startwert fuer eine Zufallszahlenfolge ?');
   ReadCard(StartWert);WriteLn;
   NewSeed(StartWert);
END Zufall.
```

Sie benötigen für die syntaktische Überprüfung eines Programms nur die Definitionsmoduln. Diese stellen die Schnittstellen der vom Programm importierten externen Moduln zum Programm dar. Die Ausformulierung der zugehörigen Implementationsmoduln können Sie sich für später aufheben oder Ihren Kollegen darum bitten. Sie müssen ihm dazu nur das Definitionsmodul des von ihm zu entwickelnden externen Moduls bekanntgeben und er muß nur darauf achten, daß er die vereinbarten Datentypen und bei Prozeduren die richtigen Parameter verwendet. Die Möglichkeit der separaten Compilierung hilft ihm dabei. Er kann nämlich nach der Übersetzung des Definitionsmoduls seinen zugehörigen Implementationsmodul übersetzen lassen. Der Compiler überprüft dann die syntaktische Korrektheit und die Konsistenz der Datentypen.

Die separate Compilierung ist von der unabhängigen Compilierung - wie es sie bei den meisten Programmiersprachen gibt - zu unterscheiden. Bei einer unabhängigen Compilierung hat der Compiler nicht die Möglichkeit, die Schnittstellen zu überprüfen. Gewisse Programmierfehler machen sich dann erst während der Ausführung des gesamten Programms bemerkbar. Bei der separaten Compilierung wird dagegen eine Prüfung über die Modulgrenzen hinweg vorgenommen. Der Compiler legt während der separaten Compilierung eines Definitionsmoduls (Symbol-)Tabellen an, in denen er die nötigen Angaben - z.B. über die Typen der exportierten Objekte - vermerkt. Bei der Compilierung des Haupt- oder des entsprechenden Implementationsmoduls verwendet er dann diese Angaben zur Überprüfung der Schnittstellen auf Konsistenz. (Unter UNIX werden diese Angaben in einer Datei mit dem ursprünglichen Dateinamen und der Erweiterung .sym angelegt).

Was im vorangegangenen Abschnitt über die Sichtbarkeits- bzw. Existenzbereiche der Objekte eines lokalen Moduls gesagt wurde, gilt entsprechend auch für externe Moduln. Man stelle sich Hauptmodul und externe Moduln einfach als lokale Moduln eines umschließenden, imaginären Moduls vor. Externe Moduln werden in der Reihenfolge initialisiert, in der ihre Namen in den Importlisten erscheinen.

Die Syntax für die Definitionsmoduln lautet:

```
DefinitionModule = DEFINITION MODULE ident ";"
                   {import} {definition} END ident "."
import = [FROM ident] IMPORT IdentList ";".
```

Der Definitionsteil (definition), der die exportierten Objekte beschreibt, ist wie folgt erklärt:

```
definition = CONST {ConstantDeclaration}";"|
             TYPE {ident ["=" type] ";"}|
             VAR {VariableDeclaration}";"|
             ProcedureHeading ";"
```

Die Syntax des Implementationsmoduls entspricht der eines Hauptmoduls, es muß ihm aber immer das Schlüsselsymbol IMPLEMENTATION vorangestellt werden. Damit sind in Modula die separat übersetzbaren Programmeinheiten (compilation units) syntaktisch durch

CompilationUnit = DefinitionModule | [IMPLEMENTATION] ProgramModule

festgelegt. In das Implementationsmodul müssen Sie die im Definitionsmodul deklarierten Objekte nicht importieren. Objekte anderer Moduln, die im Implementationsmodul verwendet werden, müssen aber importiert werden, auch wenn dies schon im Definitionsmodul geschieht.

Definitionsmoduln exportieren nur qualifiziert, denn in der Regel werden externe Moduln von verschiedenen Programmierern entwickelt, denen es erlaubt sein sollte, unabhängig voneinander Namen zu vergeben. Der Zwang zur Qualifizierung kann aber beim Import - ähnlich wie mit der WITH-Anweisung für Verbunde - durch die zweite Form von Importlisten rückgängig gemacht werden; z.B. durch

```
FROM InOut IMPORT WriteLn,Write;
```

Die derart importierten Bezeichner müssen nicht mehr qualifiziert werden. Dies kann unter Umständen wieder zu Namenskonflikten führen, die sich jetzt jedoch - da die Namen bekannt sind - leicht vermeiden lassen. Wird nur der Modulname importiert, müssen qualifizierte Namen verwendet werden; z.B. Zufall.RandomCard. Ein gemischter Import, wie

```
IMPORT InOut;
FROM InOut IMPORT Write, Read;
```

ist darüberhinaus möglich.

In der ersten Modula-Version mußten in den Definitionsmoduln die exportierten Objekte in einer eigenen Exportliste aufgeführt werden. Deshalb ist die Exportliste bei manchen Modula-Compilern erforderlich oder zugelassen.

Änderungen des Implementationsmoduls, die das Definitionsmodul unberührt lassen, machen kein neues Übersetzen derjenigen Moduln erforderlich, die Objekte des geänderten Moduls importieren. Wird dagegen die Schnittstelle - also das Definitionsmodul - geändert, so müssen sowohl das zugehörige Implementationsmodul wie auch alle importierenden Moduln nach der Compilierung des Definitionsmoduls neu übersetzt werden. Dieses Vorgehen wird in Modula dadurch erzwungen, daß beim Übersetzen dem Definitionsmodul ein (Modul)-Stempel beigegeben wird. Dieser wird dann in das Implementationsmodul und in die importierenden Moduln bei deren Compilierung übertragen. Nur wenn die Stempel der jeweiligen Programmteile übereinstimmen - wenn also nach jeder neuen Übersetzung eines Definitionsmoduls auch diese anderen Moduln neu übersetzt wurden - ist das Programm linkbar (Versionskontrolle). Deshalb ist es nicht ratsam, ohne Grund ein Definitionsmodul neu zu übersetzen.

Bei Compilierung unter UNIX ist für Definitionsmoduln die Erweiterung .def und für Implementationsmoduln - wie für ein Hauptmodul - die Erweiterung .mod des Dateinamens vorgesehen.

Es gibt unter UNIX Hilfsprogramme, die die Export-Import-Struktur eines Programms analysieren und so den Vorgang des Übersetzens und des Zusammenbindens der einzelnen Moduln unterstützen. Eine solche Unterstützung ist vor allem bei zirkularen Referenzen willkommen, d.h. wenn Modul A Objekte aus Modul B und B Objekte aus A importiert. Dies ist nämlich möglich, wenn nur die jeweiligen Implementationsmoduln die Objekte importieren. Es muß aber dann auf die richtige Reihenfolge bei der Compilierung geachtet werden. Unter UNIX gibt es z.B. ein Hilfsprogramm make (1). Es liest aus einer Datei die Beschreibung der Abhängigkeit von Objekten (Dateien) und die Anweisungen (Kommandos) zur Erzeugung dieser Objekte. Soll ein Objekt neu erzeugt werden, dann baut make einen Abhängigkeitsgraph auf und prüft an Hand des Dateierstellungsdatums, ob seit der letzten Erzeugung ein Objekt, von dem das zu erzeugende Objekt abhängt, verändert wurde. Wenn ja, dann werden die entsprechenden Anweisungen ausgeführt. Die Beschreibung befindet sich üblicherweise in der Datei "makefile", die von Hand zu erstellen ist. In Modula wird die Abhängigkeit eines Objekts von anderen Objekten (Moduln) durch die Importliste ausgedrückt. Viele Implementierungen von Modula unter UNIX nützen dies aus und stellen ein Werkzeug (tool) zur Verfügung, das die Datei makefile automatisch erzeugt.

10.3 Funktionsmoduln und Datenabstraktionen

Das Definitionsmodul eines externen Moduls beschreibt die Schnittstelle, das Implementationsmodul die Funktion des externen Moduls. Die Spezifikation der Schnittstelle legt z.B. Zugriffsfunktionen auf Datenstrukturen fest, die dann im Implementationsmodul definiert werden.

Es gibt vier verschiedene Arten von Moduln, die für die modulare Programmierung besonders wichtig sind. Diese wollen wir nun der Reihe nach vorstellen. Natürlich gibt es davon auch Mischtypen.

1) Ein Funktionsmodul stellt Leistung in Form von Prozeduren bereit. Es besitzt keine lokalen Datenobjekte - speichert also keine Werte. Man sagt deshalb auch, ein Funktionsmodul sei gedächtnislos (vgl. Beispiel 10.6).

2) Zum zweiten Modultyp gehören Moduln - man könnte sie als Datei-Moduln bezeichnen -, die lediglich Konstante und/oder Datentypen exportieren. Ein solches Modul stellt häufig verwendete Namen allgemein zur Verfügung (vgl. Beispiel 10.7).

3) Ein abstrakter Datenmodul besitzt ein oder mehrere Datenstrukturen. Es verbirgt aber die Details ihrer Realisierung und erlaubt den Zugriff auf diese Datenstrukturen nur über die von ihm exportierten Prozeduren. Man spricht in diesem Fall auch von einer Datenkapsel. Die Schnittstelle eines externen Datenmoduls soll also keine Festlegung hinsichtlich der Repräsentation der von ihm eingekapselten Datenstrukturen treffen; sie legt nur die Prozedurköpfe der Zugriffsfunktionen fest. Genaugenommen ist ein Funktionsmodul ein Spezialfall eines Datenmoduls - die Menge der eingekapselten Datenstrukturen ist leer. Wir wollen aber unter Datenmoduln nur solche mit Gedächtnis verstehen (vgl. Beispiel 10.8).

4) Ein abstrakter, vom Programmierer definierter Datentyp (ADT) ist ein Modul, das den Namen eines Datentyps und einen Satz von Prozeduren exportiert, die es gestatten, Objekte dieses Typs zu erzeugen und zu bearbeiten. Details der Struktur des Datentyps wie auch die Realisierung der zugehörigen Prozeduren bleiben der Umgebung verborgen. Sie sind also von außen unzugänglich. Dies wird in Modula durch das Konzept des opaquen Exports erreicht (vgl. Beispiel 10.10).

Datenmoduln und Abstrakte Datentypen wollen wir im folgenden auch Datenabstraktionen nennen. "Abstrakt" bedeutet in diesem Zusammenhang die Abstraktion von Implementierungsdetails. In diesem Sinne sind auch Standardtypen wie INTEGER oder REAL abstrakt. Bei einem Datenmodul existiert nur jeweils ein Exemplar (eine Ausprägung oder Inkarnation) der Datenstrukturen des Moduls; ihre Typen und deren Bezeichner bleiben verborgen. Bei einem Abstrakten Datentyp ist dagegen der Name des Typs sichtbar und es lassen sich mehrere Exemplare dieses Typs vereinbaren (erzeugen). Wie wir noch sehen werden, spielen Datenabstraktionen eine besonders wichtige Rolle in der concurrenten Programmierung (Teil III).

Wir wollen uns nun Beispiele für die verschiedenen Typen von externen Moduln ansehen. In den nächsten Kapiteln werden wir umfangreichere Beispiele kennenlernen.

1) Zuerst sei ein Beispiel für ein Funktionsmodul gebracht.

Beispiel 10.6 Schulden (Funktionsmodul):

```
DEFINITION MODULE Schulden;
(* Berechnung der Annuität und der Laufzeit
 * eines Kredites bei gegebenem Zinssatz sowie
 * der Höhe eines Kredites, wenn Zinssatz,
 * Laufzeit und Annuität vorgegeben werden.
*)

PROCEDURE Annuitaet(Kr(*edit*),Zi(*nssatz*) : REAL;
                       Jahre : CARDINAL):REAL;
PROCEDURE Kredit(An(*nuitaet*),Zi(*nssatz*) : REAL;
                       Jahre : CARDINAL):REAL;
```

```
PROCEDURE Laufzeit(Kr(*edit*),An(*nuitaet*),
                      Zi(*nssatz*) : REAL):CARDINAL;
(* Die Annuitaet wird am Jahresende entrichtet *)
END Schulden.


IMPLEMENTATION MODULE Schulden;
FROM RealInOut IMPORT WriteReal,ReadReal;
FROM MathLib IMPORT ln,exp;

PROCEDURE Annuitaet(Kr,Zi : REAL;Jahre : CARDINAL):REAL;
VAR q,potenz : REAL;
BEGIN
   q := 1.0 + Zi/100.0;
   IF q <> 1.0 THEN
      potenz := hoch(q,Jahre);
      RETURN Kr*potenz*(q-1.0)/(potenz-1.0)
      ELSE RETURN Kr/FLOAT(Jahre)
   END
END Annuitaet;

PROCEDURE Kredit(An,Zi : REAL;Jahre : CARDINAL):REAL;
VAR q,potenz : REAL;
BEGIN
   q := 1.0 + Zi/100.0;
   IF q <> 1.0 THEN
      potenz := hoch(q,Jahre);
      RETURN An*(potenz-1.0)/(potenz*(q-1.0))
      ELSE RETURN An*FLOAT(Jahre)
   END
END Kredit;

PROCEDURE Laufzeit(Kr,An,Zi : REAL):CARDINAL;
VAR q : REAL;
BEGIN
   q := 1.0 + Zi/100.0;
   IF q <> 1.0 THEN
      RETURN TRUNC((ln(An) - ln(An-Kr*(q-1.0)))/ln(q))+1
      ELSE RETURN TRUNC(Kr/An) + 1
   END
END Laufzeit;

PROCEDURE hoch(A : REAL;B : CARDINAL):REAL;
   BEGIN RETURN exp(FLOAT(B) * ln(A))
   END hoch;
END Schulden.
```

2) Als nächstes sei ein Dateimodul vorgestellt, das Datentypen für Datums- und Kontoangaben bereitstellt. Vgl. auch Kap. 12.1.

Beispiel 10.7 Ein Dateimodul:

```
DEFINITION MODULE Konserve;
TYPE tName       = ARRAY[0 .. 79] OF CHAR;
     tWochentag  = (Montag,Dienstag,Mittwoch,Donnerstag,
                    Freitag,Samstag,Sonntag);
     tMonat      = (Januar,Februar,Maerz,April,Mai,
                    Juni,Juli,August,September,
                    Oktober,November,Dezember);
     tDatum      = RECORD
                      TAG   : [1 .. 31];
                      Monat : tMonat;
                      Jahr  : CARDINAL
                   END; (* tDatum *)
     Konto = RECORD
                Name     : tName;
                KontoNr  : CARDINAL;
                datum    : tDatum;
                wert     : RECORD
                              mod  : (soll,haben);
                              mark : CARDINAL;
                              pfg  : CARDINAL
                           END (* wert *)
             END; (* Konto *)
CONST MaxCard = 65535;
      MaxInt  = 32767;
      MinInt  = (-32767)-1;
END Konserve.
```

Das zugehörige Implementationsmodul ist trivial.

```
IMPLEMENTATION MODULE Konserve;
 (* Dateimodul *) END Konserve.
```

3) Das folgende Beispiel zeigt die Verwendung eines Stapels (Kellerspeichers) für Kardinalzahlen als Beispiel für eine Datenkapsel. (Mehr über Stapel finden Sie in Kap. 13). Das Definitionsmodul spezifiziert die Schnittstelle, das Implementationsmodul das Verhalten der Datenkapselung.

Beispiel 10.8 Stapel (Datenkapsel):

```
DEFINITION MODULE Stapel; (* für Kardinalzahlen *)
VAR Fehler : BOOLEAN;
(*Fehler, falls versucht wird,
 *ein Element aus einem leeren Stapel zu entnehmen
 *oder in einen vollen Stapel abzulegen.
 *Die entsprechende Operation bleibt dann wirkungslos.
 *)
PROCEDURE leereStapel;
PROCEDURE voll():BOOLEAN;
PROCEDURE push(c : CARDINAL);
(* Zahl auf den Stapel geben *)
```

```
PROCEDURE pop(VAR c : CARDINAL);
(* Zahl vom Stapel holen *)
END Stapel.
```

Die Bedeutung der Prozeduren einer Datenabstraktion und ihrer Beziehungen zueinander sollten unmißverständlich aus ihren Benennungen und aus Kommentaren im Definitionsmodul hervorgehen. Axiome können dazu dienen, eine Datenabstraktion implementierungsunabhängig zu spezifizieren (Wulf et al.). Wenn eine Implementierung diese Axiome

erfüllt, ist sie korrekt. Damit haben wir eine Möglichkeit, streng formal die Korrektheit eines Programmteils nachzuweisen. Die folgenden Axiome definieren die Operationen der Datenkapsel.

Für a,b : CARDINAL gilt :

1: leereStapel;pop(a) hat dieselbe Wirkung wie leereStapel.

2: push(a);pop(b) hat dieselbe Wirkung wie
IF voll THEN pop(b) ELSE b := a END.

Im nächsten Beispiel werden Zufall und Stapel als externe Moduln verwendet.

Beispiel 10.9 Benutzung eines Stapels:

```
MODULE StapelBenutzung;
(* Füllen eines Stapels mit N Zahlen und
 * Ausgabe der obersten Zahl *)
FROM InOut  IMPORT Write,Read,ReadCard,ReadString,
                   WriteString,WriteLn,WriteCard;
FROM Stapel IMPORT leereStapel,push,pop,Fehler;
FROM Zufall IMPORT RandomCard;
CONST A = 0;B = 100;
TYPE String = ARRAY[1..5] OF CHAR;
VAR i,N,a   : CARDINAL;
    Antwort : String;

BEGIN (* StapelBenutzung *)
   leereStapel;
   WriteString("Stapelbenutzung: Bitte N eingeben!");
   ReadCard(N);WriteCard(N,6);WriteLn;
   FOR i := 1 TO N DO
     push(RandomCard(A,B));
     IF Fehler
     THEN
       WriteString('Stapelueberlauf ');
       WriteLn
     END (* if *);
   END;(*FOR*)
   Antwort[1] := 'j';
```

```
   WHILE Antwort[1] = 'j' DO
     pop(a);
     IF Fehler THEN
       WriteString('Stapel leer');
       WriteLn;Antwort[1] := 'n';
     ELSE
       WriteCard(a,6);
       WriteString(" ist  oberstes Element ");
       WriteString('Weiter ? j/n');
       WriteLn;
       ReadString(Antwort);
     END (*IF*)
  END (*WHILE*);
END StapelBenutzung.
```

Beispiel einer Ausgabe:

```
Startwert ?          54
Stapelbenutzung :  Bitte Zahl eingeben !      3
    70 ist  oberstes Element Weiter ? j/n
    85 ist  oberstes Element Weiter ? j/n
    48 ist  oberstes Element Weiter ? j/n
Stapel leer
```

Dieses Programm läßt sich auch verstehen, ohne daß wir das folgende Implementationsmodul kennen. Wir benötigten das Implementationsmodul auch nicht bei der Erstellung und syntaktischen Überprüfung des Benutzer-Programms.

Beispiel 10.8 Implementationsmodul Stapel:

```
IMPLEMENTATION MODULE Stapel;
(* Realisierung des Stapels durch ein Feld *)
CONST Laenge = 10;
VAR oben   : [1 .. Laenge + 1] ;
    Stapel : ARRAY[1 .. Laenge] OF CARDINAL;

PROCEDURE leereStapel;
   BEGIN oben := 1 END leereStapel;

PROCEDURE voll():BOOLEAN;
   BEGIN RETURN (oben = Laenge + 1) END voll;

PROCEDURE push(c : CARDINAL);
   BEGIN Fehler := (oben=Laenge+1);
      IF NOT Fehler THEN
         Stapel[oben] := c; INC( oben )
      END
   END push;

PROCEDURE pop(VAR c : CARDINAL);
```

```
    BEGIN Fehler := (oben=1);
       IF NOT Fehler THEN
          DEC(oben); c := Stapel [oben];
       END
    END pop;

 BEGIN leereStapel (* Initialisierung *)
 END Stapel.
```

4) Wie erwähnt, exportiert ein Abstrakter Datentyp einen Typnamen ohne die eigentliche Definition des Typs zugänglich zu machen. In Modula ist dies durch die Deklaration sogenannter opaquer Typen möglich. Im Definitionsmodul wird nur der Name des Typs definiert, während die vollständige Typdefinition im Implementationsmodul enthalten ist. Um dennoch eine separate Compilierung zu ermöglichen, werden als opaque Typen nur Zeigertypen und Unterbereichstypen von Standardtypen zugelassen. Damit ist auf einfache und elegante Weise das Gewünschte erreicht. Einerseits bleibt die Struktur des eigentlichen Datentyps (nämlich im Fall der Realisierung durch Zeiger die des Bezugstyps) unsichtbar und andererseits besteht weiterhin die Möglichkeit der Typüberprüfung. Allerdings müssen die Prozeduren, die den Abstrakten Datentyp definieren, mit entsprechenden Zeigervariablen realisiert werden - ein Detail, das dem Benutzer gänzlich verborgen bleibt. Für die Generierung der Bezugsvariablen ist eine geeignete Prozedur zu exportieren (vgl. Beispiel 10.12); nur Gleichheitsrelation und Zuweisung für die Objekte eines Abstrakten Datentyps sind immer schon vorhanden. Man sollte sich aber vor Augen halten, daß durch die übliche Zuweisung keine Kopie der Bezugsvariablen erzeugt wird sondern nur die Zeigerwerte kopiert werden. Entsprechendes gilt für Vergleiche.

Es gibt also insgesamt drei Möglichkeiten, einen Datentyp zu definieren: sichtbar (Dateimodul), verborgen (Datenkapsel) und opaque (Abstrakter Datentyp).

Im nächsten Beispiel sei nun ein Abstrakter Datentyp eines Puffers für CARDINAL-Zahlen (ein abstrakter Warteschlangentyp) vorgestellt. (Mehr über Warteschlangen finden Sie in Kapitel 13). In einem Exemplar vom Typ Puffer können bei Verwendung der Standardfunktionen ORD und VAL aber auch Werte eines Aufzählungstyps abgelegt werden.

Beispiel 10.10 Abstrakter Datentyp:

```
DEFINITION MODULE ADTPuffer;
(* Abstrakter Datentyp eines Puffers *)
TYPE Puffer; (* für CARDINAL-Zahlen *)

PROCEDURE leere(VAR R:Puffer);
PROCEDURE leer(R:Puffer):BOOLEAN;
PROCEDURE voll(R:Puffer):BOOLEAN;
PROCEDURE legin(VAR R:Puffer;Ob:CARDINAL);
PROCEDURE nimmaus(VAR R:Puffer):CARDINAL;
```

```
PROCEDURE erzeuge(VAR R:Puffer);

END ADTPuffer.
```

Im folgenden Beispiel wird dieser Abstrakte Datentyp verwendet. Es soll die Ablage von Dokumenten in verschiedene Ordner simuliert werden.

Beispiel 10.11 Benutzung des ADTs Puffer:

```
MODULE Ablage;
FROM InOut     IMPORT Read, ReadCard, WriteString, WriteLn;
FROM ADTPuffer IMPORT Puffer,erzeuge,
                      leer,voll,legin,nimmaus;
FROM Zufall    IMPORT RandomCard;
TYPE Eingang = (Notiz,Auftrag,Rechnung);
VAR Ordner1,Ordner2:Puffer;
    Dokument       :Eingang;

PROCEDURE zeigeInhalt(R:Puffer);
BEGIN
   IF leer(R) THEN WriteString(' ist leer') END;
   WHILE NOT leer(R) DO
   WriteLn;
   Dokument := VAL(Eingang,nimmaus(R));
   CASE Dokument OF
      Notiz   :WriteString('Notiz')   |
      Auftrag :WriteString('Auftrag')|
      Rechnung:WriteString('Rechnung')
   END(*Dokument*)
   END;
   WriteLn
END zeigeInhalt;

VAR i,N:CARDINAL; e  :CHAR;
BEGIN
REPEAT
   WriteString('Anzahl?');ReadCard(N);WriteLn;
   erzeuge(Ordner1);erzeuge(Ordner2);
   FOR i := 1 TO N DO
   Dokument := VAL(Eingang,RandomCard(0,6) DIV 3);
   IF ( Dokument = Notiz ) OR ( Dokument = Auftrag )
      THEN IF NOT voll(Ordner1)
         THEN legin(Ordner1,ORD(Dokument)) END
      ELSE IF NOT voll(Ordner2)
         THEN legin(Ordner2,ORD(Dokument)) END
   END
   END;
   WriteString('Ordner1');
      zeigeInhalt(Ordner1);
   WriteString('Ordner2');
      zeigeInhalt(Ordner2);
```

```
    WriteString('Wiederhole?');
    Read(e)
    UNTIL e = 'n'
END Ablage.
```

Es sei nocheinmal darauf hingewiesen, daß z.B. durch Ordner2 := Ordner1 kein zweiter Ordner mit demselben Inhalt wie Ordner1 erzeugt wird. Will man dies, so muß eine eigene Zuweisungsprozedur exportiert werden, die einen neuen Ordner anlegt und seine Adresse zurückgibt; z.B.

PROCEDURE copy(Ob:Puffer):Puffer;

und

Ordner2 := copy(Ordner1); .

Hier nun das Implementationsmodul. Ohne Auswirkung auf die Modulumgebung können Sie die grundlegende Datenstruktur (s. Fig. 10.2) dieser Implementation austauschen (Alternativen zeigt Kap. 13.2), wenn sich dies als zweckmäßig erweisen sollte. Sie müssen nur die Schnittstelle des Moduls beibehalten.

Beispiel 10.10 Implementierungsmodul des ADTs Puffer:

```
IMPLEMENTATION MODULE ADTPuffer;
(* Implementiert als Ringpuffer *)
IMPORT Terminal;
FROM Storage IMPORT ALLOCATE;
FROM SYSTEM IMPORT TSIZE;
CONST G = 8;(* G-1 Groesse des Ringpuffers *)
TYPE Puffer = POINTER TO Ring;
       Ring = RECORD
                 rng:ARRAY[1..G] OF CARDINAL;
                 kopf,ende:[1..G];
              END;

PROCEDURE leere(VAR R:Puffer);
BEGIN R^.kopf := R^.ende
END leere;

PROCEDURE leer(R:Puffer):BOOLEAN;
BEGIN
   RETURN (R^.kopf = R^.ende)
END leer;

PROCEDURE voll(R:Puffer):BOOLEAN;
BEGIN
   RETURN ((R^.ende MOD G )+ 1 = R^.kopf)
END voll;

PROCEDURE legin(VAR R:Puffer;Ob:CARDINAL);
BEGIN
   WITH R^ DO
```

```
        ende := (ende MOD G) +1;
        rng[ende] := Ob;
     END
  END legin;

  PROCEDURE nimmaus(VAR R:Puffer):CARDINAL;
  BEGIN
     WITH R^ DO
        kopf := (kopf MOD G) + 1;
        RETURN rng[kopf]
     END
  END nimmaus;

  PROCEDURE erzeuge(VAR R:Puffer);
  BEGIN
     ALLOCATE(R,TSIZE(Ring));
     R^.kopf := G;R^.ende := R^.kopf
  END erzeuge;

  BEGIN
     Terminal.WriteString('ADTPuffer');
     Terminal.WriteLn
  END ADTPuffer.
```

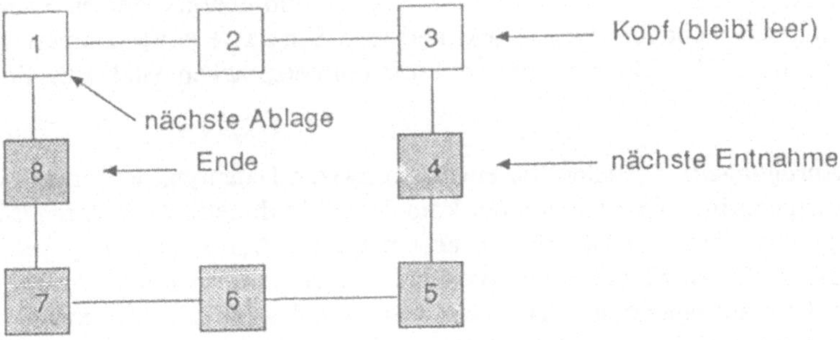

Fig. 10.2 Ringspeicher

Die Datenobjekte einer Datenkapsel werden i.a. statisch eingerichtet. Die Objekte eines abstrakten, vom Programmierer definierten Datentyps werden - von den üblichen Typen abweichend - dynamisch eingerichtet. Wie für strukturierte gibt es auch für Abstrakte Datentypen keine Konstanten. Das Definitionsmodul eines externen Moduls, das eine reine Datenkapsel darstellt, exportiert nur Prozeduren; dasjenige eines reinen Abstrakten Datentyps außerdem einen Typnamen.

Die Datenobjekte reiner Datenabstraktionen sind gegenüber unbeabsichtigten Änderungen durch fehlerhafte Anweisungen in der Modulumgebung weitgehend geschützt. Da sie nicht direkt zugänglich sind, können sie auch nicht beliebig manipuliert werden. Der Programmierer muß sich aber im klaren darüber sein, welche Objekte er auf diese Weise schützen will - ein automatischer Schutz ist durch das Sprachkonzept von Modula nicht gegeben. Wir hätten z.B. im Definitionsmodul ADTPuffer den Typ Puffer vollständig, d.h. transparent und nicht opaque, definieren können. Damit wäre die Schutzwirkung verloren gegangen.

Dadurch, daß Datenabstraktionen ihre Objekte vor unzulässigen Änderungen schützen, erleichtern sie auch den Nachweis der Korrektheit eines Programms. Wenn einmal sichergestellt ist, daß die verwendeten Datenabstraktionen den gewünschten Schutz bieten und fehlerfrei sind, dann genügt es für den Nachweis der Korrektheit des gesamten Programms, die Spezifikationen ihrer Schnittstellen (Definitionsmodul) heranzuziehen.

Anmerkung: Im Sinne der objektorientierten Programmierung ist ein Objekt eine in sich geschlossene Programmeinheit, deren Datenstrukturen von außen nicht verändert werden können. Ein Objekt kann allerdings von anderen Objekten dazu veranlaßt werden, z.B. durch Prozeduraufruf oder Botschaften (s. Kap. 14.3). Die objekteigenen Prozeduren werden Methoden genannt. Jedes Objekt ist also eine Datenkapsel. Objekte gleichen Typs werden durch sog. Klassen (Abstrakte Datentypen) beschrieben. Aus Klassen lassen sich Subklassen mit spezielleren Eigenschaften bilden. Subklassen und Objekte können Datenstruktur und Methoden von übergeordneten Klassen "erben", d.h. sie müssen nicht für jedes Objekt und jede Subklasse extra definiert werden (vgl. Kap. 14.3 und 17). Objektorientierte Programmiersprachen sind z.B. Smalltalk und C++.

Einige Anregungen: Erstellen Sie einen Abstrakten Datentyp, der einen Typ Complex mit den zugehörigen Operationen der komplexen Arithmetik exportiert. Entwerfen Sie ein Programm, das feststellt, ob ein arithmetischer Ausdruck richtig geklammert ist. Dazu soll ein Daten-Modul Stapel für Klammersymbole verwendet werden. Wie muß Beispiel 10.1 abgeändert werden, wenn das Modul ggTukgV als externes Modul zur Verfügung gestellt werden soll? Wie kann die Prozedur copy aussehen? Wie läßt sich die Vererbung von Methoden eines ADTs an seine Inkarnationen in der Erzeugungsfunktion mittels Prozedurtypen simulieren?

10.4 Programmentwurf und Modularisierung

Welche Rolle spielt nun das Modulkonzept beim Entwurf eines Programms? Man kann drei Phasen unterscheiden:

(1) Die *Phase des globalen Entwurfs* (Programmieren im Großen).
In dieser Phase wird das zu lösende Problem formuliert und die dazu nötigen Teilaufgaben werden analysiert. Dann wird entschieden, wie das zu realisierende Programm in überschaubare Teile - also in Moduln - zu zerlegen ist und wie diese Moduln zu ihrer Umgebung in Beziehung stehen sollen (Schnittstellen-Entwurf). Jedes Modul ist für bestimmte Dienstleistungen zuständig, die es seiner Umgebung, d.h. anderen Moduln, anbietet. D.L. Parnas bemerkt dazu: "Ein Modul ist weniger als Unterprogramm, sondern vielmehr als Zuständigkeitsbereich anzusehen. Modularisieren schließt Entwurfsentscheidungen mit ein, die getroffen werden müssen, bevor die eigentliche Arbeit an unabhängigen Moduln beginnen kann."

(2) Die *Phase des Entwurfs der Datenstrukturen und Algorithmen.*
In dieser Phase erfolgt der (schrittweise) Entwurf der einzelnen Moduln. Der erfahrene Programmierer verfügt dabei über eine Bausteinbibliothek mit beispielhaften Datenabstraktionen und (elementaren) Algorithmen, die ihm hilft, den besten Entwurf zu finden.

(3) Die *Codierungsphase.*
Diese Phase beinhaltet die endgültige Ausformulierung der Moduln in einer Programmiersprache.

Modulare Programmierung findet also in den ersten beiden Phasen der Programmentwicklung statt. Sie bildet einen Eckpfeiler des methodischen Programmierens, dessen wichtigste Prinzipien hier erwähnt seien.

(1) Das *Prinzip der Hierarchisierung,* d.h. die Zerlegung eines Programmentwurfs in eine Hierarchie von Moduln mit zunehmendem Abstraktionsgrad.
Dadurch läßt sich eine überschaubare und wartungsfreundliche Programmstruktur erreichen. Man handelt sich zugleich den Vorteil ein, Teile der Modul-Hierarchie auch in anderen Programmen verwenden zu können.

(2) Das *Geheimnisprinzip,* d.h. ein Modul gibt seiner Umgebung nicht mehr Information preis als nötig.
Dies stellt sicher, daß das Modul nur im vorgesehenen Sinn verwendet werden kann. Das Zusammenpacken von Datenstrukturen und zugehörigen Operationen in ein Modul ermöglicht es so, komplexe anwendungspezifische Strukturen zu entwerfen und mit diesen in einfacher Weise umzugehen, denn die Schnittstellen dieser Strukturen abstrahieren von Details, die für das Verständnis unnötig sind und eher verwirren.

(3) Das *Prinzip der schrittweisen Verfeinerung,* d.h. das schrittweise Vordringen vom Abstrakten (dem Modell einer Lösung) zum Konkreten.
Zunächst wird die Funktion eines Moduls auf möglichst hoher Abstraktionsebene beschrieben, um so das Wesentliche hervorzuheben. Details werden ignoriert. Dann wird die Beschreibung seiner Algorithmen und Datenstrukturen schrittweise konkreter bis die Formulierung mit den Sprachelementen einer Programmiersprache möglich wird.

(4) Das *Prinzip der strukturierten Programmierung,* d.h. Verwendung weniger, sorgfältig ausgewählter algorithmischer Grundstrukturen bei der Formulierung der Modulfunktionen - wie Sequenz (Anweisungsfolge), Selektion (Fallunterscheidung), Iteration (Wiederholungen) - und übersichtlicher Darstellung des Programm-Kontrollflusses.
Ein wohlstrukturiertes Modul ist fehlerfrei, robust gegenüber fehlerhaften Eingabedaten, leicht zu lesen und leicht zu ändern.

(5) Das *Prinzip der problemangepaßten Datentypen und Datenstrukturen.*
Ob ein Modul verständlich oder unverständlich, effizient oder ineffizient wird, hängt in starkem Maße auch davon ab, wie gut - d.h. wie problemgerecht - die Daten, mit denen es operiert, strukturiert und beschrieben werden.

(6) Das *Prinzip der Standardisierung.*
Jedes Modul sollte einem bestimmten Standard - in Form, Gliederung, Größe, Namensgebung, etc. - genügen, damit seine Mehrfachverwendung erleichtert wird. Ein umfangreiches Modul, das verschiedenartige Funktionen bereitstellt, wird sich für eine Mehrfachverwendung sicher weniger eignen, als ein überschaubares Modul mit wenigen, logisch zusammengehörenden Funktionen und Datenstrukturen.

(7) Das *Prinzip der adäquaten Dokumentation.*
Ein Modul besteht aus Programmcode (mit Kommentaren) und Dokumentation. Die Dokumentation enthält einerseits die Information, die für die Handhabung und Wartung des Moduls benötigt wird, andererseits aber auch Information über seinen jeweiligen Entwicklungsstand - z.B. über Änderungen, Testergebnisse und noch nicht behobene Entwurfsfehler.

11. Basismoduln

Übersicht

In diesem Abschnitt wird zuerst das Pseudo-Modul SYSTEM vorgestellt. Dann wird ein spezielles Modul (UnixClock) aus der Systembibliothek besprochen und gezeigt, wie Eigenschaften der Maschine mit Hilfe spezieller Moduln dem Benutzer auf höherer Ebene verfügbar gemacht werden können. Anschließend wird ein Beispiel für ein Basismodul unter MS-DOS vorgestellt; weitere Beispiele (u.a. für TOS) finden Sie in Kapitel 16.

11.1 Modul SYSTEM

Das Modul SYSTEM bietet einige spezielle Hilfsmittel für die maschinennahe Programmierung. Die meisten dieser Hilfsmittel sind von der Implementierung von Modula abhängig; einige beziehen sich auf das Betriebssystem und den vorhandenen Rechner. Die vom Modul SYSTEM exportierten Namen gehorchen speziellen Regeln, die vom Compiler überprüft werden müssen. Deshalb ist das Modul SYSTEM im Compiler implementiert. Da es nur im Compiler vorhanden ist, wird es als "Pseudo-Modul" bezeichnet. Formal müssen die vom Modul SYSTEM exportierten Namen genauso importiert werden wie die der externen, regulären Moduln. Dadurch wird auch textuell deutlich, daß spezielle Namen des Compilers verwendet werden. Moduln, die Namen aus SYSTEM importieren, werden Basis- (low level) Moduln genannt. Sie sind in der Regel nicht portierbar. Meist ist mit Verwendung der von SYSTEM exportierten Objekte auch ein Bruch der strengen Typisierung verbunden. Deshalb sollte von dieser Möglichkeit nur auf unterster Ebene einer Modulhierarchie Gebrauch gemacht werden.

Das Definitionsmodul von SYSTEM kann man sich vorstellen als:

```
DEFINITON MODULE SYSTEM;
TYPE WORD;ADDRESS;
PROCEDURE ADR(x:AnyType):ADDRESS;
(* Adresse von x *)
PROCEDURE TSIZE(t:Ang Type):CARDINAL;
(* Anzahl von Worten, die ein Objekt vom Typ t belegt *)
PROCEDURE NEWPROCESS(P:PROC;A:ADDRESS;
                     n:CARDINAL;VAR q:ADDRESS);
PROCEDURE TRANSFER(VAR from,to:ADDRESS);
(* und weitere exportierten Konstanten, Typen, Prozeduren *)
END SYSTEM.
```

In älteren Modula-2 Versionen wird außerdem die Prozedur SIZE und der opaque Typ PROCESS aus SYSTEM exportiert.

Zuerst wollen wir die vom Modul SYSTEM exportierten Typen betrachten.

WORD:
Der Datentyp WORD bezeichnet eine Speichereinheit des Rechners. Mit Variablen dieses Typs sind keine Rechenoperationen zulässig. Wenn ein formaler Parameter einer Prozedur vom Typ WORD ist, dann kann diesem Parameter jede Variable zugewiesen werden, welche dieselbe Größe wie WORD hat (z.B. CARDINAL, INTEGER, BITSET), die also denselben Speicherplatz wie WORD benötigt (Parameterkompatibilität). Als Parameter für generische Prozeduren, d.h. mit Parametern von beliebigem Typ, können somit offene Felder vom Typ ARRAY OF WORD verwendet werden. Es lassen sich dann Daten beliebigen Typs an die Prozedur übergeben. Beispiele dafür werden uns im folgenden begegnen, etwa in der Prozedur UNIXCALL.

ADDRESS:
Der Typ ADDRESS kann verstanden werden als ADDRESS = POINTER TO WORD. Den Variablen vom Typ ADDRESS können Werte von Zeigern oder vom Typ CARDINAL zugewiesen werden. Die Operationen des Typs CARDINAL sind auch für Variable des Typs ADDRESS zugelassen, so daß z.B. die Berechnung von Speicheradressen möglich ist.

Kommen wir nun zu den von SYSTEM exportierten, generischen Funktionen.

ADR(x): ADDRESS
Die Funktions-Prozedur ADR(x) gibt als Wert die (Speicher-)Adresse der Variablen x zurück; x hat beliebigen Typ.

TSIZE(t): CARDINAL
Die Funktions-Prozedur TSIZE(t) gibt die Anzahl der Speichereinheiten zurück, die eine Variable vom Typ t belegt.

TSIZE(t,tag1const,...): CARDINAL
Die Funktions-Prozedur TSIZE(t,tag1const,...) gibt ebenfalls die Anzahl der Speichereinheiten an, die eine Variable vom Typ t belegt. Bei varianten Verbunden wird die Größe nach den angegebenen Konstanten der Tag-Felder berechnet. Für die nicht angebenen Tag-Felder wird deren maximale Länge angenommen.

Beispiel: Adressenberechnung bei Speicherplatz-Verwaltung

```
IMPLEMENTATION MODULE Heap; (* Export: ALLOCATE, DEALLOCATE *)
FROM SYSTEM IMPORT ADR,TSIZE;
   :
CONST Heapsize = ...; (* Groesse des verwalteten Speichers *)
```

```
TYPE FreePtr   = POINTER TO FreeHead;
     FreeHead = RECORD (* dient zur Verwaltung des *)
                   NextFree : FreePtr; (* freien Speichers *)
                   FreeSize : CARDINAL
                END;
VAR FreeList: FreePtr;
    Heap    : ARRAY[0..Heapsize-1] OF CARDINAL;
    HeapHigh, HeapLow, HeapUse: CARDINAL;

PROCEDURE ALLOCATE ...;
PROCEDURE DEALLOCATE ...;
(* Prozeduren für die Zuteilung und Freigabe von Speicher *)
BEGIN (* Initialisierung des Heaps *)
   HeapHigh := ADR(Heap[Heapsize-1]);
   HeapLow  := ADR(Heap[0]);
   HeapUse  := HeapLow + TSIZE(FreeHead);
   FreeList := FreePtr(HeapLow);
(* Typtransfer zum Zeigertyp *)
   WITH FreeList^ DO
      NextFree := FreePtr(HeapUse);
      FreeSize := HeapHigh - HeapUse
   END;
END Heap.
```

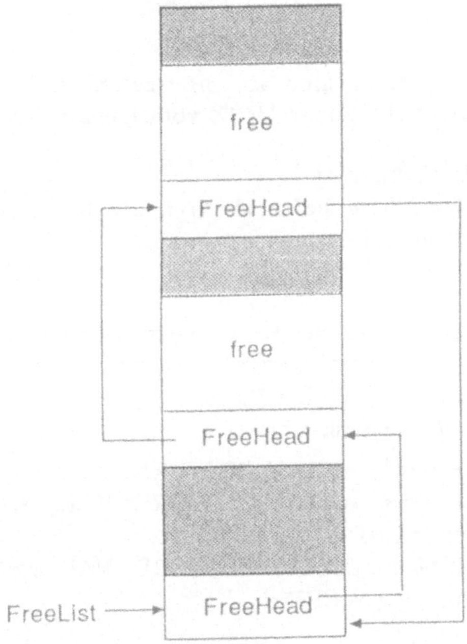

Fig. 11.1 Speicherplatz-Verwaltung(Ringliste)

Es seien auch noch die von SYSTEM exportierten Prozeduren für die Erzeugung von Coroutinen kurz beschrieben. Coroutinen sind eine Verallgemeinerung von Prozeduren.

Das Coroutinen-Konzept werden wir ausführlicher in Teil III darstellen. Hier sei nur angemerkt, daß das Laufzeitsystem auch ein Hauptmodul wie eine Coroutine behandelt. Die beiden folgenden Prozeduren dienen zur Realisierung von Coroutinen.

NEWPROCESS:
Die Prozedur

```
NEWPROCESS(P:PROC;workspaceaddress:ADDRESS;
                  workspacesize:CARDINAL;VAR P1:ADDRESS)
```

macht aus einer parameterlosen Prozedur P eine Coroutine. In älteren Modula-Versionen wird anstelle von ADDRESS der Typ PROCESS benutzt.

TRANSFER:
Mit TRANSFER(VAR From, To: ADDRESS) wird die mit 'From' assoziierte Coroutine angehalten und mit der mit 'To' assoziierten fortgefahren. Coroutinen, die mit einem TRANSFER gestartet wurden, müssen auch wieder durch ein TRANSFER beendet werden.

11.1.1 SYSTEM unter UNIX

Wenden wir uns nun den Prozeduren zu, die speziell in der uns zugänglichen Implementierung für das Betriebssystem UNIX vorhandenen sind.

REGISTER(x:CARDINAL):CARDINAL
Die Funktionsprozedur REGISTER liefert als Wert den Inhalt des Registers x. Das Argument muß eine Konstante sein.

UNIXCALL:
Die Prozedur UNIXCALL ermöglicht es, in Modula-Programmen Leistungen des Betriebssystems anzufordern. Intern werden die Anforderungen in Betriebssytem-Aufrufe (System-Calls) umgewandelt. Die Prozedur UNIXCALL kann mit verschieden vielen Parametern aufgerufen werden.

```
UNIXCALL(VAR block: ARRAY OF WORD; VAR errorflag: BOOLEAN);
UNIXCALL(VAR block: ARRAY OF WORD; VAR errorflag: BOOLEAN;
         reg0: WORD);
UNIXCALL(VAR block: ARRAY OF WORD; VAR errorflag: BOOLEAN;
         reg0, reg1: WORD);
```

Im nächsten Abschnitt folgt eine typische Anwendung. Es soll nämlich die interne Zeit des Systems mit Hilfe des Systemcalls time(2) abgefragt werden (siehe UNIX Programmer's Manual). Hier sei jetzt nur der zentrale Teil dieses Beispiels (leicht modifiziert) wiedergegeben.

```
CONST SYS = 104400B (* indirect Systemcall *)
                    (* UNIX PDP11: TRAP-Befehl *);
     TIME = 13;     (* Kennummer des Systemeingangs *)
VAR args: ARRAY[0..4] OF WORD;
(*Argumente für den Systemaufruf *)
   ...
   args[0]:=SYS+TIME; (* indirect Systemcall time(II) *)
   UNIXCALL(args,errorflag);          (* s. UNIX-Manual *)
   IF errorflag
   THEN
      ErrorNumber := -REGISTER(0); (* UNIX Konvention *)
      RETURN  (*  Abbruch in Ausnahmesituation *)
   ELSE
      time.HiWord := REGISTER(0);
      time.LoWord := REGISTER(1);
   END;
```

UNIXFORK:
Diese Prozedur implementiert den UNIX System-call fork(2) für die Generierung von UNIX-Prozessen.

11.1.2 SYSTEM unter MS-DOS

Ein Compiler unter dem Betriebssystem MS-DOS (Logitech) kennt in SYSTEM zusätzlich folgende Namen für Typen und Prozeduren.

BYTE = CARDINAL[0..255]
Kleinste, adressierbare Speichereinheit unter MS-DOS.

LISTEN:
Erniedrigt die momentane Priorität des rufenden Prozesses und erlaubt, Interrupts mit niedrigerer Priorität abzuarbeiten (siehe Kap. 16).

GETREG, SETREG:
Lesen und Beschreiben explizit genannter Register des Prozessors.

CODE:
Einfügen der Konstanten-Parameter als ausführbare Befehle (in-line code).

SWI:
Erzeugen eines Softwareinterrupts (trap).

ENABLE, DISABLE:
Einschachteln von Interrupts; ENABLE ermöglicht, DISABLE sperrt Interrupts.

INBYTE, OUTBYTE, INWORD, OUTWORD:
Arbeiten mit I/O-Ports.

IOTRANSFER:
Anmelden für Interrupts.

DOSCALL:
Direkter Aufruf des Betriebssystems.

Jede Implementierung benützt also für das spezielle Zielsystem weitere Namen, welche spezielle Eigenschaften des Betriebssystems oder des Prozessors wiederspiegeln. Andere Implementationen ergänzen SYSTEM mit weiteren Definitionsmoduln.

11.1.3 SYSTEM unter TOS

Eine Modula-Implementierung von SYSTEM für das Atari-Betriebssystem TOS (Modula2/ST) kennt folgende Namen.
Datentypen:

BYTE, WORD, LONGWORD, ADDRESS;

Prozeduren:

ADR, SIZE, TSIZE, NEWPROCESS, TRANSFER, IOTRANSFER, LISTEN.

Zusätzlich werden die folgenden Prozeduren exportiert.

SYSRESET

zur Initialisierung des Systems (RESET-Instruktion);

CODE(w:CARDINAL,...)

erlaubt das Einfügen von Maschineninstruktionen (In-Line Code). Jeder Parameter w repräsentiert eine 16-Bit Maschineninstruktion.

REGISTER (regNam:CARDINAL):ADDRESS;
SETREG (regNam:CARDINAL;value:LONGWORD);

für das Auslesen und Beschicken der Register.

Prozeduren für die Handhabung von Interrupts und für Systemaufrufe werden von speziellen Basismoduln exportiert.

11.2 Modul UnixClock

Das Modul UnixClock stellt die Zeit und das Datum in Modula zur Verfügung. Im

Normalfall wird der Anwendungsprogrammierer die Implementierung nicht kennen, sondern nur das zugehörige Definitions-Modul. Die systeminterne Zeit wird in Sekunden gezählt - seit 00:00:00 Uhr GMT 1.Jan.1970 (Greenwich Mean Time = WEZ Westeuropäische Zeit). Für die EST Zeitzone wird diese um 5*60*60 Sekunden verschoben. Diese verschobene Zeit (in Sekunden) wird vom Systemaufruf time geliefert.

Beispiel 11.1 Definitionsmodul UnixClock:

```
DEFINITION MODULE UnixClock;
EXPORT QUALIFIED Time, Date, WeekDay,
                 GetTime, GetDate, GetSysTime;
TYPE WeekDay = (Mon, Tue, Wed, Thu, Fri, Sat, Sun);
TYPE Date    = RECORD
                  year       : [1970..1999];
                  month      : [1..12];
                  day        : [1..31];
                  weekday    : WeekDay;
                  weekinyear: [1..52];
                  dayinyear  : [1..366];
               END; (* Date *)
     Time    = RECORD
                  hour       : CARDINAL;
                  minute     : CARDINAL;
                  second     : CARDINAL;
               END; (* Time *)

PROCEDURE GetSysTime(VAR HiWord: CARDINAL;
                     VAR LoWord: CARDINAL);
(* get the internal computer time *)
PROCEDURE GetTime(VAR tim : Time);
(* get the computer time *)
PROCEDURE GetDate(VAR date : Date);
(* get the computer date *)
END UnixClock.
```

Es folgt die Implementierung. Dieses spezielle Basis-Funktionsmodul stellt die folgenden Prozeduren bereit. In

SysTime werden die Argumente für den Aufruf von UNIXCALL gesetzt. Der Systemaufruf wird ausgeführt und das Ergebnis aus den entsprechenden Registern der Variablen time zugewiesen (vgl. Kap. 11.1.1).

GetSysTime benützt intern SysTime, gibt das Ergebnis aber in zwei Variablen vom Typ CARDINAL zurück. Dadurch muß der Benutzer den Typ LONG aus SystemTypes nicht explizit importieren, s. Kap. 12.1.

In *daysperyear* wird die Zahl der Tage (Schaltjahr/kein Schaltjahr) berechnet.

GetTime liefert die gebräuchliche Zeitdarstellung in Stunden, Minuten und Sekunden.

GetDate liefert das Datum (Jahr, Monat, Tag), den Wochentag, sowie die Nummer der Woche und des fortlaufend gezählten Tages im Jahr.

Initialisiert wird im Modulrumpf. Dort wird die Zahl der Tage der einzelnen Monate vorgegeben.

Beispiel 11.2 Implementationsmodul UnixClock:

```
IMPLEMENTATION MODULE UnixClock;
(* LG 20.05.80  Unix 19.05.81  JL Unix 29.11.83*)
FROM SYSTEM       IMPORT  REGISTER,ADR,UNIXCALL;
FROM SystemTypes IMPORT LONG;
FROM LongCalcs   IMPORT LDiv, LSub;

(* (* from definition module *)
EXPORT QUALIFIED Time, Date, WeekDay,
                 GetTime, GetDate, GetSysTime;
TYPE WeekDay = (Mon, Tue, Wed, Thu, Fri, Sat, Sun);
TYPE Date    = RECORD
                  year       : [1970..1999];
                  month      : [1..12];
                  day        : [1..31];
                  weekinyear: [1..52];
                  weekday    : WeekDay;
                  dayinyear : [1..366]
               END; (* Date *)
     Time    = RECORD
                  hour    : CARDINAL;
                  minute : CARDINAL;
                  second : CARDINAL
               END; (* Time *)
(* end definitions *) *)

CONST SYS     = 104400B;
      TIME    = 13;
      ESTzone = 5*60*60; (* time delay *)
VAR args          : ARRAY[0..4] OF INTEGER;
    errflag       : BOOLEAN;
    DaysPerMonth: ARRAY[1..12] OF [1..31];
    timezone      : CARDINAL;

PROCEDURE SysTime(VAR time : LONG);
BEGIN
   args[0] := SYS + TIME;
   UNIXCALL(args,errflag); (*no error return required*)
   time.HiWord := REGISTER(0);
   time.LoWord := REGISTER(1)
END SysTime;

PROCEDURE GetSysTime(VAR HiWord: CARDINAL;
                     VAR LoWord: CARDINAL);
(* get the Systems internal time *)
VAR  H: LONG;
BEGIN (* GetSysTime *)
   SysTime(H);
```

```
   HiWord := H.HiWord;
   LoWord := H.LoWord
END GetSysTime;

PROCEDURE daysperyear(year: CARDINAL): CARDINAL;
(*
 * compute days per year
 *)
BEGIN (* daysperyear *)
   IF ( ((year MOD 4) = 0) AND (( year MOD 100 <> 0)
         OR (year MOD 400 = 0)) )
      THEN RETURN 366
      ELSE RETURN 365
   END; (* IF *)
END daysperyear;

PROCEDURE GetTime(VAR tim : Time);
(* get computer time *)
CONST SecsPer8Hour  = 28800; (* 60*60*8 *)
VAR timearea, Lhelp : LONG;
    help0, help1    : CARDINAL;
BEGIN (* GetTime *)
   SysTime(timearea);
   Lhelp.HiWord := 0; Lhelp.LoWord := timezone;
   LSub(timearea,Lhelp,timearea);
   WITH tim DO (* get date *)
      LDiv(timearea, SecsPer8Hour, Lhelp, help1);
      help0 := Lhelp.LoWord;
      second := help1 MOD 60;
      help1 := help1 DIV 60;
      minute := help1 MOD 60;
      help1 := help1 DIV 60;
      hour := (help0 MOD 3) * 8 + help1
   END (* WITH *)
END GetTime;

PROCEDURE GetDate(VAR date : Date);
(* get computer date *)
CONST SecsPer8Hour  = 28800; (* 60*60*8 *)
VAR timearea, Lhelp : LONG;
    help0, help1    : CARDINAL;
    yr              : [1970..1999];
    mt              : [1..12];
    weekinly        : [52..53]; (* weeks in last year *)
BEGIN (* GetDate *)
   SysTime(timearea);
   Lhelp.HiWord := 0; Lhelp.LoWord := timezone;
   LSub(timearea,Lhelp,timearea);
   WITH date DO (* get date *)
      LDiv(timearea, SecsPer8Hour, Lhelp, help0);
      help0   := Lhelp.LoWord;
      help0   := help0 DIV 3;
```

```
      weekday := WeekDay((help0+3) MOD 7);
      help1   := (help0+3) DIV 7; (* weeks *)

      (* compute year *)
      yr := 1970;
      WHILE (help0 >= daysperyear(yr)) DO
         help0 := help0 - daysperyear(yr);
         INC(yr)
      END; (* WHILE *)
      dayinyear := help0 + 1;
      year := yr;

      (* compute week in year *)
      yr := 1970;
      weekinyear := help1;
      help1 := 6;
      WHILE (yr < year) DO
         DEC(weekinyear,52);
         IF (daysperyear(yr)= 366)
            THEN INC(help1,2)
            ELSE INC(help1)
         END; (* IF *)
         IF help1 > 6
            THEN
               help1 := help1 MOD 7;
               DEC(weekinyear);
               weekinly := 53
            ELSE weekinly := 52
         END; (* IF *)
         INC(yr)
      END; (* WHILE yr < year *)
      INC(weekinyear);
      IF weekinyear < 1 THEN weekinyear := weekinly;
      END; (* IF *)

      (* compute month *)
      IF (daysperyear(yr) = 366)
         THEN DaysPerMonth[2] := 29 (* leap-year *)
      END; (* IF *)
      mt := 1;
      WHILE help0 >= DaysPerMonth[mt] DO
         help0 := help0 - DaysPerMonth[mt];
         INC(mt)
      END; (* WHILE *)
      DaysPerMonth[2] := 28;
      month := mt;
      day := help0 + 1
   END (* WITH date *)
END GetDate;

BEGIN (* UnixClock *)
   timezone := ESTzone;
```

```
    DaysPerMonth[1]  := 31; (* Jan *)
    DaysPerMonth[2]  := 28; (* Feb *)
    DaysPerMonth[3]  := 31; (* Mar *)
    DaysPerMonth[4]  := 30; (* Apr *)
    DaysPerMonth[5]  := 31; (* May *)
    DaysPerMonth[6]  := 30; (* Jun *)
    DaysPerMonth[7]  := 31; (* Jul *)
    DaysPerMonth[8]  := 31; (* Aug *)
    DaysPerMonth[9]  := 30; (* Sep *)
    DaysPerMonth[10] := 31; (* Oct *)
    DaysPerMonth[11] := 30; (* Nov *)
    DaysPerMonth[12] := 31  (* Dec *)
END UnixClock.
```

Im folgenden Beispiel wird die Dienstleistung des Basis-Moduls UnixClock in Anspruch genommen. Es werden die aktuelle Zeit und das Datum ausgegeben.

Beispiel 11.3 Benutzer-Modul für UnixClock:

```
MODULE TimeAndDate;
(* Test des Moduls UnixClock *)
FROM InOut IMPORT     Write, WriteString, WriteCard,
                      WriteInt, WriteLn;
FROM UnixClock IMPORT Time, GetTime,
                      WeekDay, Date, GetDate,
                      GetSysTime;
VAR zeit              : Time;
    datum             : Date;
    part1,part2,scr   : CARDINAL;

BEGIN
   GetTime(zeit);
   WITH zeit DO
      WriteString('Sekunde='); WriteInt(second,10); WriteLn;
      WriteString('Minute='); WriteInt(minute,10); WriteLn;
      WriteString('Stunde='); WriteInt(hour,10); WriteLn;
   END; (* WITH zeit *)
   GetDate(datum);
   WITH datum DO
      WriteString('Tag='); WriteInt(day,10); WriteLn;
      WriteString('Monat='); WriteInt(month,10); WriteLn;
      WriteString('Jahr='); WriteInt(year,10); WriteLn;
      WriteString('der '); WriteInt(dayinyear,3);
      WriteString('-ste Tag i. J.'); WriteLn;
      WriteString('die '); WriteInt(weekinyear,3);
      WriteString('-ste Woche i. J.'); WriteLn;
      WriteString('Wochentag = ');
      CASE weekday OF
         Sun : WriteString('Sonntag')|
         Mon : WriteString('Montag')|
         Tue : WriteString('Dienstag')|
```

```
          Wed : WriteString('Mittwoch')|
          Thu : WriteString('Donnerstag')|
          Fri : WriteString('Freitag')|
          Sat : WriteString('Sonnabend')
       ELSE
          WriteString(' Error in CASE weekday ')
       END; (* CASE weekday *)
       WriteLn
    END; (* WITH datum *)

    GetSysTime(part1,part2);
    WriteString('SysTime='); WriteCard(part1,10);
    WriteCard(part2,10) WriteLn;
END TimeAndDate.
```

11.3 Eine Anwendung unter MS-DOS

Als weiteres Beispiel für maschinennahe Programmierung in Modula sei das folgende Modul vorgestellt. Es ist für den Sirius-Rechner unter MS-DOS geschrieben; vgl. dazu Abschnitt 11.1.2. Ein Beispiel unter TOS finden Sie in Kapitel 16.

Codec ist die Hardware-Schnittstelle des Tongenerators. Die Register der Schnittstelle sind über Speicheradressen ansprechbar. Die Adressen werden in eckigen Klammern nach dem Variablennamen für die Register in der Variablendeklaration angegeben. Die Möglichkeit, fest Adressen zu vergeben und damit spezielle Daten- und Steuerregister (CodecDat, CodecCtrl) anzusprechen, wird in Kap. 16 noch näher besprochen.

Beispiel 11.3 Modul Musik:

```
DEFINITION MODULE Musik; (* Tonausgabe *)
EXPORT QUALIFIED ton,pause,klang;
PRODECURE ton(klang:CHAR);
(* gibt ASCII-Zeichen als Ton aus *)
PROCEDURE pause(time:CARDINAL);
END Musik.

IMPLEMENTATION MODULE Musik;
FROM Terminal IMPORT Read,WriteString;
FROM SYSTEM   IMPORT ENABLE,DISABLE;
VAR CodecClk[0E8084H],
    CodecDat[0E8060H],
    CodecCtrl[0E808BH]:CHAR;
    (* feste Adressen *)
    pitchfrequency:CARDINAL;

PROCEDURE pause(time:CARDINAL);
VAR i,dummy:CARDINAL;
BEGIN
```

```
   dummy := 0;
   FOR i := 0 TO time DO INC(dummy) END
END pause;

PROCEDURE ton(klang:CHAR);
BEGIN
   DISABLE
   (* initialize hardware *)
   pitchfrequency := 0F80H;
   CodecDat       := 5E00H;
   CodecDat       := 0D40H;
   CodecDat       := 0AA80H;
   CodecDat       := 00C0H;
   CodecDat       := pitchfrequency;
   CodecCtrl      := CHAR(0C0H);
   (* produce sound *)
   CodecClk       := ORD(sound);
   pause(5000);
   ENABLE;
   (* stop sound *)
   CodecCtrl      := CHAR(0H)
END ton;
END Musik.
```

Anregung: Man vervollständige das Bibliotheksmodul Heap.

12. Bibliotheksmoduln

Übersicht
Im folgenden werden einige Bibliotheksmoduln vorgestellt. Dabei sollen alle die Moduln besprochen werden, die Leistungen erbringen, die in den üblichen PASCAL-Implementierungen bereits in der Sprache vorhanden sind. Da Modula durch Bibliotheksmoduln ergänzt wird, muß sich jeder Benutzer über die auf seinem System vorhandenen Moduln informieren. Die meisten der hier vorgestellten Moduln dürften bei jeder Implementierung vorhanden sein. Die folgenden Moduln wurden an der ETH-Zürich bzw. an der University of New South Wales (UNSW) entwickelt. Sie sind für das Betriebssystem UNIX geschrieben. Anschließend werden die Züricher Standard-Bibliotheksmoduln aufgeführt, die auf der Modula-2-Maschine Lilith benutzt werden.

12.1 SystemTypes

Dieses Datei-Modul enthält Definitionen von Konstanten und Typen, welche für die Implementation spezifisch sind. Da die spezifischen Deklarationen in einem einzigen Modul verfügbar sind, müssen sie nicht aus verschiedenen Moduln importiert werden. Damit erhalten wir die Unabhängigkeit vom Rechner, die für eine Übertragung der Moduln auf andere Systeme wünschenswert ist. Zu den Konstanten, die in System-Types definiert werden, gehören die Grenzwerte für ganze Zahlen.

Bei einer Wortlänge von 16 Bit können Kardinalzahlen maximal 65535 groß sein. INTEGER-Zahlen liegen dann im Bereich von -32768 bis 32767. Größere ganze Zahlen werden mit Hilfe des Typs LONG dargestellt. (Neuere Versionen kennen dafür die Standardfunktion MIN, MAX (s. Kap. 6.5) und die Datentypen LONGINT, LONGCARD, LONGREAL (s. Kap. 4.5)). Die zugehörigen Rechenoperationen finden Sie im Bibliotheksmodul LongCalcs (s.u.). Zu den exportierten Datentypen zählt der Aufzählungstyp ErrorType. ErrorType listet die in der Implementierung "vorgesehenen" (erkannten) Fehlerzustände auf.

Bei der Präsentation der Bibliotheksmoduln wollen wir es bei den englischen Kommentaren belassen. Dies ist auch die Situation, die Sie vorfinden werden, wenn Sie später diese Moduln verwenden wollen. Weitergehende Information entnehme man den zugehörigen Implementationsmoduln.

```
DEFINITION MODULE SystemTypes;
(*Ch.Jacobi 5.12.79 modified 24.4.80 Unix version 19.05.81*)
EXPORT QUALIFIED
         ErrorType,FileName,LoadResultType,LONG, (* TYPES *)
         WordSize,MaxCard,MidCard,MaxInt,MinInt;(* CONSTS *)

(* The purpose of this module is mainly to avoid the imports
   from many different modules in the defini-
   tion modules of the modula system. This makes them as
   independent as possible. ErrorType is dependent of
   the assembly part. Further, it eliminates circular
   references. It is also sensible to include System
   constants here. *)
TYPE ErrorType=(CoroutineEnds,ProgramHalt,TrapTo4,TrapTo10,
               StackOverflow,IndexOutOfRange,IllegalPointer,
               BadSPvalue, FunctionReturnError,
               StorageError, InputOutputError, NormalReturn,
               FloatingError, LoadError, UserSignal,
               propagate);
               (* The real normal return is not NormalReturn
                  but CoroutineEnds!!; NormalReturn is the
                  return from main coroutine.
                  propagate is not an error *)
      FileName=ARRAY[0..79] OF CHAR;
               (*Is not necessary equal to Files.FileName!!*)
 LoadResultType=(Execute, WrongFormat, WrongLoadKey,
               FileError,FileNotFound,NotMainProcess,
               NotEnoughMemory, NotCalledNow);
          LONG=RECORD
                  HiWord: INTEGER;
                  LoWord: CARDINAL
               END;
CONST WordSize = 16;
      (*bits per word: BITSET is implicitly  0..WordSize-1*)
      MaxCard  = 65535;
      MidCard  = 32768;
      (* minimum number guaranteed to be CARDINAL *)
      MaxInt   = 32767;
      MinInt   = (-32767) - 1;
      (* force interpretation as INTEGER *)
END SystemTypes.
```

12.2 Streams

Die Spachdefinition von Modula sieht keine E/A-Prozeduren vor. Diese werden in Bibliotheksmoduln zur Verfügung gestellt. Elementar für die Ein- oder Ausgabe von Daten ist die Abstraktion des Datenstroms.

Ein Datenstrom in Modula ist eine sequentielle Datenstruktur. Alle Elemente eines

Datenstroms haben denselben Typ und zwar entweder CHAR oder WORD. Die Anzahl der Elemente ist nicht festgelegt. Neue Elemente können beim Schreiben nur am Ende des Datenstroms angefügt werden. Zu einem Zeitpunkt ist immer nur ein Element eines Datenstroms sichtbar (Fenster).

Im Modul Streams werden Datenströme definiert. Dieses Modul bildet mit seinen Beschreibungselementenund Prozeduren die E/A-Schnittstelle zum Betriebssystem.

Der Datenstrom wird unterteilt in Datenblöcke, welche eine optimale (vom Betriebssystem favorisierte) Länge haben. Der Typ STREAM ist ein Zeiger zum Beschreibungsblock eines Datenstroms. Beschrieben werden die Kanalnummer, aktuelle Blocknummer im Strom, Unter- und Obergrenze der gültigen Daten im aktuellen Block, Status des Kanals und ein Puffer für die Daten.

Verschiedene Prozeduren stellen die Verbindung mit dem Betriebssystem her: Connect eröffnet den Datenstrom zur angegebenen Dateinummer; Disconnect schließt einen Datenstrom ab; mit Reset wird der Datenstrom auf den Anfang gesetzt; EndWrite gibt die letzten Daten aus dem Puffer in den Datenstrom; mit GetPos kann die aktuelle Position im Datenstrom erfragt werden; SetPos setzt das Fenster des Datenstroms auf eine bestimmte Stelle; mit ReadChar (ReadWord) wird ein Zeichen (Wort) aus dem Datenstrom an der aktuellen Position gelesen; mit EOS (end of stream) kann auf "Ende des Datenstroms" abgefragt werden; mit WriteChar (WriteWord) wird ein Zeichen (Wort) in den Datenstrom (Puffer) geschrieben.

```
DEFINITION MODULE Streams;
(*AG/LG 27.06.80 Unix version 19.05.81 Updated July 1981 *)
(* representation of module Streams with a modified
   definition module independent from a file system;
   conventions for character streams: end of line is
   marked by one character (eolc), end of stream is
   marked by a 0C character *)
FROM SYSTEM IMPORT WORD;
EXPORT QUALIFIED STREAM, StreamHandle, IOStatus, StatSet,
                 Connect, Disconnect, Reset,
                 WriteWord, WriteChar, EndWrite,
                 ReadWord, ReadChar, EOS,
                 GetPos, SetPos, Error,
                 eolc, SeekonReset;
CONST BLOCKSIZE = 512;
          eolc  = 12C;
TYPE STREAM = POINTER TO StreamHandle;
     IOStatus = (Reading, Writing, BlockRead,
     (* status of current block *)
          (* Remainder used only by StdIO *)
          ReadOnly, WriteOnly, TTYout, NoSeek, Pushed);
     (*  Set if last char pushed back onto Stream *)
     StatSet = SET OF IOStatus;
```

```
      StreamHandle = RECORD
                       fildes: CARDINAL;
                       blknr: CARDINAL;
                       index, limit: CARDINAL;
                       status: StatSet;
                       buf: ARRAY[0..BLOCKSIZE-1] OF CHAR
                     END;
  VAR SeekonReset : BOOLEAN
      (* default is TRUE; StdIO sets it to FALSE *)

    PROCEDURE Connect (VAR s: STREAM; filenum: CARDINAL;
                       ws: BOOLEAN);
       (* connect a stream with a file
          referenced by filenum *)
       (* ws means: "it is a word,
          not a character stream" (ignored) *)
    PROCEDURE Disconnect (VAR s:STREAM;closefile:BOOLEAN);
    PROCEDURE Reset (s: STREAM);
       (* reset the stream s *)
    PROCEDURE EndWrite (s: STREAM);
       (* terminate writing on stream s *)
    PROCEDURE GetPos (s:STREAM;VAR highpos,lowpos:CARDINAL);
       (* get current position on the stream s *)
       (* highpos and lowpos build a long integer *)
    PROCEDURE SetPos (s:STREAM;highpos,lowpos:CARDINAL);
       (* set stream s to indicated position *)
       (* highpos and lowpos build a long integer *)
       (* use this procedure with GetPos *)
    PROCEDURE ReadChar (s: STREAM; VAR ch: CHAR);
    PROCEDURE WriteChar (s: STREAM; ch: CHAR);
    PROCEDURE EOS (s : STREAM): BOOLEAN;
       (* end of stream test *)
    PROCEDURE ReadWord (s: STREAM; VAR w: WORD);
    PROCEDURE WriteWord (s: STREAM; w: WORD);
    PROCEDURE Error (mssg: ARRAY OF CHAR);
       (* Used by StdIO *)
  END Streams.
```

12.3 StdIO

StdIO ist zwar immer noch ein 'low level module'. Es benutzt aber bereits die Dienste des Moduls Streams. Zusätzlich bietet es die von Pascal bekannten E/A-Möglichkeiten wie Read, Write, WriteLn. Die Standard-Datenströme des Systems (Stdin, Stdout, Stderr) sind verfügbar. Sollen Daten auf das Terminal geschrieben werden, ist es bequemer, das BibliotheksmodulInOut zu verwenden.

```
DEFINITION MODULE StdIO; (* Geoff Whale (UNSW) July 1981 *)
IMPORT Streams;
FROM SYSTEM       IMPORT WORD;
FROM SystemTypes IMPORT LONG;
EXPORT QUALIFIED Reset, ReWrite, Reassign, Flush, Close,
                 Read, Write, PushBack, EOS, Readln,
                 ReadInt, WriteInt, WriteCard,
                 ReadString, WriteString, Writeln,
                 ReadW, WriteW,
                 SeekMode, Seek,
                 Stdin, Stdout, Stderr,
                 eolc, STREAM;
CONST eolc = Streams.eolc; (* end-of-line character *)
TYPE STREAM = Streams.STREAM;
VAR Stdin, Stdout, Stderr : STREAM;
      (*automatically opened and buffered if appropriate*)
(* NOTE: Reset and ReWrite set STREAM s to NIL on error *)

   PROCEDURE Reset (VAR s : STREAM; Name : ARRAY OF CHAR);
      (* Opens an existing file Name for reading
       * (and writing if not a terminal)
       * and returns a buffered STREAM in s
       *)
   PROCEDURE ReWrite (VAR s : STREAM; Name : ARRAY OF CHAR);
      (* Opens a file for writing
       * (and reading if not a terminal).
       * The file is created if it did not exist,
       * truncated to zero length otherwise.
       * STREAM s is buffered unless the file is a terminal;
       * the STREAM should be Closed or Flushed before exit.
       *)
   PROCEDURE Reassign (VAR Old, New : STREAM);
      (* Old and New must be open STREAMs.
       * The Old STREAM is Closed,
       * and New assigned to Old
       * (Old file descriptor is retained).
       *)
   PROCEDURE Flush (s : STREAM);
      (* Flushes buffer into associated file.
       * No-op if s is unbuffered *)
   PROCEDURE Close (VAR s : STREAM);
      (* Flushes buffer (if necessary)
       * and closes associated file *)
   PROCEDURE Read (s : STREAM; VAR ch : CHAR);
   PROCEDURE Write (s : STREAM; ch : CHAR);
   PROCEDURE PushBack (s : STREAM);
      (* Arranges that the last character read
       * will be returned on the next call to Read.
       * The last I/O operation on s should have been a
       * Read, and only one character may be pushed back.
       *)
   PROCEDURE EOS (s : STREAM) : BOOLEAN;
```

```
    PROCEDURE Readln (s : STREAM);
       (* Skips input characters until
        * the next occurrence of eolc *)
    PROCEDURE ReadInt (s : STREAM; VAR Int : INTEGER);
    PROCEDURE WriteInt (s:STREAM;Int:INTEGER;width:CARDINAL);
    PROCEDURE WriteCard (s : STREAM; word : WORD;
                         width, radix : CARDINAL);
       (* Writes word in specified radix,
        * which must be 2, 8, 10 or 16.
        * Leading zeroes are suppressed only if radix is 10
        *)
    PROCEDURE ReadString (s:STREAM;VAR str:ARRAY OF CHAR);
       (* Reads input from s and stores in str. If the
        * string is too short, only enough characters are
        * read to fill it, otherwise the string is
        * terminated by 0C
        *)
    PROCEDURE WriteString (s : STREAM; str : ARRAY OF CHAR;
                           width : CARDINAL);
    PROCEDURE Writeln (s : STREAM);
    PROCEDURE ReadW (s : STREAM; VAR wd : WORD);
       (* May be interspersed with Read;
                     returns WORD(0) at EOS*)
    PROCEDURE WriteW (s : STREAM; wd : WORD);
       (* May be interspersed with Write *)
    TYPE SeekMode = (FromStart, FromPos, FromEnd);
    PROCEDURE Seek (s:STREAM;VAR Offset:LONG;Base:SeekMode)
       (* Moves I/O pointer to the specified offset,
        * relative to a point given by Base.
        * The resulting (absolute) position is returned
        * in Offset.
        *)
END StdIO.
```

12.4 Files

Im folgenden Modul werden die benötigten Dateidienste bereitgestellt. Mit Close kann eine Datei geschlossen werden. Mit Create kann eine neue Datei angelegt und geöffnet werden; mit Delete wird eine bestehende Datei wieder gelöscht. Mit Lookup können wir überprüfen, ob eine Datei mit dem angegebenen Namen bereits dem Betriebssystem bekannt ist - wenn ja, wird sie geöffnet. Mit Rename können wir Dateien umbenennen; mit ReadF wird von Dateien gelesen; mit WriteF wird auf Dateien geschrieben. In reply wird angezeigt, ob die jeweilige Operation erfolgreich ausgeführt werden konnte.

```
DEFINITION MODULE Files; (*Ch. Jacobi 17.09.78 for RT-11*)
                         (*S. McKenzie 19.05.81 for UNIX*)
FROM SYSTEM IMPORT WORD;
EXPORT QUALIFIED (* procs *) Close, Create, Delete,
                             Lookup, ReadF, Rename, WriteF;
   PROCEDURE Close(fdesc:CARDINAL);
   PROCEDURE Create(VAR fdesc:CARDINAL;
                  fname:ARRAY OF CHAR;VAR reply:INTEGER);
   PROCEDURE Delete(fname:ARRAY OF CHAR;VAR reply:INTEGER);
   PROCEDURE Lookup(VAR fdesc:CARDINAL;
                  fname:ARRAY OF CHAR;VAR reply:INTEGER);
   PROCEDURE ReadF(fdesc:CARDINAL;VAR buf:ARRAY OF WORD;
                 blknr,nbytes:CARDINAL;
                 VAR reply:INTEGER);
   PROCEDURE Rename(new,old:ARRAY OF CHAR;VAR reply:INTEGER);
   PROCEDURE WriteF(fdesc:CARDINAL;VAR buf:ARRAY OF WORD;
                  blknr,nbytes:CARDINAL;
                  VAR reply:INTEGER);
END Files.
```

12.5 InOut

Dieses Modul stellt die am häufigsten benötigten E/A-Möglichkeiten des Terminals zu Verfügung. Verschiedene Flaggen finden Verwendung: EOL ist das Zeichen für Ende der Zeile; Done zeigt an, ob die gewünschte Operation ausgeführt werden konnte. Bei Eingabeoperationen zeigt es zusätzlich an, ob das Eingabeende erreicht wurde (Done=FALSE). Die Variable termCH enthält das nächste Zeichen (Trennzeichen) der Eingabe.

```
DEFINITION MODULE InOut; (* NW 20.6.82; GW for UNIX *)
IMPORT Streams;
FROM SYSTEM IMPORT WORD;
EXPORT QUALIFIED EOL, Done, termCH,
       OpenInput, OpenOutput, CloseInput, CloseOutput,
       Read, ReadString, ReadCard, ReadInt, ReadWd,
       Write, WriteWd, WriteLn, WriteString,
       WriteInt, WriteCard, WriteOct, WriteHex;
CONST EOL = Streams.eolc; (* end-of-line character *)
VAR Done : BOOLEAN;
    (* => end-of-file from input in Reading procedures *)
     termCH : CHAR;
    (* character following last char
     * read in ReadString and the numeric input procedures
     *)

   PROCEDURE OpenInput;
   PROCEDURE OpenOutput;
      (* OpenInput (OpenOutput) requests a file name from
```

```
     * the terminal; if sucessful,reading (writing)
     * procedures refer to this file.
     *)
   PROCEDURE CloseInput;
   PROCEDURE CloseOutput;
     (* restore the terminal
      * as the default input (output) file
      *)
   PROCEDURE Read(VAR ch : CHAR);
   PROCEDURE ReadString(VAR s : ARRAY OF CHAR);
   PROCEDURE ReadCard (VAR x : CARDINAL);
   PROCEDURE ReadInt (VAR i : INTEGER);
   PROCEDURE ReadWd (VAR w : WORD);
     (* Done:=NOT in.eof AND OpenInput has been called *)
   PROCEDURE Write (ch : CHAR);
   PROCEDURE WriteWd (w : WORD);
     (* OpenOutput must have been called *)
   PROCEDURE WriteLn;
   PROCEDURE WriteString (s : ARRAY OF CHAR);
     (* in the following, n is the minimum field width *)
   PROCEDURE WriteInt (x : INTEGER; n : CARDINAL);
   PROCEDURE WriteCard (x, n : CARDINAL);
   PROCEDURE WriteOct (x, n : CARDINAL);
   PROCEDURE WriteHex (x, n : CARDINAL);
END InOut.
```

12.6 RealIO

Das Bibliotheksmodul RealIO ergänzt die Ein-/Ausgabe-Prozeduren des Moduls StdIO um die Bearbeitung von reellen Zahlen. Relle Zahlen können eingelesen und in verschiedenen Formaten ausgegeben werden.

```
DEFINITION MODULE RealIO; (* Geoff Whale (UNSW) Oct 1981 *)
FROM StdIO IMPORT STREAM;
EXPORT QUALIFIED ReadReal, WriteFix, WriteFloat, WriteReal;
   PROCEDURE ReadReal (S : STREAM; VAR x: REAL);
   PROCEDURE WriteFix (S : STREAM; x: REAL;
                       Width, Frac: CARDINAL);
      (* Prints x in fixed-point form
       * with Frac decimal places;
       * Width specifies minimum fieldwidth.
       *)
   PROCEDURE WriteFloat (S : STREAM; x: REAL;
                         Width, SigFigs: CARDINAL);
      (* Prints x in floating-point (exponential) form,
       * with at least 2 significant figures.
       *)
   PROCEDURE WriteReal (S:STREAM;x:REAL;Width:CARDINAL);
```

```
        (* Prints x in fixed-point (2 decimal places)
         * if 0.1 <= ABS(x) < 1.0e5
         * or 6-figure exponential form otherwise.
         *)
    END RealIO.
```

12.7 RealInOut

Dieses Modul liefert die Modula-Schnittstelle für die Eingabe von reellen Zahlen über die Standard-E/A-Schnittstelle. Sie entspricht dem Modul RealIO. Diese Leistungen sollten eigentlich im Modul InOut vorhanden sein. Aus Kompatibilitätsgründen wurde ein separates Modul gewählt.

In WriteRealOct wird die interne Darstellung der rellen Zahl oktal ausgegeben. WriteReal gibt die Zahl mit dem gewünschten Format aus.

```
DEFINITION MODULE RealInOut;
(* Write/Read Reals J.Lutz, 15-Sep-83 (unix) *)
EXPORT QUALIFIED WriteReal, ReadReal, WriteRealOct;
CONST LF = 12C; (* line feed *)
   PROCEDURE WriteRealOct(x: REAL);
   PROCEDURE WriteReal(x: REAL;
      totallength:CARDINAL; fractionlength:INTEGER);
      (* totallength    : minimal number of characters
         fractionlength : number of digits behind the
                          decimal-point
         (if fractionlength is negativ, x is printed
         in its exponential representation) *)
   PROCEDURE ReadReal(VAR x: REAL);
      (* A real number is read from the current input-line
         (excluding 'CR'):
         real_number =
         {" "} ["+"|"-"} digit {digit} "." {digit} [scale] .
         scale = "E" (octal_number|decimal_number) . *)
END RealInOut.
```

12.8 MathLib

Da die üblichen mathematischen Funktionen nicht in Modula vorhanden sind, können wir - sofern wir wollen - diese unseren Anforderungen entsprechend selbst definieren.

```
DEFINITION MODULE MathLib;
EXPORT QUALIFIED epsilon, (* MaxPosReal,MinPosReal *)
                 e,pi,expo2,expo10,
                 sqrt,exp,ln,lg,
                 deg,arc,sin,cos,tan,cot,
                 arcsin,arccos,arctan,arccot,
                 sinh,cosh,tanh,coth,
                 sinhinv,coshinv,tanhinv,cothinv;
CONST e  = 2.7182818;
      pi = 3.1415927;
VAR epsilon:REAL; (* Genauigkeit *)

PROCEDURE expo2(x:REAL):INTEGER;    (* exponent to base 2 *)
PROCEDURE expo10(x:REAL):INTEGER;  (* exponent to base 10 *)
PROCEDURE exp(x:REAL):REAL;
PROCEDURE ln(x:REAL):REAL;  (* x>0 *)
PROCEDURE lg(x:REAL):REAL;  (* x>0, base 10 *)
PROCEDURE deg(x:REAL):REAL;
PROCEDURE arc(x:REAL):REAL;
PROCEDURE sin(x:REAL):REAL;
PROCEDURE cos(x:REAL):REAL;
PROCEDURE tan(x:REAL):REAL;  (* -pi/2 < x < pi/2 *)
PROCEDURE cot(x:REAL):REAL;        (* 0 < x < pi *)
PROCEDURE arcsin(x:REAL):REAL;   (* -1 <= x <= 1 *)
PROCEDURE arccos(x:REAL):REAL;   (* -1 <= x <= 1 *)
PROCEDURE arctan(x:REAL):REAL;
PROCEDURE arccot(x:REAL):REAL;
PROCEDURE sinh(x:REAL):REAL;
PROCEDURE cosh(x:REAL):REAL;
PROCEDURE tanh(x:REAL):REAL;
PROCEDURE coth(x:REAL):REAL;     (* x#0 *)
PROCEDURE sinhinv(x:REAL):REAL;
PROCEDURE coshinv(x:REAL):REAL;  (* x>=1 *)
PROCEDURE tanhinv(x:REAL):REAL;  (* -1 < x < 1 *)
PROCEDURE cothinv(x:REAL):REAL;  (* x < -1 or x > 1 *)
PROCEDURE sqrt(x:REAL):REAL;     (* x>0 *)
END MathLib.
```

Falls dieses Modul bei der Modula-Implementierung fehlen sollte, könnte es wie folgt aussehen. Allerdings genügt unsere Version nur ansatzweise numerischen Ansprüchen, z.B. hinsichtlich Robustheit und Abfangen von Fehlern, die durch Über- oder Unterschreiten des Darstellungsbereichs für reelle Zahlen entstehen können (Dav 75). Die Rechengenauigkeit epsilon wird bei jedem Import dieses Moduls (rechnerabhängig) bestimmt (For 77).

```
IMPLEMENTATION MODULE MathLib; (* ThR, JL 19.06.86 *)
(* Mathematische Standardfunktionen
 * V01.02 : noch nicht alle Funktionen getestet! *)

FROM InOut IMPORT Write,WriteString,WriteLn;
FROM RealInOut IMPORT WriteReal;

(* CONST e=2.7182818;pi=3.1415927; *)
CONST
  MaxPosReal=1.0E38;          (* MAX(REAL) *)
  MinPosReal=1.0E-38;         (* MIN(REAL) *)
  NoOfCoeff=10;               (* # of coefficients for sin/cos *)
  twoPi=6.28318;              (* 2.0*pi *)
  oneOe=3.67879515E-1;        (* 1.0/e *)
  oneOln10=4.34295E-1;        (* 1.0/ln(10.0) *)
  maxInt2pi=2.05880999E5;
  (* 32767.0*twoPi (FLOAT(MAX(INTEGER))*twoPi) *)
VAR
  sinCoeff,cosCoeff:ARRAY[0..NoOfCoeff] OF REAL;

PROCEDURE PrError(str:ARRAY OF CHAR;x:REAL);
(*  Print the error message *)
BEGIN (* PrError *)
   WriteString('arg error in ');WriteString(str);
   Write('(');WriteReal(x,12,-6);Write(')');Write(7C);WriteLn
END PrError;

PROCEDURE expo2(x:REAL):INTEGER;
VAR
  vr: RECORD
        CASE BOOLEAN OF
          TRUE:reell:REAL
        | FALSE:bits:BITSET
        END
      END (*vr*);
BEGIN (* expo2 *)
   IF ABS(x)<epsilon
   THEN RETURN -128
   ELSE vr.reell:=x; vr.bits:=vr.bits-{15};
        RETURN (INTEGER(vr.bits) DIV 128)-129
   END (* if *)
END expo2;

PROCEDURE expo10(x:REAL):INTEGER;
BEGIN (* expo10 *)
   x:=ABS(x);
   IF x=0.0
   THEN RETURN -39
   END (* if *);
   RETURN TRUNC(ln(x)*oneOln10) (* 1/ln(10.0)=4.34295E-01 *)
END expo10;
```

```
PROCEDURE exp(x:REAL):REAL;
VAR f,s:REAL;i:CARDINAL;
BEGIN (* exp *)
   IF x < -45.0
   THEN RETURN MinPosReal
   ELSIF x < 0.0
     THEN RETURN 1.0/exp(-x)
   ELSIF x <= 1.0
     THEN i:=0;s:=1.0;f:=1.0;
       REPEAT
          INC(i);f:=f*x/FLOAT(i);s:=s+f
       UNTIL f < epsilon;
       RETURN s
   ELSIF x < 45.0
     THEN f:=exp(x-FLOAT(TRUNC(x)));
       FOR i:=1 TO TRUNC(x) DO f:=f*e END;
       RETURN f
   ELSE RETURN MaxPosReal
   END (* if *)
END exp;

PROCEDURE ln(x:REAL):REAL;
VAR f,s,t,xm,xp,y:REAL;
    i:CARDINAL;
BEGIN (* ln *)
   IF x <=0.0
   THEN PrError('ln',x);
     RETURN -MaxPosReal
   END (* if *);
   IF x < oneOe
   THEN i:=0;
      REPEAT x:=x*e; INC(i) UNTIL x > oneOe;
      RETURN ln(x)-FLOAT(i)
   ELSIF x <= e
     THEN i:=1;xm:=x-1.0;xp:=x+1.0;s:=xm/xp;f:=s;y:=f*f;
       REPEAT
         i:=i+2;f:=f*y;t:=f/FLOAT(i);s:=s+t;
       UNTIL ABS(t) < epsilon;
       RETURN 2.0*s
   ELSE i:=0;
     REPEAT x:=x*oneOe; INC(i) UNTIL x < e;
     RETURN ln(x)+FLOAT(i)
   END (* IF x < oneOe *)
END ln;

PROCEDURE lg(x:REAL):REAL;
BEGIN (* lg *)
   IF x < 0.0
   THEN PrError('lg',x);
     RETURN 0.0
   END (* if *);
   RETURN oneOln10*ln(x)
```

```
END lg;

PROCEDURE deg(x:REAL):REAL;
BEGIN (* deg *)
   RETURN x*180.0/pi
END deg;

PROCEDURE arc(x:REAL):REAL;
BEGIN (* arc *)
   RETURN x*pi/180.0
END arc;

PROCEDURE Mod2pi(VAR x:REAL);
(* x:=x MOD 2pi
 * maxInt2pi: Zwischenergebnis nach TRUNC
 *            muss <= MAX(INTEGER) sein. *)
BEGIN (* Mod2pi *)
   WHILE ABS(x) > maxInt2pi DO
      IF x > 0.0
      THEN x:=x-maxInt2pi
      ELSE x:=x+maxInt2pi
      END (* if *)
   END; (* WHILE *)
   IF x>0.0
   THEN x:=x-twoPi*FLOAT(TRUNC(x/twoPi));
   ELSE x:=x+twoPi*FLOAT(TRUNC(-x/twoPi));
   END (* if *);
END Mod2pi;

PROCEDURE sin(x:REAL):REAL;
VAR f,s,sqrOfx:REAL;i:INTEGER;
BEGIN (* sin *)
   Mod2pi(x);s:=x;f:=x;sqrOfx:=x*x;
   FOR i:=1 TO NoOfCoeff DO
      f:=f*sqrOfx;s:=s+sinCoeff[i]*f
   END; (* FOR *)  RETURN s;
END sin;

PROCEDURE cos(x:REAL):REAL;
VAR f,s,sqrOfx:REAL;i:INTEGER;
BEGIN (* cos *)
   Mod2pi(x);s:=1.0;f:=1.0;sqrOfx:=x*x;
   FOR i:=1 TO NoOfCoeff DO
      f:=f*sqrOfx;s:=s+cosCoeff[i]*f
   END; (* FOR *) RETURN s
END cos;

PROCEDURE tan(x:REAL):REAL;
BEGIN (* tan *)
   Mod2pi(x);
   IF x=0.5*pi
   THEN
```

```
      PrError('tan',x);
      RETURN MaxPosReal
   END (* if *);
   RETURN sin(x)/cos(x)
END tan;

PROCEDURE cot(x:REAL):REAL;
BEGIN (* cot *)
   Mod2pi(x);
   IF x=0.0
   THEN
     PrError('cot',x);
     RETURN MaxPosReal
   END (* if *);
   RETURN cos(x)/sin(x)
END cot;

PROCEDURE arcsin(x:REAL):REAL;
(* Hauptwert: -pi/2 <= arcsin(x) <= pi/2 *)
VAR f,s,t,y:REAL;
    i:CARDINAL;
BEGIN (* arcsin *)
   IF ABS(x) < 1.0
   THEN
     i:=1;t:=x;s:=t;y:=x*x;
     REPEAT
       i:=i+2;t:=FLOAT(i-2)*t*y/FLOAT(i-1);s:=s+t/FLOAT(i)
     UNTIL ABS(t/FLOAT(i)) < epsilon; RETURN s
   ELSE
     PrError('arcsin',x);RETURN 0.0;
   END (* IF *)
END arcsin;

PROCEDURE arccos(x:REAL):REAL;
(* Hauptwert: 0<= arccos(x) <= pi *)
VAR f,s,t,y:REAL;i:INTEGER;
BEGIN (* arccos *)
   IF ABS(x) < 1.0
   THEN RETURN 0.5*pi-arcsin(x)
   ELSE PrError('arccos',x);RETURN 0.0
   END (* IF *)
END arccos;

PROCEDURE arctan(x:REAL):REAL;
(* Hauptwert: -pi/2 < arctan(x) < pi/2 *)
VAR f,s,t,y:REAL;
    i:CARDINAL;
BEGIN (* arctan *)
   IF ABS(x) < 1.0
   THEN
     i:=1;s:=x;f:=x;y:=x*x;
     REPEAT
```

```
        i:=i+2;f:=-f*y;t:=f/FLOAT(i);s:=s+t
      UNTIL ABS(t) < epsilon; RETURN s
    ELSIF x < -1.0
      THEN
        i:=1;f:=-1.0/x;s:=0.5*pi+f;y:=f*f;
        REPEAT
          i:=i+2;f:=-f*y;t:=f/FLOAT(i);s:=s+t
        UNTIL ABS(t) < epsilon;RETURN s
    ELSE
      i:=1;f:=-1.0/x;s:=-0.5*pi+f;y:=f*f;
      REPEAT
        i:=i+2;f:=-f*y;f:=f/FLOAT(i);s:=s+t
      UNTIL ABS(t) < epsilon; RETURN s
    END (* IF *)
END arctan;

PROCEDURE arccot(x:REAL):REAL;
(* Hauptwert: 0 < arccot(x) < pi *)
BEGIN (* arccot *)
   RETURN 0.5*pi-arctan(x)
END arccot;

PROCEDURE sinh(x:REAL):REAL;
BEGIN (* sinh *)
   RETURN 0.5*(exp(x)-exp(-x))
END sinh;

PROCEDURE cosh(x:REAL):REAL;
BEGIN (* cosh *)
   RETURN 0.5*(exp(x)+exp(-x))
END cosh;

PROCEDURE tanh(x:REAL):REAL;
VAR epx,emx:REAL;
BEGIN (* tanh *)
   epx:=exp(x);emx:=exp(-x);
   RETURN (epx-emx)/(epx+emx)
END tanh;

PROCEDURE coth(x:REAL):REAL;
VAR epx,emx:REAL;
BEGIN (* coth *)
   IF x=0.0
   THEN
     PrError('coth',x);
     RETURN MaxPosReal
   END (* if *);
   epx:=exp(x);emx:=exp(-x);
   RETURN (epx+emx)/(epx-emx)
END coth;

PROCEDURE sinhinv(x:REAL):REAL;
```

```
BEGIN (* sinhinv *)
   RETURN ln(x+sqrt(x*x+1.0))
END sinhinv;

PROCEDURE coshinv(x:REAL):REAL;
BEGIN (* coshinv *)
   IF x < 1.0
   THEN
     PrError('coshinv',x);
     RETURN 0.0
   END (* if *);
   RETURN ln(x+sqrt(x*x-1.0))
END coshinv;

PROCEDURE tanhinv(x:REAL):REAL;
VAR f,s,t,xx:REAL;
    i:CARDINAL;
BEGIN (* tanhinv *)
   IF ABS(x) >= 1.0
   THEN
     PrError('tanhinv',x);
     RETURN 0.0
   END (* if *);
   RETURN 0.5*ln((1.0+x)/(1.0-x))
END tanhinv;

PROCEDURE cothinv(x:REAL):REAL;
BEGIN (* cothinv *)
   IF ABS(x) <= 1.0
   THEN
     PrError('cothinv',x);
     RETURN 0.0
   END (* if *);
   RETURN 0.5*ln((1.0+x)/(x-1.0))
END cothinv;

PROCEDURE sqrt(x:REAL):REAL;
VAR y,z:REAL;
BEGIN (* sqrt *)
   IF x < 0.0
   THEN
     PrError('sqrt',x);
     RETURN  0.0
   ELSE (* RETURN exp(0.5*ln(x)) *)
     y:=2.0;
     REPEAT z:=y;y:=z*z UNTIL y > x;
     REPEAT
       y:=z;z:=0.5*(y+x/y)
     UNTIL ABS(y-z) < epsilon;
     RETURN z
   END (* IF *)
END sqrt;
```

```
VAR i:CARDINAL;
     heps: REAL;
BEGIN (* MathLib: 'run time'-Bestimmung von epsilon *)
    heps:=1.0;
    REPEAT
      epsilon := heps;
      heps := heps*0.5
    UNTIL (heps +1.0 <=  1.0);
    WriteString('epsilon=');WriteReal(epsilon,15,-8);WriteLn;
    (* Koeffizienten von sin und cos bei Reihenentwicklung *)
    sinCoeff[0]:=1.0;cosCoeff[0]:=1.0;
    FOR i:=1 TO NoOfCoeff DO
       sinCoeff[i]:=-sinCoeff[i-1]/FLOAT((2*i)*(2*i+1));
       cosCoeff[i]:=-cosCoeff[i-1]/FLOAT((2*i-1)*(2*i))
    END (* FOR *)
END MathLib.
```

12.9 LongCalcs

Neuere Modula-Versionen kennen inzwischen die Typen LONGINT und LONGCARD. Trotzdem soll dieses Modul vorgestellt werden, da es zeigt, wie solche "Erweiterungen" selbst gemacht werden können.

Im Modul SystemTypes wird der Datentyp LONG für die Darstellung ganzer Zahlen durch zwei Worte deklariert. Im Bibliotheksmodul LongCalcs finden wir die arithmetischen Operationen für diesen Datentyp in Form von Prozeduren.

```
DEFINITION MODULE LongCalcs;
                     (* Geoff Whale (UNSW) August 1981 *)
FROM SystemTypes IMPORT LONG;
EXPORT QUALIFIED LAdd, LSub, LMul, LDiv, LDivUnsigned,
       LDiv2, LNeg,
       LExtend, LTrunc, LString,
       EQ, GT, GTUnsigned, LT, LTUnsigned,
       Long0, LongOverflow;
VAR Long0 : LONG;
    LongOverflow : BOOLEAN;

(* Arithmetic Routines: all except LNeg set or
   clear LongOverflow *)
PROCEDURE LAdd (A, B : LONG; VAR Result : LONG); (* A + B *)
PROCEDURE LSub (A, B : LONG;  VAR Result : LONG);(* A - B *)
PROCEDURE LMul (A : LONG; Multiplier : INTEGER;
                VAR Result : LONG);
   (* LongOverflow set if Result exceeds (signed) LONG range;
    * in addition, Result set to Long0 if product exceeds
    * unsigned LONG range.
    *)
```

```
PROCEDURE LDiv (A : LONG; Divisor : CARDINAL;
                VAR Quotient:LONG; VAR Remainder:CARDINAL);
PROCEDURE LDiv2 (A : LONG;  VAR Result : LONG);
   (* A DIV 2 *)
PROCEDURE LDivUnsigned (A : LONG; Divisor : CARDINAL;
                        VAR Quotient:LONG;
                        VAR Remainder:CARDINAL);
   (*  Bare-bones version of LDiv: A interpreted
    *  as unsigned LONG; does not check for zero Divisor,
    *  and incorrect results will
    *  obtain if Divisor = 1 (PDP-11 restriction).
    *)
PROCEDURE LNeg (VAR A : LONG); (* A := -A *)

(* Transfer Functions *)
PROCEDURE LExtend (A : INTEGER; VAR Result : LONG);
PROCEDURE LTrunc (A : LONG) : INTEGER;
PROCEDURE LString (A : LONG; VAR Str : ARRAY OF CHAR);
   (* Converts A to string for printing.
    * LongOverflow set if Str is too short.
    *)

(* Comparison Predicates *)
PROCEDURE EQ (A,B:LONG):BOOLEAN; (* A = B *)
PROCEDURE GT (A,B:LONG):BOOLEAN; (* A > B *)
PROCEDURE GTUnsigned (A,B:LONG):BOOLEAN;
   (* A > B, unsigned *)
PROCEDURE LT (A,B:LONG):BOOLEAN; (* A < B *)
PROCEDURE LTUnsigned (A,B:LONG):BOOLEAN;
   (* A < B, unsigned *)
END LongCalcs .
```

12.10 Storage

Dieses Bibliotheksmodul wird bei dynamischer Speicherverwaltung benutzt (vgl. Kap. 9). ALLOCATE besorgt einen Speicherbereich der Größe size, der bei der Adresse p beginnt; mit DEALLOCATE wird ein Speicherbereich der Größe size ab der Adresse p an das Modula-Laufzeitsystem zurückgegeben. Mit SetMode kann die Reaktion auf Fehler in ALLOCATE bestimmt werden.

```
DEFINITION MODULE Storage;
(* Ch. Jacobi 5.12.79  Unix version 19.05.81 *)
FROM SYSTEM IMPORT ADDRESS;
EXPORT QUALIFIED ALLOCATE, DEALLOCATE, SetMode;
   PROCEDURE ALLOCATE(VAR p:ADDRESS;size:CARDINAL);
   PROCEDURE DEALLOCATE(VAR p:ADDRESS;size:CARDINAL);
   PROCEDURE SetMode(m: CARDINAL);
(*m:1=ALLOCATE aborts when not enough free space (default)
```

```
    2=ALLOCATE gives NIL when not enough free space *)
  END Storage.
```

12.11 Loader

Sollen Programmteile, die zu verschiedenen Zeiten benötigt werden (z.B. nur zur Initialisierung), auf dieselben Adressbereiche gelegt werden (overlay), weil z.B. der logische Adressraum zu klein ist, dann kann dies mit Hilfe der Prozedur Call realisiert werden. Als Parameter wird dieser Prozedur der Dateiname (mit der Erweiterung .lod) des relativ zum Hauptprogramm gebundenen Teilprogramms übergeben (s. a. Abschnitt 12.1).

```
DEFINITION MODULE Loader;
(* Ch. Jacobi, HH. Naegeli  5.12.79 *)
(* Unix version 19.05.81 *)
FROM SystemTypes IMPORT FileName,LoadResultType,ErrorType;
EXPORT QUALIFIED Call;
   PROCEDURE Call(fn:FileName;VAR LoadRes:LoadResultType;
                 VAR ExecutionRes: ErrorType);
      (* Loads and starts an overlay layer.
         fn: name of code file to be loaded
         LoadRes: result of loading
         ExecutionRes: "result" of execution *)
END Loader.
```

12.12 Standard Bibliotheksmoduln

Unterschiedliche Implementierungen besitzen unterschiedliche Bibliotheken. Implementierungen, die direkt von Compilern der ETH-Zürich abstammen, haben aber eine gemeinsame Schnittmenge von Standardmoduln. Die folgenden Definitionsmoduln wurden von N. Wirth vorgeschlagen. Sie sind zwar nicht Teil der Sprache, haben sich aber als nützlich erwiesen. Einige wurden schon in den vorhergehenden Kapiteln gezeigt. Die Namenswahl ist selbsterklärend.

```
DEFINITION MODULE Terminal; (* S.E. Knudsen *)
(* in N. Wirth: Programming in Modula-2, 3.rd Ed. *)
PROCEDURE Read(VAR ch: CHAR);
( * read a CHAR *)
PROCEDURE BusyRead(VAR ch: CHAR);
( * returns 0C, if no character was typed *)
PROCEDURE ReadAgain;
(* causes the last character read to be returned again
 * upon the next call of Read
 *)
```

```
PROCEDURE Write(ch: CHAR);
( * write a CHAR *)
PROCEDURE WriteLn;
( * terminate line *)
PROCEDURE WriteString(s: ARRAY OF CHAR);
END Terminal.
```

Das nächste Modul stellt die grundlegenden Dateidienste bereit. Variablen f vom Typ File sind Filedeskriptoren. Für den Benutzer sind meist nur die Komponenten f.res und f.flags von Bedeutung. Der Wert von f.res gibt über Erfolg oder Mißerfolg einer Dateioperation Auskunft; der Zustand der Datei wird in f.flags festgehalten, z.B. er: error occured (Fehler aufgetreten), ef: end of file reached (Dateiende erreicht), rd: read mode, wr: write mode (Datei darf gelesen bzw. beschrieben werden).

```
DEFINITION MODULE FileSystem; (* S.E. Knudsen *)
( * in N. Wirth: Programming in Modula-2, 3.rd Ed. *)
FROM SYSTEM IMPORT ADDRESS, WORD;
TYPE
  Response = (done, notdone, notsupported, callerror,
        unknownmedium, unknownfile, paramerror,
        toomanyfiles, eom, deviceoff,
        softparityerror, softprotected, softerror,
        hardparityerror,hardprotected,timeout,harderror);
  Command = (create, open, close, lookup, rename,
        setread, setwrite, setmodify, setopen,
        doio, setpos, getpos, length,
        setprotect,getprotect,setpermanent,getpermanent,
        getinternal);
  Flag   = (er, ef, rd, wr, ag, bytemode);
  FlagSet = SET OF Flag;

  File   = RECORD
             res: Response;
             bufa, (* bufferaddress *)
             ela,ina,topa: ADDRESS;
             elodd,inodd,eof: BOOLEAN;
             flags: FlagSet;
                CASE com: Command OF
                create,open,
                getinternal: fileno,versionno: CARDINAL|
                lookup: new: BOOLEAN|
                setpos,getpos,
                length       : highpos,lowpos: CARDINAL|
                setprotect,getprotect:wrprotect:BOOLEAN|
                setpermanent,getpermanent:on:BOOLEAN
             END (* case *);
          END (* File *);
 (* The routines defined by the file system can be grouped
  * in routines for
```

```
 * 1. Opening, closing and renaming of files.
 *     (Create,Close,Lookup,Rename)
 * 2. Reading and writing of files.
 *     (SetRead,SetWrite,SetModify,SetOpen,Doio)
 * 3. Positioning of files.
 *     (SetPos,GetPos,Length)
 * 4. Streamlike handling of files.
 *     (Reset,Again,ReadWord,WriteWord,ReadChar,WriteChar)
 *)

PROCEDURE Create(VAR f:File;mediumname:ARRAY OF CHAR);
(* creates a new temporary (or nameless) file f
 * on the named device
 *)
PROCEDURE Close(VAR f: File);
(* terminates the operations on file f, i.e. cuts off
 * the connection between variable f and the file system.
 * A temporary file will hereby be destroyed whereas a
 * file with a not empty name remains in the directory
 * for later use
 *)
PROCEDURE Lookup(VAR f: File; filename: ARRAY OF CHAR;
                 new: BOOLEAN);
(* searches file 'filename'. If the file does not exist
 * and 'new' is TRUE, a new file with the given name
 * will be created.
 *)
PROCEDURE Rename(VAR f: File; filename: ARRAY OF CHAR);
(* changes the name of the file to 'filename'. If the
 * new name is empty, f is changed to be a temporary file
 *)
PROCEDURE  SetRead(VAR f: File);
(* initializes the file for reading
 *)
PROCEDURE SetWrite(VAR f: File);
(* initializes the file for writing
 *)
PROCEDURE SetModify(VAR f: File);
(* initializes the file for modifying
 *)
PROCEDURE SetOpen(VAR f: File);
(* terminate any input- or output operations on the file.
 * set the file to opened-state, without changing the
 * current position.
 * The buffer content is written back on the file, if the
 * file has been in writing or modifying status. The new
 * buffer content is undefined. In opened-state, neither
 * reading nor writing is allowed.
 *)
PROCEDURE Doio(VAR f: File);
(* is used in connection with SetRead, SetWrite and
 * SetModify in order to read, write or modify a file
```

```
 * sequentially.
 * The exact effect of this command depends on the state of
 * the file (flags):
 *     opened  = Noop.
 *     reading = reads the record that contains the
 *               current byte from the file. The old
 *               content of the buffer is not written
 *               back.
 *     writing = the buffer is written back. It is then
 *               assigned to the record, that contains
 *               the current position. Its content is not
 *               changed.
 *   modifying = the buffer is written back and the record
 *               containing the current position is read.
 *)
PROCEDURE SetPos(VAR f: File; highpos,lowpos: CARDINAL);
(* sets the current position of file to byte
 * higpos*2**16 + lowpos
 *)
PROCEDURE GetPos(VAR f:File;VAR highpos,lowpos:CARDINAL);
(* returns the current byte position of file f.
 *)
PROCEDURE Length(VAR f:File;VAR highpos,lowpos:CARDINAL);
(* returns the length of file f in highpos and lowpos.
 *)
PROCEDURE Reset(VAR f: File);
(* sets the file into state opened and the position
 * to the beginning of the file.
 *)
PROCEDURE Again(VAR f: File);
(* prevents a subsequent call of ReadWord (or ReadChar)
 * from reading the next value of the file. Instead, the
 * value read just before the call of Again is returned
 * once more.
 *)
PROCEDURE ReadWord(VAR f: File; VAR w: WORD);
(* reads the next word on the file
 *)
PROCEDURE WriteWord(VAR f: File; w: WORD);
(* appends word w to the file
 *)
PROCEDURE ReadChar(VAR f: File; ch: CHAR);
(* reads the next character on the file
 *)
PROCEDURE WriteChar(VAR f: File; ch: CHAR);
(* appends character ch to the file.
 *)
END FileSystem.
```

Die beiden nächsten Moduln wurden (in leicht modifizierter Form) bereits vorgestellt.

```
DEFINITION MODULE InOut; (* N. Wirth *)
CONST EOL = 36C; (* end-of-line character *)
VAR Done : BOOLEAN;
     termCH : CHAR;
     (* <> end-of-file from input in Reading procedures *)
     (* character following last char read in
      * ReadString and the numeric input procedures.
      *)

PROCEDURE OpenInput(defext: ARRAY OF CHAR);
(* request a file name and open input file "in".
 * Done := "file was successfully opened".
 * If open, subsequent input is read from this file.
 * If name ends with ".", append extension defext
 *)
PROCEDURE OpenOutput(defext: ARRAY OF CHAR);
(* request a file name and open output file "out".
 * Done := "file was successfully opened".
 * If open, subsequent output is written on this file.
 *)
PROCEDURE CloseInput;
(* closes input file; returns input to terminal
 *)
PROCEDURE CloseOutput;
(* closes output file; returns output to terminal
 *)
PROCEDURE Read(VAR ch : CHAR);
(* Done := NOT in.eof
 *)
PROCEDURE ReadString(VAR s : ARRAY OF CHAR);
(* read string, i.e. swquence of characters not containing
 * blanks nor control characters; leading blanks are
 * ignored. Input is terminated by any character <= " ";
 * this character is assigned to termCH;.
 * DEL is used for backspacing when input from terminal
 *)
PROCEDURE ReadInt(VAR i : INTEGER);
(* read string and convert to integer. Syntax:
 *    integer = ["+"|"-"]digit{digit}.
 * Leading blanks are ignored.
 * Done := "integer was read"
 *)
PROCEDURE ReadCard(VAR x : CARDINAL);
(* read string and convert to cardinal. Syntax:
 *    cardinal = digit{digit}.
 * Leading blanks are ignored.
 * Done := "cardinal was read"
 *)
PROCEDURE Write(ch : CHAR);

PROCEDURE WriteLn;
(* terminate line
```

```
 *)
PROCEDURE WriteString(s : ARRAY OF CHAR);

  (* in the following, n is the minimum field width *)
PROCEDURE WriteInt (x : INTEGER; n : CARDINAL);
(* write integer x with (at least) n characters on file
 * "out". If n is greater than the number of digit
 * needed, blanks are added preceding the number
 *)
PROCEDURE WriteCard (x, n : CARDINAL);
PROCEDURE WriteOct (x, n : CARDINAL);
PROCEDURE WriteHex (x, n : CARDINAL);
END InOut .


DEFINITION MODULE RealInOut; (* N. Wirth *)
VAR Done: BOOLEAN;
PROCEDURE ReadReal(VAR x: REAL);
(* Read REAL number x according to syntax:
 *    {" "} ["+"|"-"] digit {digit} ["." digit{digit}]
 *    ["E"["+"|"-"]digit[digit]]
 *
 * Done := "a number was read".
 * At most 7 digits are significant, leading zeroes not
 * counting. Maximum exponent 38. Input terminates
 * with blank or any control character. DEL is used
 * for backspacing
 *)
PROCEDURE WriteReal(x: REAL; n: CARDINAL);
(* Write x using n characters. If fewer than n characters
 * are needed, leading blanks are inserted
 *)
PROCEDURE WriteRealOct(x: REAL);
(* Write x in octal form with exponent and mantissa
 *)
END RealInOut.
```

Die nächsten Moduln dienen zum Betreiben von Fenstern und einer Maus.

```
DEFINITION MODULE Windows; (* J. Gutknecht *)
(* Window Definitions *)
CONST Background = 0;
      FirstWindow = 1;
      LastWindow = 8;
TYPE Window = [Background..LastWindow];
     RestoreProc = PROCEDURE(Window);

PROCEDURE OpenWindow(VAR u:Window;x,y,w,h:CARDINAL;
                     Repaint:RestoreProc;VAR done:BOOLEAN);
(* Open new window. Repaint will be invoked to restore
```

```
 *)
PROCEDURE DrawTitle(u: Window; title: ARRAY OF CHAR);
PROCEDURE RedefineWindow(u: Window; x,y,w,h: CARDINAL;
                     VAR done: BOOLEAN);
(* Redefine window rectangle
 *)
PROCEDURE CloseWindow(u: Window);
PROCEDURE PlaceOnTop(u: Window);
PROCEDURE PlaceOnBottom(u: Window);
PROCEDURE OnTop(u: Window): BOOLEAN;
PROCEDURE UpWindow(x,y: CARDINAL): Window;
(* Return window or Background corresponding to screen
 * coordinates (x,y)
 *)
END Windows.


DEFINITION MODULE TextWindows; (* J. Gutknecht *)
(* Text in Windows *)
IMPORT Windows;
TYPE Window = Windows.Window;
     RestoreProc = Windows.RestoreProc;

VAR Done: BOOLEAN; (* Done = "previous operation was
                      successfully executed" *)
    termCH: CHAR;  (* termination character *)

PROCEDURE OpenTextWindow(VAR u: Window; x,y,w,h: CARDINAL;
                         name: ARRAY OF CHAR);
PROCEDURE RedefTextWindow(u: Window; x,y,w,h: CARDINAL);
PROCEDURE CloseTextWindow(u: Window);

PROCEDURE AssignFont(u:Window;frame,charW,lineH:CARDINAL);
PROCEDURE AssignRestoreProc(u: Window; r: RestoreProc);
PROCEDURE AssignEOWAction(u: Window; r: RestoreProc);
(* Assign reaction on "end of window" condition
 *)
PROCEDURE ScrollUp(u: Window);
(* Scroll one line up
 *)
PROCEDURE DrawTitle(u: Window; name: ARRAY OF CHAR);
PROCEDURE DrawLine(u: Window; line,col: CARDINAL);
(* col = 0: draw horizontal line at line;
 * line= 0: draw vertical line at col;
 *)
PROCEDURE SetCaret(u: Window; on: BOOLEAN);
PROCEDURE Invert(u: Window; on: BOOLEAN);
PROCEDURE IdentifyPos(u: Window; x,y: CARDINAL;
                    VAR line,col: CARDINAL);
(* Identify window, line and col corresponding to screen
 * coordinates (x,y)
 *)
```

```
PROCEDURE GetPos(u: Window; VAR line,col: CARDINAL);
(* Get current position
 *)
PROCEDURE SetPos(u: Window; line,col: Window);

PROCEDURE ReadString(u: Window; VAR a: ARRAY OF CHAR);
PROCEDURE ReadCard(u: Window; VAR x: CARDINAL);
PROCEDURE ReadInt(u: Window; VAR x: INTEGER);

PROCEDURE Write(u: Window; ch: CHAR);
(* Write character ch at current position
 * BS,LF,FF,CR,CAN,EOL and DEL are interpreted
 *)
PROCEDURE WriteLn(u: Window);
PROCEDURE WriteString(u: Window; a: ARRAY OF CHAR);
PROCEDURE WriteCard(u: Window; x,n: CARDINAL);
(* Write integer x with (at least) n characters.
 * If n is greater than the number of digits needed,
 * blanks are added preceding the number
 *)
PROCEDURE WriteInt(u: Window; x: INTEGER; n: CARDINAL);
PROCEDURE WriteOct(u: Window; x,n: CARDINAL);

END TextWindows.


DEFINITION MODULE GraphicWindows; (* E. Kohen *)
(* Graphic Windows *)
IMPORT Windows;
TYPE Window = Windows.Window;
     RestoreProc = Windows.RestoreProc;
     Mode = (replace, paint, invert, erase);
VAR Done: BOOLEAN; (* Done = "Operation was
                       successfully executed" *)

PROCEDURE OpenGraphicWindow(VAR u: Window; x,y,w,h: CARDINAL;
                            name: ARRAY OF CHAR);
(* Open new graphic window.
 * Draw title bar if "name" not empty
 *)

PROCEDURE RedefGraphicWindow(u: Window; x,y,w,h: CARDINAL);
(* Change rectangle and reinitialize graphic window u
 *)
PROCEDURE Clear(u: Window);
PROCEDURE CloseGraphicWindow(u: Window);
PROCEDURE SetMode(u: Window; m: Mode);
PROCEDURE Dot(u: Window; x,y: CARDINAL);
PROCEDURE SetPen(u: Window; x,y: CARDINAL);
PROCEDURE TurnTo(u: Window; angle: INTEGER);
PROCEDURE Turn(u: Window; angle: INTEGER);
PROCEDURE Move(u: Window; distance: CARDINAL);
```

```
PROCEDURE MoveTo(u: Window; x,y: CARDINAL);
PROCEDURE Circle(u: Window; x,y,r: CARDINAL);
PROCEDURE Area(u: Window; c: CARDINAL; x,y,w,h: CARDINAL);
(* Paint rectangular area of width w and heigth h at (x,y);
 *)
PROCEDURE CopyArea(u: Window; sx,sy,dx,dy,dw,dh: CARDINAL);
(* Copy rectangular area at (sx,sy) into rectangle at (dx,dy)
 * of with dw and height dh
 *)
PROCEDURE Write(u: Window; ch: CHAR);
(* Write character ch at current position
 *)
PROCEDURE WriteString(u: Window; s: ARRAY OF CHAR);
PROCEDURE IdentifyPos(u: Window; VAR x,y: CARDINAL);
END GraphicWindows.


DEFINITION MODULE CursorMouse; (* J. Gutknecht 17.11.83 *)
CONST ML = 15;
      MM = 14;
      MR = 13;
TYPE Pattern = RECORD
                  height: CARDINAL;
                  raster: ARRAY [0..15] OF BITSET;
               END (* Pattern *);
     ReadProc = PROCEDURE(VAR BITSET, VAR CARDINAL,
                          VAR CARDINAL);

PROCEDURE SetMouse(x,y: CARDINAL);
(* Set Mouse to point (x,y)
 *)
PROCEDURE GetMouse(VAR s: BITSET; VAR x,y: CARDINAL);
(* Get current mousestate
 * ML IN s = "Left mouseKey pressed";
 * MM IN s = "Middle mouseKey pressed";
 * MR IN s = "Right mouseKey pressed"
 *)
PROCEDURE ReadMouse(VAR s: BITSET; VAR x,y: CARDINAL);
(* read mouse. Reroutable
 *)
PROCEDURE Assign(p: ReadProc);
(* Rout ReadMouse to p
 *)
PROCEDURE MoveCursor(x,y: CARDINAL);
(* move cursor to specified location
 *)
PROCEDURE EraseCursor;
PROCEDURE SetPattern(VAR p: Pattern);
(* Activate private cursor pattern
 *)
PROCEDURE ResetPattern;
(* Reactivate standard arrow pattern
```

```
 *)
END CursorMouse.


DEFINITION MODULE Menu; (* J. Gutknecht 6.9.83 *)

PROCEDURE ShowMenu(X,Y: CARDINAL;
                   VAR menue: ARRAY OF CHAR;
                   VAR cmd: CARDINAL);
(* menu = title {"|" item}.
 * item = name{"(" menu ")"}.
 * name = {char}.
 * char = 'any character except 0C, "|", "(", ")"'.
 * title= name.
 *
 * Nonprintable characters and characters exceeding
 * maximum namelength are ingnored. The input value of
 * "cmd" specifies the command initially to be selected.
 *
 * The sequence of selected items is returned via
 * the digits of "cmd" (from right to left),
 * interpreted as an octal number.
 *)
END Menu.


DEFINITION MODULE Storage; (* SEK 5.10.80 *)
FROM SYSTEM IMPORT ADDRESS;

PROCEDURE ALLOCATE(VAR a: ADDRESS; size: CARDINAL);
(* ALLOCATE allocates an area of the given size and returns
 * it's address in a. If no space is available, the calling
 * program is killed
 *)
PROCEDURE DEALLOCATE(VAR a: ADDRESS; size: CARDINAL);
(* DEALLOCATE frees the area at address a with the given size
 *)
PROCEDURE Available(size: CARDINAL): BOOLEAN;
(* Available returns TRUE if size words could be allocated
 *)
END Storage.


DEFINITION MODULE MathLib0;
(* standard functions; J.Waldvogel/N. Wirth, 10.12.80  *)
PROCEDURE sqrt(x:REAL):REAL;
PROCEDURE exp(x:REAL):REAL;
PROCEDURE ln(x:REAL):REAL;
PROCEDURE sin(x:REAL):REAL;
PROCEDURE cos(x:REAL):REAL;
PROCEDURE arctan(x:REAL):REAL;
```

```
PROCEDURE real(x: INTEGER): REAL;
PROCEDURE entier(x: REAL): INTEGER;
END MathLib0.
```

Bibliotheksmoduln stellen einen wesentlichen Teil der Programmierumgebung in Modula dar. Hierarchisch auf den Basismoduln aufgebaut, bilden sie die Anwendungsschnittstelle zum System. Beim Erstellen von Bibliotheksmoduln sollten folgende Regeln beachtet werden; vgl. (Hop 84, Gut 84).

- Gehen Sie immer davon aus, daß die Moduln von "naiven" Programmierern benutzt werden!
- Exportieren Sie keine komplexen Prozeduren (mit mehr als 5 Parameter). Teilen Sie diese vielmehr in mehrere einfache Operationen auf!
- Exportieren Sie keine Variablen! Diese könnten unabsichtlich verändert werden. Benutzen Sie stattdessen Funktionen!
- Unterteilen Sie komplexe Moduln in verschiedene Moduln, die auf unterschiedlichen Ebenen der Abstraktion arbeiten ("verteiltes Arbeiten")!
- Vermeiden Sie Seiteneffekte! Funktionen geben nur das Ergebnis einer Berechnung zurück und verändern keine weiteren Daten.
- Benutzen Sie opaque Typen! Durch das "Verstecken" der internen Struktur kann wenn nötig die Implementation ohne Probleme geändert werden.
- Werden komplexe Datenstrukturen benutzt, dann "verstecke" Sie sie! Stellen Sie stattdessen dem Benutzer eine Identifikationsnummer (Objektnummer) zur Verfügung ("verteilte Daten")!
- Vermeiden Sie es, allgemein übliche Namen zu exportieren (z.B. Done)!
- Verwenden Sie Prozedurtypen, wenn es dem Benutzer möglich sein soll, eigene Prozeduren zu schreiben, um bestimmte Operationen in einem Gesamtrahmen veranlassen zu können!
- Bibliotheksmoduln müssen robust sein; kein Abbruch, wenn doch, dann nie ohne Meldung!
- Zeigen Sie Eingabefehler sofort noch während der Eingabe an!

Werden alle diese Regeln befolgt, dann bleiben immer noch die Fragen offen: Welche Moduln sollten als Standardmoduln bei jeder Implementierung vorhanden sein? Was sollten Standardmoduln alles können?

"Die Diskussion geht weiter".

13. Datenstrukturen und ihre Algorithmen

Übersicht
In diesem Kapitel sollen einige kompliziertere Daten-Strukturen beschrieben und ihr Gebrauch an Beispielen erläutert werden.

Wir wollen in diesem Kapitel den Umgang mit komplizierteren Datenstrukturen erläutern. Solche Datenstrukturen können die Grundlage für eine Bibliothek von Datenabstraktionen bilden und so allgemein zur Verfügung gestellt werden. Die vorzustellenden Daten-Strukturen - nämlich Listen und Bäume - lassen sich im wesentlichen ebenso in Pascal realisieren. Implementierungsdetails können in Pascal aber nicht so elegant wie in Modula verborgen werden. Einige der Möglichkeiten, solche Datenstrukturen zu implementieren, wurden schon in den vorangegangenen Kapiteln vorgestellt.

13.1 Listen

Es gibt eine Vielzahl von Situationen, in denen man Felder benützen möchte, deren Größe "a priori" nicht bekannt ist. In dieser Lage gibt es im wesentlichen zwei Möglichkeiten: entweder Sie nehmen eine obere Schranke für die Anzahl der Feld-Elemente an oder Sie verwenden dynamische Datenstrukturen. Die erste Alternative verbraucht bei wenigen Einträgen offensichtlich unverhältnismäßig viel Speicherplatz. Unverhältnismäßig groß wird auch Ihr Ärger sein, wenn sich herausstellt, daß Sie die obere Schranke zu niedrig angesetzt haben. Die zweite Alternative behebt das Dilemma, wenn auch um den Preis eines etwas größeren Verwaltungsaufwandes.

Wenn Sie sich ein Feld als eine Kladde (mit einer vorgegebenen, festen Anzahl von Blättern) vorstellen, so können Sie eine sogenannte Liste mit einem Ringbuch vergleichen, in das man bei Bedarf neue Blätter einhängt. Auf den Rechner übertragen, entspricht der Speicher dem Reservoir von Blättern, aus dem Sie mit der Prozedur ALLOCATE neue Blätter entnehmen. Das Einhängen geschieht durch "Verketten" mit den in Kap. 9 beschriebenen Zeigern. (Die Prozedur ALLOCATE ist aus dem Bibliotheksmodul Storage zu importieren).

Eine Liste ist ein rekursiver Datentyp: Sie ist entweder leer oder besteht aus einem Eintrag und einer (Rest)-Liste. Als Beispiel sei eine Kunden-Liste mit zugehörigen Operationen wie Neu-Aufnahme von Kunden (Füllen der Liste) und Ausgabe der jeweils aktuellen Liste vorgeführt. Das naheliegendste Verfahren sieht folgendermaßen aus:

Anfangs ist die "jungfräuliche" Liste leer, d.h. es existiert nur ein Zeiger (der Anker der Liste) auf "keinen Eintrag", also ein Zeiger mit dem Wert NIL.

Anker ---> NIL

Der erste Eintrag wird nun erzeugt: ALLOCATE(Ptr,SIZE(Eintrag))

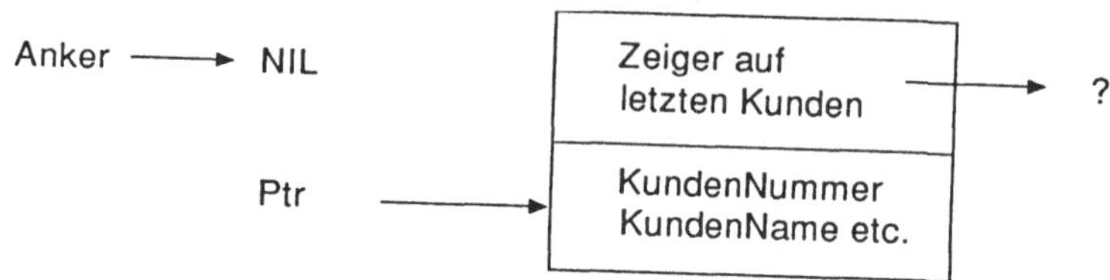

und in die Liste "eingehängt": Anker:=Ptr

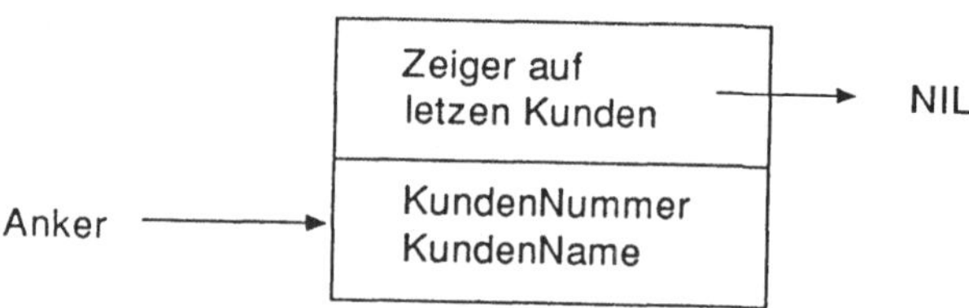

Fig. 13.1 Listen-Einträge

Danach wird der zweite Eintrag erzeugt und nach dem Anker in die Liste eingehängt. Auf diese Weise erhalten Sie eine Reihe von Listen-Einträgen, die zeitlich geordnet ist. Der Anker weist auf den zuletzt eingetragenen Kunden; in dessen Eintrag wird auf den vorletzten Kunden verwiesen u.s.w..

Die Ausgabe einer solchen Liste kann nun auch nur in der Richtung der Verzeigerung erfolgen: zuerst wird der letzte, dann der vorletzte und zuletzt der erste Eintrag ausgegeben. Diese Überlegungen schlagen sich im folgenden Programm nieder. (Es stehe t für Typ, p für Pointer, tp für Pointertyp).

Beispiel 13.1 Ein- und Ausgabe einer Kunden-Liste:

```
MODULE KListe; (* Kunden-Liste *)
FROM InOut IMPORT Read,ReadString,Write,
                  WriteCard,WriteString,WriteLn;
FROM SYSTEM IMPORT SIZE;
FROM Storage IMPORT ALLOCATE;
CONST TAB=11C;
TYPE tpListe=POINTER TO tListe;
     tString=ARRAY[1..79] OF CHAR;
     tListe =RECORD
               KNummer:CARDINAL;
```

```
                 KName:tString;
                 letzt:tpListe
              END;

PROCEDURE letzterKunde(Ptr:tpListe):BOOLEAN;
BEGIN
   RETURN Ptr^.letzt=NIL
END letzterKunde;

PROCEDURE KundenDaten(Ptr:tpListe);
BEGIN
   WITH Ptr^ DO
      WriteCard(KNummer,6);Write(TAB);WriteString(KName);
      WriteLn  (* ev. Ausgabe weiterer Daten *)
   END
END KundenDaten;

PROCEDURE zeigeListe;
VAR Ptr:tpListe;
BEGIN
   Ptr:=Anker;
   REPEAT
      Ptr:=Ptr^.letzt;KundenDaten(Ptr)
   UNTIL letzterKunde(Ptr)
END zeigeListe;

VAR Kunde      : tListe;
    Anker,Ptr  : tpListe;
    nr         : CARDINAL;
BEGIN
   Anker:=NIL;
   REPEAT
      WriteString('neuen Kunden-Namen ? (Ende mit 0)');
      WriteLn;
      ALLOCATE(Ptr,SIZE(Kunde));
      WITH Ptr^ DO
         nr:=nr+1;KNummer:=nr;
         ReadString(KName);letzt:=Anker
      END;Anker:=Ptr
   UNTIL Ptr^.KName[1]='0';
   zeigeListe
END KListe.
```

In diesem Beispiel wurden neue Einträge immer nach dem Anker eingeordnet. Ein Eintrag ist aber allgemein auch an jeder anderen Stelle einer Liste möglich: Gegeben sei die folgende Liste (Ptr zeigt auf den i-ten Eintrag)

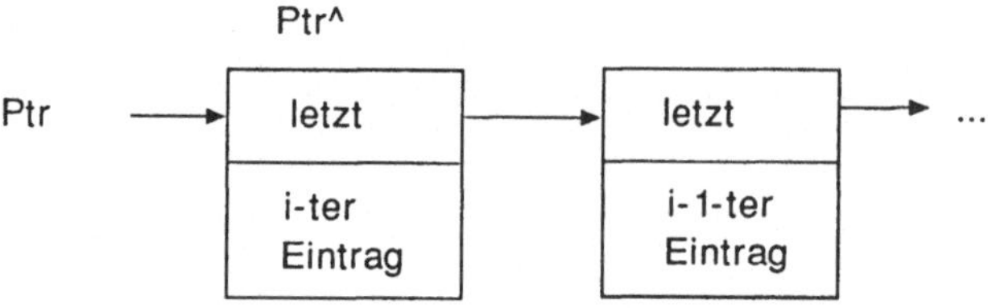

und ein nach dem i-ten Eintrag einzuhängender neuer Eintrag newPtr^

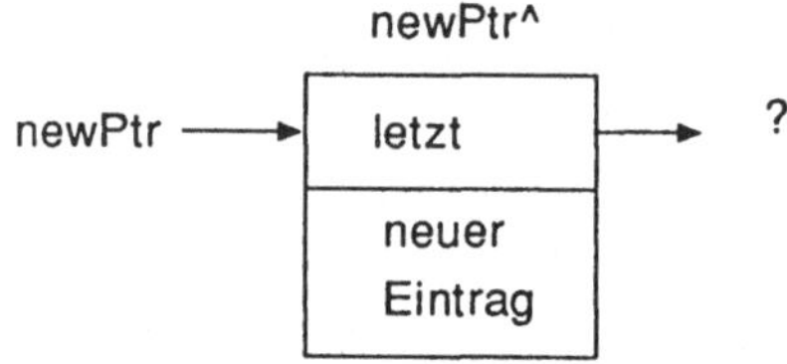

Die neue gewünschte Verzeigerung

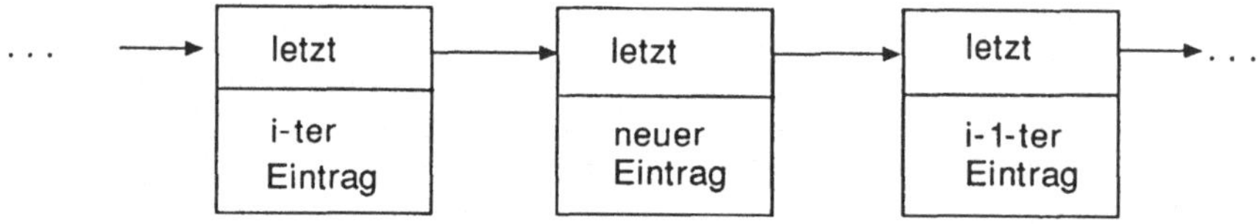

Fig. 13.2 Listen

wird durch die folgenden beiden Anweisungen erzielt:

```
newPtr^.letzt:= Ptr^.letzt;
Ptr^.letzt:= newPtr;
```

Man könnte jetzt daran denken, die neuen Kunden jeweils so in die Liste einzufügen, daß diese nach Kunden-Namen alphabetisch geordnet ausgegeben wird. Eine Funktion, die als Wert zurückgibt, ob die erste als Parameter übergebene Zeichenkette in lexikographischer Ordnung vor einer zweiten Zeichenkette steht oder nicht, haben wir schon in Kap. 8 und anhand des Beispiels 8.1 kennengelernt. Schwierigkeiten ergeben sich dabei aber beim Einhängen neuer Einträge. Wenn die Liste in alphabetisch aufsteigender Reihenfolge ausgegeben werden soll, so muß ein neuer Eintrag v o r den ersten Eintrag, der lexikographisch größer ist, eingehängt werden. Dann ist für jeden Zeiger Ptr auf einen Kunden-Eintrag mit Ptr^.letzt#NIL der Wert von Ptr^.KName lexikographisch kleiner als der von Ptr^.letzt^.KName.

Bisher haben wir nur n a c h angewählten Einträgen neue Einträge eingehängt. Die Präpositionen "nach" und "vor" sind hier immer im Sinn der durch die Verzeigerung festgelegten Durchlauf-Richtung zu verstehen.

V o r einen Eintrag läßt sich ein neuer Eintrag durch folgenden Trick einhängen: Sie hängen den neuen Eintrag wie bisher nach dem angewählten Eintrag ein und vertauschen dann die Inhalte. Ein Bild mag dies erläutern.

Einhängen nach Ptr^ (Ptr zeigt auf den i-ten Eintrag)

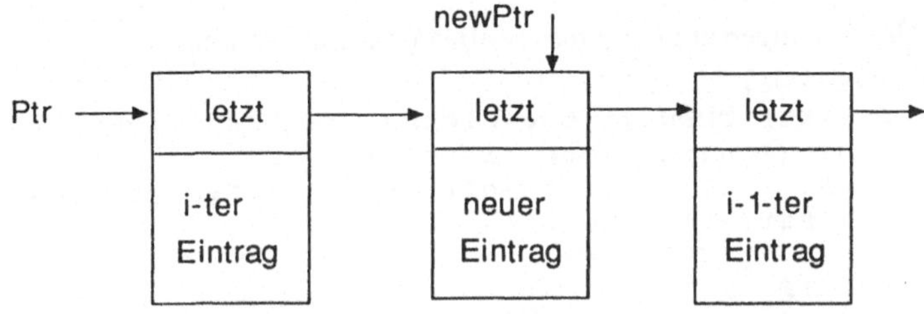

Vertauschen der Inhalte von Ptr^ und newPtr^

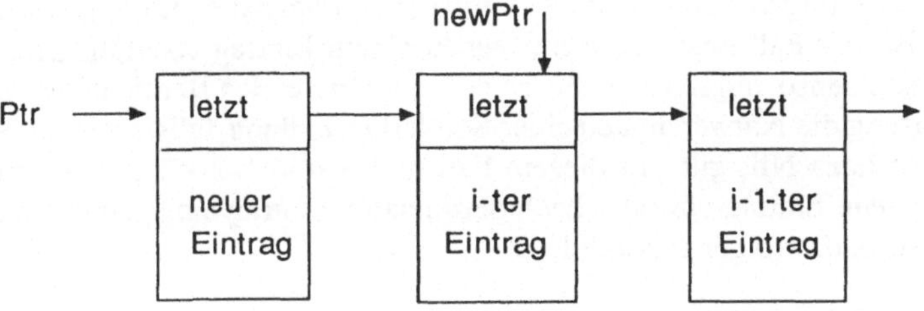

Fig. 13.3 Listeneinträge

Wenn wir nun alle Operationen des sortierenden Einfügens in eine Prozedur - nennen wir sie "EnSort" - zusammenfassen wollen, so muß diese auch eine Anweisung enthalten, die die Liste nach dem ersten Eintrag durchsucht, der (lexikographisch) größer als der einzuhängende ausfällt. Geeignet ist hier eine WHILE-Anweisung, da ja möglicherweise der Zeiger überhaupt nicht weitergesetzt werden muß.

Sei Ptr ein Zeiger auf Einträge in der Kunden-Liste. Versuchen wir es einmal mit

```
Ptr:=Anker;
WHILE kleiner(Ptr^.KName,Name) DO Ptr:=Ptr^.letzt END
```

Offensichtlich sind mehrere Spezialfälle zu unterscheiden:
1) Die Liste kann leer sein, d.h. es gilt Ptr=NIL; Ptr^ ist dann undefiniert.
2) Wenn alle Einträge der Liste kleiner als Name sind, wird am Ende Ptr:=NIL gesetzt. Im nächsten Aufruf der Funktions-Prozedur "kleiner" ist Ptr^.KName dann überhaupt nicht definiert. Es muß also zusätzlich überprüft werden, ob der Zeiger Ptr nicht schon auf den letzten Eintrag in der Liste zeigt.

Diese Überlegungen erzwingen die folgende Modifikation:

```
Ptr:=Anker;
IF Ptr=NIL THEN (* tue nichts, da Liste leer *)
   ELSE (* nichtleere Liste *)
     WHILE (Ptr^.letzt#NIL) AND kleiner(Ptr^.KName,Name) DO
       Ptr:=Ptr^.letzt
     END (* WHILE *)
END (* IF *)
```

Wenn allerdings die Liste genau einen Eintrag enthält, gilt gleich bei Eintritt in die WHILE-Anweisung Ptr.letzt=NIL, so daß garnicht überprüft werden würde, ob der aktuelle Eintrag vor oder nach dem einzigen vorhandenen Eintrag einzuhängen ist. Es muß also der Fall einer Liste mit genau einem Eintrag ebenfalls gesondert behandelt werden. Ebenso implizieren die zwei kontrollierenden Bedingungen in der WHILE-Anweisung die Notwendigkeit einer Sonderbehandlung, falls nach der WHILE-Anweisung Ptr.letzt=NIL gilt. In diesem Fall muß nämlich noch einmal überprüft werden, ob der neue Eintrag vor oder nach dem letzten Eintrag eingehängt werden muß. Dies alles leistet das folgende Modul.

Beispiel 13.2 Geordnetes Einhängen in eine Liste:

```
MODULE KsList;
(* sortierte Kunden-Liste *)
FROM SYSTEM  IMPORT SIZE;
FROM InOut   IMPORT Read,ReadString,Write,
                    WriteCard,WriteString,WriteLn;
FROM Storage IMPORT ALLOCATE;
CONST TAB=11C;
TYPE tpListe=POINTER TO tListe;
     tString=ARRAY[1..79] OF CHAR;
     tListe=RECORD
              KNummer:CARDINAL;
              KName:tString;
              last:tpListe
            END;
VAR Kunde : tListe; Anker,Ptr : tpListe;
       nr : CARDINAL; Name : tString;
```

```
(* die folgenden Prozeduren sind dem
   MODUL KListe zu entnehmen:
   PROCEDURE letzterKunde(Ptr:tpListe):BOOLEAN;
   PROCEDURE KundenDaten(Ptr:tpListe);
   PROCEDURE zeige Liste;
*)

PROCEDURE letzterKunde(Ptr:tpListe):BOOLEAN;
BEGIN
   RETURN Ptr^.last=NIL
END letzterKunde;

PROCEDURE KundenDaten(Ptr:tpListe);
BEGIN
   WITH Ptr^ DO
      WriteCard(KNummer,6);Write(TAB);WriteString(KName);
      WriteLn  (* ev. Ausgabe weiterer Daten *)
   END
END KundenDaten;

PROCEDURE zeigeListe;
VAR Ptr:tpListe;
BEGIN
   Ptr:=Anker;
   REPEAT
      Ptr:=Ptr^.last;KundenDaten(Ptr)
   UNTIL letzterKunde(Ptr)
END zeigeListe;

PROCEDURE LT(x,y:tString):BOOLEAN;
VAR i:INTEGER;
BEGIN (* LT = TRUE iff x lexikographisch kleiner als y *)
   i:=1;
   WHILE (i<80) AND (x[i]=y[i]) DO i:=i+1 END;
   IF i<80 THEN RETURN x[i]<y[i] ELSE RETURN FALSE END
END LT;

PROCEDURE EnSort(nr:CARDINAL;Name:tString);
VAR Ptr,newPtr:tpListe;
BEGIN (* Einhängen des neuen Eintrages (nr, Name) *)
  ALLOCATE(newPtr,SIZE(Kunde)); (* neuen Eintrag erzeugen *)
  WITH newPtr^ DO
    KNummer:=nr;KName:=Name
  END; (* WITH *)
  Ptr:=Anker;
  IF Ptr=NIL
  THEN  (* leere Liste *)
    Anker:=newPtr;newPtr^.last:=Ptr
  ELSE  (* nicht leere Liste *)
    IF Ptr^.last=NIL
    THEN (* genau ein Eintrag *)
      IF NOT LT(Ptr^.KName,Name)
```

```
        THEN
          Anker:=newPtr;newPtr^.last:=Ptr
        ELSE
          newPtr^.last:=Ptr^.last;Ptr^.last:=newPtr
        END; (* IF LT *)
      ELSE (* mehrere Einträge *)
        WHILE (Ptr^.last#NIL) AND LT(Ptr^.KName,Name) DO
          (* suche letzten Eintrag *)
          Ptr:=Ptr^.last
        END; (* WHILE *)
        IF (Ptr^.last=NIL)AND(LT(Ptr^.KName,Name))
        THEN
          newPtr^.last:=Ptr^.last;
          Ptr^.last:=newPtr (* ans Ende *)
        ELSE
          (* vor Ptr einhängen:
           *   also zuerst danach einhaengen
           *   und dann Einträge vertauschen !
           *)
          newPtr^.KName:=Ptr^.KName;Ptr^.KName:=Name;
          newPtr^.last:=Ptr^.last;Ptr^.last:=newPtr
        END (* IF (Ptr^.last=NIL)AND(LT(..)) *)
      END (* IF Ptr^.last=NIL *)
    END (* IF Ptr=NIL *)
  END EnSort;

  BEGIN
     Anker:=NIL;nr:=0;
     REPEAT
        WriteString('neuen Kunden-Namen ? (Ende mit 0)');
        WriteLn;ReadString(Name);nr:=nr+1;EnSort(nr,Name);
     UNTIL Name[1]='0';
     zeigeListe;
  END KsList.
```

Dieses Modul stellt sicherlich noch keine optimale Lösung dar; es soll auch nur die Behandlung der vielen, verschiedenen Sonderfälle deutlich machen.

Bemerkung: In manchen Modula-Versionen ist SIZE aus dem Modul SYSTEM zu importieren. Andere Versionen stellen wiederum die von Pascal her bekannten Prozeduren NEW und DISPOSE zur Verfügung. Ihre Verwendung setzt den Import von ALLOCATE und DEALLOCATE voraus.
Anregung: Die Prozedur EnSort des Moduls KsList läßt sich kürzen. Man entwerfe dieses Modul in Form einer Datenkapselung, also als externes Modul.

13.2 Schlangen

Eine Schlange (queue) ist eine spezielle Liste, in die in spezifischer Weise neue Einträge eingefügt und aus der in ebenso typischer Weise alte Einträge ausgehängt werden - und zwar wie bei einer Warteschlange, die sich an einem Schalter oder an einer Bus-Haltestelle gebildet hat und in der immer derjenige Kunde bzw. Fahrgast zuerst bedient wird, der sich als (zeitlich) erster angestellt hat. Man nennt dieses Vorgehen Warteschlangen-Strategie, genauer FCFS- (first comes, first served) oder FIFO- (first in, first out) Strategie.

Schlangen findet man z.B. in den meisten Betriebssystemen. Dort werden Schlangen für die abzuarbeitenden Jobs aufgebaut. In der Regel sind jedoch die Strategien vielfältiger, die entscheiden, welcher Job nun wirklich als nächster bearbeitet werden soll - insbesondere dann, wenn man Prioritäten berücksichtigen oder Jobs mit geringeren Anforderungen an Betriebsmittel (Resourcen: Rechenzeit, Speicherplatz, Puffer, etc.) z.B. für die Ausgabe auf einen Drucker bevorzugen will. Für unsere, als Listen implementierten Schlangen heißt FCFS, daß immer am Kopf der Liste Einträge entnommen und neue Einträge am Schwanz angefügt werden. Am einfachsten läßt sich dies realisieren, indem man einen Zeiger auf den Kopf (pHead) und einen auf den Schwanz (pTail) der Schlange weisen läßt.

Einer Schlange in der üblichen Darstellung

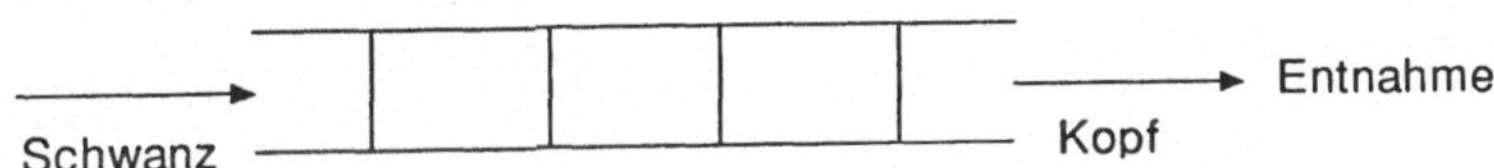

entspricht also hier die folgende Liste

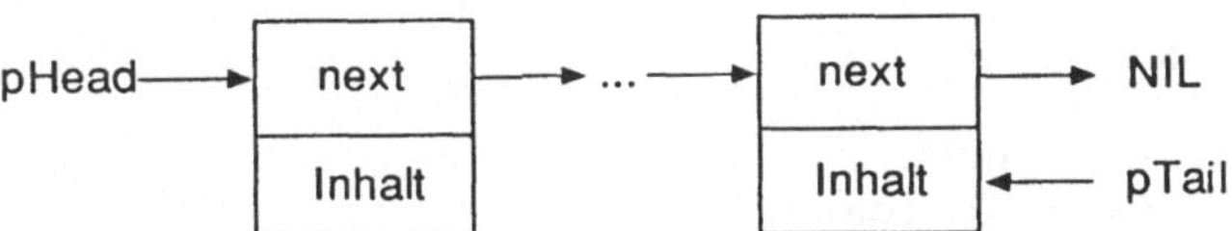

Fig. 13.4 Schlange

Wie die Operationen auf einer solchen Schlange aussehen könnten, zeigt das folgende Beispiel:

Beispiel 13.3 Test-Modul für eine Schlange von Strings:

```
MODULE queue;
FROM SYSTEM  IMPORT SIZE;
FROM InOut   IMPORT Read,ReadString,
                    Write,WriteString,WriteLn;
FROM Storage IMPORT ALLOCATE,DEALLOCATE;
TYPE tpqueue    = POINTER TO tqueueEntry;
     tString    = ARRAY[1..79] OF CHAR;
     tqueueEntry= RECORD
                    next:tpqueue;
                    data:tString;
                  END;
VAR pHead,pTail:tpqueue;
    ch:CHAR;Str:tString;
    Entry:tqueueEntry;

PROCEDURE Enqueue(Entrydata:tString);
  VAR Ptr:tpqueue;
BEGIN (* am Schwanz einfügen *)
   ALLOCATE(Ptr,SIZE(Entry));
   WITH Ptr^ DO data:=Entrydata;next:=NIL END;
   IF pTail#NIL
   THEN
     pTail^.next:=Ptr
   ELSE
     pHead:=Ptr
   END;
   pTail:=Ptr
END Enqueue;

PROCEDURE Dequeue(VAR Entrydata:tString);
  VAR Ptr:tpqueue;
BEGIN (* am Kopf entnehmen *)
   Ptr:=pHead;
   IF Ptr#NIL
   THEN
      pHead:=Ptr^.next;
      Entrydata:=Ptr^.data;
      DEALLOCATE(Ptr,SIZE(Entry));
      IF pHead = NIL
      THEN
        pTail := NIL;
      END;
   ELSE
      WriteString('Schlange ist leer');WriteLn
   END (* IF *)
END Dequeue;

PROCEDURE showqueue;
  VAR Ptr:tpqueue;
BEGIN
```

```
      Ptr:=pHead;
      IF Ptr#NIL
      THEN
         REPEAT
            WriteString(Ptr^.data);WriteLn;
            Ptr:=Ptr^.next
         UNTIL Ptr=NIL
      END (* IF *)
   END showqueue;

   BEGIN
      pHead:=NIL;pTail:=NIL;
      REPEAT
         WriteString('E(infügen) A(ushängen) S(chluß) ? ');
         ReadString(Str); WriteLn;ch:=Str[1];ch:=CAP(ch);
         IF (ch='E') THEN
            WriteString('Daten für neuen Eintrag ?');
            ReadString(Str);WriteLn;Enqueue(Str);WriteLn
         END;
         IF (ch='A') THEN
            WriteString('"ausgehängte" Daten : ');
            Dequeue(Str);WriteString(Str);WriteLn
         END;
         showqueue
      UNTIL (ch='S')
   END queue.
```

13.3 Stapel

Sozusagen komplementär zu Schlangen wird der Zugriff auf sogenannte Stapel (stack) geregelt. Wenn Sie z.B. Ihre Rechnungen, die Sie über die Post bekommen, zwar am liebsten gleich in den Papierkorb werfen würden, jedoch - da wohlerzogen - sorgfältig stapeln und bei Liquidität die jeweils oben aufliegende Rechnung bezahlen, dann gibt Ihr Verhalten ein treffliches Beispiel für einen Stapel-Zugriff ab. Die zuletzt eingetroffene Anforderung wird als erste bedient. Analog zu Schlangen heißt diese Strategie LCFS- (last comes, first served) oder LIFO- (last in, first out) Strategie. Stapel werden auch als Kellerspeicher bezeichnet.

Der Daten-Struktur eines Stapels kommt insofern besondere Bedeutung zu, als z.B. die Implementation rekursiver Prozeduren und Funktionen auf solchen Stapeln basiert. Um dies zu illustrieren, wollen wir einmal von folgendem prinzipiellen Aufbau einer rekursiven Prozedur ausgehen:

```
PROCEDURE p(c1:tc1;c2:tc2;...;cn:tcn);
(* die Parameter ci sind vom Typ tci *)
VAR b1:tb1;b2:tb2;...;bm:tbm;
(* die lokalen Variablen bj sind vom Typ tbj, j=1..m *)
BEGIN
   IF Bedingung THEN Anweisungsfolge1
      ELSE
         Anweisungsfolge2;
         p(a1,...,an);
         (* ai sind die aktuellen Parameter *)
         Anweisungsfolge3
   END (* IF Bedingung *)
END p;
```

Wie wird nun so eine rekursive Prozedur abgearbeitet? Jeder Aufruf der Prozedur p erzeugt einen sogenannten Aktivierungsverbund. Dieser Verbund enthält neben den aktuellen Parametern die aktuellen Werte aller lokalen Variablen und eine Rückkehr-Adresse. Diese bezeichnet die Speicherstelle, wo der dem rekursiven Prozedur-Aufruf folgende Befehl steht. Die entscheidende Eigenschaft rekursiver Prozeduren ist, daß der aktuelle Prozedur-Aufruf vollständig abgearbeitet sein muß, bevor die Abarbeitung des unmittelbar vorhergehenden Aufrufes wiederaufgenommen werden kann. Dies erzwingt, daß auf die Aktivierungs-Verbunde (hier stellvertretend für die ganze rekursive Prozedur) in einer LIFO-Strategie zuzugreifen ist. Der folgende Schnapp-Schuß eines Stapels von Aktivierungs-Verbunden soll dies veranschaulichen:

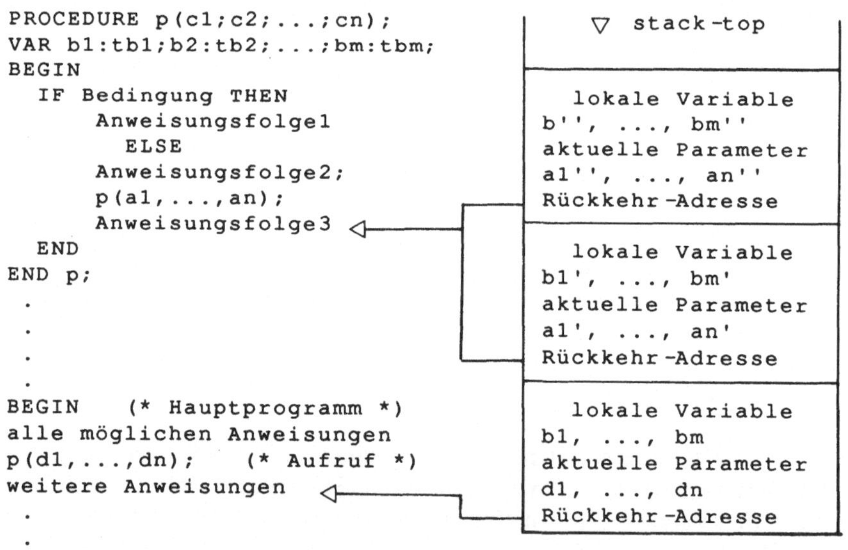

Fig. 13.5a Rekursion

Der Strich an Namen von Parametern und Variablen soll andeuten, daß es sich an dieser Stelle im Stapel zwar um dieselben Objekte jedoch mit möglicherweise anderen Werten handelt.

Auf dem Stapel werden solange neue Aktivierungsverbunde abgelegt, bis die Bedingung in der Prozedur p erfüllt ist. Erst dann kann der Stapel abgebaut werden, indem die lokalen Variablen und die nunmehr aktuellen Parameter des jeweils obersten Aktivierungsverbundes in die entsprechenden Speicherstellen umgeladen werden und an der durch die Rückkehradresse des Aktivierungsverbundes bezeichneten Stelle mit der Abarbeitung der Prozedur p fortgefahren wird. Der Stapel-Zeiger (stack-pointer, meist mit sp abgekürzt) wird jetzt umgesetzt, so daß er auf den nächsten (vorigen) Verbund im Stapel zeigt.

Die Architekturen vieler Rechner tragen dem häufigen Gebrauch von Stapeln insofern Rechnung, als es für die Zugriffe auf einen Stapel spezielle Maschinenbefehle und teilweise sogar spezielle Hardware gibt.

Der für solche Kellerspeicher häufig verwendeten Darstellung

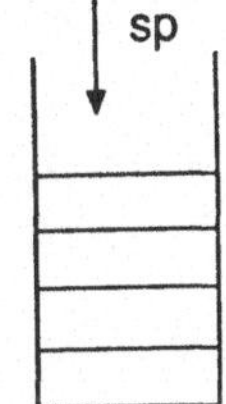

entspricht die folgende Liste

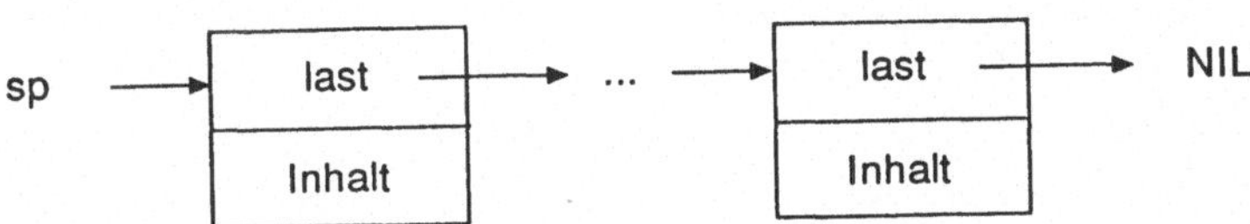

Fig. 13.5b Stapel

Die den beiden Prozeduren Enqueue und Dequeue aus dem Test-Programm für Schlangen entsprechenden Prozeduren für Stapel heißen traditionell Push und Pop. Eine Realisierung eines Stapels als Feld haben Sie schon in Kap. 10.3 kennengelernt. Daher sei hier mehr oder weniger der Vollständigkeit halber eine Implementation für einen als Liste implementierten Stapel angeführt.

Beispiel 13.4 Test-Modul für Stapel, realisiert als Liste:

```
MODULE stack;
FROM InOut   IMPORT Read,ReadString,
                    Write,WriteString,WriteLn;
FROM Storage IMPORT ALLOCATE,DEALLOCATE;
TYPE tpstack    = POINTER TO tstackEntry;
     tString    = ARRAY[1..79] OF CHAR;
     tstackEntry= RECORD
                    last:tpstack;
                    data:tString
                  END;
VAR sp   :tpstack;
    ch   :CHAR;
    Str  :tString;
    Entry:tstackEntry;

PROCEDURE Push(Entrydata:tString);
VAR Ptr:tpstack;
BEGIN (* vor sp einfügen *)
   ALLOCATE(Ptr,SIZE(Entry));
   WITH Ptr^ DO data:=Entrydata;last:=sp END;
   sp:=Ptr
END Push;

PROCEDURE Pop(VAR Entrydata:tString);
VAR Ptr:tpstack;
BEGIN (* sp^ entnehmen *)
   Ptr:=sp;
   IF Ptr#NIL
   THEN sp:=Ptr^.last;
      Entrydata:=Ptr^.data;DEALLOCATE(Ptr,SIZE(Entry));
   ELSE WriteString('Stapel ist leer');WriteLn;
      Entrydata[1]:=CHR(0)
   END (* IF *)
END Pop;

PROCEDURE showstack;
VAR Ptr:tpstack;
BEGIN
   Ptr:=sp;
   IF Ptr#NIL THEN
      REPEAT
         WriteString(Ptr^.data);WriteLn;
         Ptr:=Ptr^.last
      UNTIL Ptr=NIL
   END (* IF *)
END showstack;

BEGIN
   sp:=NIL;
   REPEAT
```

```
        WriteString('Z(ufügen) W(egnehmen) E(nde) ? ');
        ReadString(Str); WriteLn; ch:=Str[1] ;ch:=CAP(ch);
        IF (ch='Z') THEN
           WriteString('Daten für neuen Eintrag ?');
           ReadString(Str); Push(Str);WriteLn
        END;
        IF (ch='W') THEN
           WriteString('"ausgehängte" Daten : ');
           Pop(Str);WriteString(Str);WriteLn
        END;
        showstack
     UNTIL (ch='E')
  END stack.
```

Die Türme von Hanoi

Wenn ein Mathematikbuch ohne das Zorn'sche Lemma so wenig überzeugt wie ein Ritter des 13-ten Jahrhunderts ohne sein Schwert (Dav 75), dann kann auch ein Buch über Programmieren ohne das Beispiel der Türme von Hanoi nicht überzeugen. Gemeint ist damit das folgende Spiel:

> Es gibt drei Stäbe. Auf einem dieser Stäbe sind Scheiben unterschiedlichen Durchmessers nach absteigendem Durchmesser gestapelt (sic!). Die Aufgabe besteht nun darin, diesen Turm scheibenweise auf einen anderen Stab zu transportieren, so daß erstens immer nur eine Scheibe bewegt wird und zweitens nie eine größere auf eine kleinere zu liegen kommt.

Es ist sofort zu sehen, daß man dieses Problem elegant und "in natürlicher Weise" rekursiv lösen kann:

Angenommen, Sie seien in der Lage, Türme der Höhe n-1 in der gewünschten Weise zu transportieren. Unter dieser (Induktions-) Voraussetzung ist es einfach, einen Turm der Höhe n etwa vom linken auf den rechten Stab umzuschichten. Das folgende Bild mag das Vorgehen illustrieren:

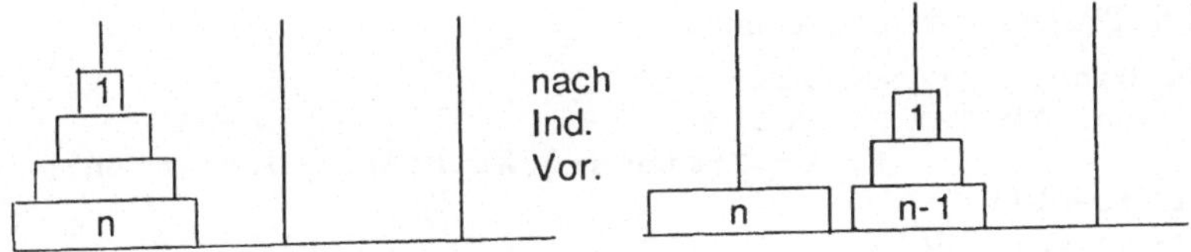

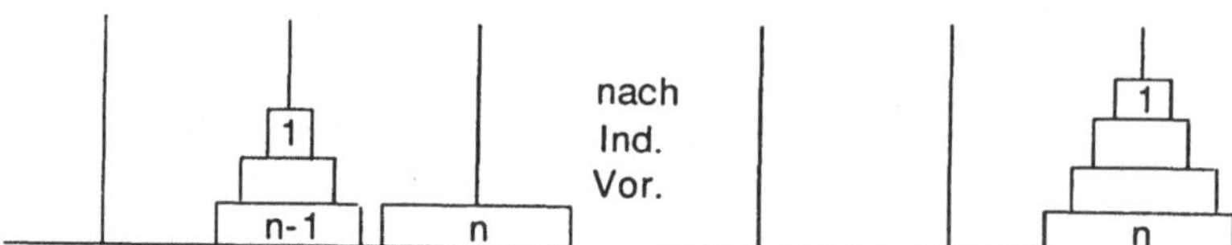

Fig. 13.6 Die Türme von Hanoi

(Eine hübsche Lösung stellt Hofstadter in der auf Rekursion zugeschnittenen Programmiersprache Lisp vor (D. R. Hofstadter: Metamagical games, Scientific American, April 1983, p.14ff)).

Die Bedeutung dieses Spieles liegt in seiner Analogie zu dem Problem, auf einen Stapel wahlfrei, also wie auf ein Feld zugreifen zu können. Dies läßt sich natürlich erreichen, indem Sie einen zweiten Stapel verwenden und entsprechend viele Elemente vom ersten auf den zweiten Stapel umschichten. Wenn Sie aber Wert darauf legen, auch die Elemente des zweiten Stapels in der ursprünglichen Reihenfolge abzuspeichern, dann wird ein dritter Stapel notwendig.

Angemerkt sei auch, daß wir, ausgehend von einem Spiel über das Problem des wahlfreien Stapelzugriffs fast zwangsläufig zu der Daten-Struktur gelangt sind, mit der sich beweisen läßt, daß jede rekursive Funktion vermittels höchstens dreier Stapel auch iterativ berechnet werden kann (Per 79).

Das folgende rekursive Programm zeigt Ihnen, wie Sie - unter Verwendung des mittleren (m) Stabes - den Turm vorschriftsmäßig vom linken (l) zum rechten (r) Stab transportieren können.

Beispiel 13.5 Türme von Hanoi, rekursiv:

```
MODULE hanoi; (* rekursiv *)
FROM InOut IMPORT ReadCard,
                  Write,WriteCard,WriteString,WriteLn;
TYPE Stab=CHAR;
VAR hoehe:CARDINAL;

PROCEDURE verlegeScheibe(von,nach:Stab);
   BEGIN
      Write(von);Write(nach);WriteLn
   END verlegeScheibe;
```

```
PROCEDURE transportiereTurm(hoehe:CARDINAL;
                            von,mit,nach:Stab);
   BEGIN
      IF hoehe#0 THEN
         transportiereTurm(hoehe-1,von,nach,mit);
         verlegeScheibe(von,nach);
         transportiereTurm(hoehe-1,mit,von,nach)
      END (* IF hoehe#0 *)
   END transportiereTurm;

BEGIN
   WriteString('Anzahl der Scheiben ');ReadCard(hoehe);
   WriteCard(hoehe,3);WriteLn;
   transportiereTurm(hoehe,'l','m','r');WriteLn
END hanoi.
```

Wenn Sie das Beispiel mit drei Scheiben ausprobieren, werden Sie wie folgt angewiesen, von welchem Stab die oberste Scheibe auf welchen anderen Stab zu stecken ist:

```
Anzahl der Scheiben   3
lr lm rm lr ml mr lr
```

Die Komplexität dieses Programms läßt sich geradezu spielend bestimmen. Als Maß für die Komplexität wählen wir die Anzahl der Operationen auf den Stäben, d.h. die Anzahl der Aufrufe von verlegeScheibe. Diese Prozedur wird zur Bearbeitung eines Turmes der Höhe n explizit einmal aufgerufen. Zudem müssen zwei Türme der Höhe n-1 transportiert werden, so daß für die Komplexität C die folgende (Rekursions-) Gleichung gilt:

$$C(n) = 2*C(n-1) + 1 \text{ mit } C(1)=1$$

Damit ergibt sich für die Komplexität C(n) = 2**n - 1 .

Die eigentliche Datenstruktur des obigen Programms verbirgt sich im rekursiven Aufruf der Prozedur transportiereTurm - genauer gesagt in deren Parameter-Keller (vgl. Fig. 13.5), über den die Parameter hoehe, von, mit und nach übergeben werden.

Auf dem Weg zu einer iterativen Formulierung des Problems wollen wir in der folgenden Version die zu bearbeitenden Daten-Strukturen sichtbar machen. Jedem Stab wird ein Stapel zugeordnet. Auf diesen werden CARDINAL-Zahlen geschichtet, die Scheiben mit den entsprechenden Durchmessern repräsentieren.

Beispiel 13.6 Türme von Hanoi, rekursiv 2. Version:

```
MODULE hanoirek;
(* rekursiv mit 3 Stapeln *)
FROM InOut IMPORT ReadCard,
                  Write,WriteCard,WriteString,WriteLn;

MODULE STAEBE;
IMPORT Write,WriteLn;
EXPORT Staebe,Position,Pop,Push;
CONST spmax=10;
TYPE Stab = RECORD
              sp:[0..spmax];
              stack:ARRAY[1..spmax] OF CARDINAL;
              pos : CHAR
            END;
(* der Einfachheit halber als Feld für Kardinalzahlen;
   vgl. Beispiel 10.12 *)
    Position = (l,m,r); (* links,mitte,rechts *)
VAR Staebe:ARRAY Position OF Stab;
    i:CARDINAL;

PROCEDURE Pop(VAR s:Stab):CARDINAL;
VAR x:CARDINAL;
   BEGIN
      WITH s DO
         x:=stack[sp];Write(pos);DEC(sp);
         RETURN x
      END
   END Pop;

PROCEDURE Push(VAR s:Stab;x:CARDINAL);
   BEGIN
      WITH s DO
         INC(sp);stack[sp]:=x;
         Write(pos)
      END
   END Push;

BEGIN (*Initialisierung leerer Stapel *)
   FOR i := 0 TO 2 DO
      Staebe[VAL(Position,i)].sp := 0
   END;
   Staebe[l].pos := 'l';
   Staebe[m].pos := 'm';
   Staebe[r].pos := 'r';
   WriteLn;
END STAEBE;

VAR hoehe,i : CARDINAL;

PROCEDURE transportiereTurm(hoehe:CARDINAL;
```

```
                                    von,mit,nach:Position);
   BEGIN
      IF hoehe#0 THEN
         transportiereTurm(hoehe-1,von,nach,mit);
         Push(Staebe[nach],Pop(Staebe[von]));Write(' ');
         (* Hier koennten Sie sich den Inhalt der Staebe
          * ausgeben lassen.                              *)
         transportiereTurm(hoehe-1,mit,von,nach)
      END (* IF hoehe#0 *)
   END transportiereTurm;

BEGIN
   WriteString('Anzahl der Scheiben ');ReadCard(hoehe);
   WriteLn;
   (* initialisieren *)
      FOR i:= hoehe TO 1 BY -1 DO Push(Staebe[l] ,i) END;
   WriteString('  ... und nun wird transportiert');WriteLn;
   transportiereTurm(hoehe,l,m,r);WriteLn
END hanoirek.
```

Zur Abwechselung sei hier die Ausgabe für vier Scheiben gezeigt. Wie unsere Überlegungen zur Komplexität ergaben, müssen wir jetzt C(4)=15 Verlege-Anweisungen erhalten.

```
Anzahl der Scheiben   4

lm lr mr lm rl rm lm lr mr ml rl mr lm lr mr
```

Im Unterschied zur ersten Version haben Sie jetzt auch die Möglichkeit, sich den Zustand (Inhalt) der drei Stapel (etwa mit jedem Aufruf von verlegeScheibe) ausgeben zu lassen. Insbesondere haben wir damit das oben angesprochene allgemeinere Problem gelöst, nämlich den wahlweisen Zugriff auf das i-te Element eines (z.B. des linken) Stapels unter Wahrung der Reihenfolge der Elemente. Dies kann jetzt folgendermaßen realisiert werden:

```
transportiereTurm(i-1,links,mitte,rechts);
verarbeite (Pop(linker Stapel));
transportiereTurm(i-1,rechts,mitte,links);
```

Nun sind wir endlich in der Lage, einigermaßen bruchlos auch eine iterative Version vorzustellen. Der Übersichtlichkeit und Anschaulichkeit halber werden wir vier Stapel verwenden: einen für jeden Stab (wie in der erweiterten rekursiven Version) und den vierten für die Abspeicherung des Zustandes des Parameterkellers der Prozedur transportiereTurm. Um die Prozeduren Push und Pop der letzten Version verwenden zu können, legen wir auf den vierten Stapel, den Parameter-Stapel, nur Verweise auf diejenigen Verbunde, die die eigentlichen Parameter der Prozedur transportiereTurm enthalten. Nachdem also die Datenstruktur feststeht, wollen wir uns nun dem Algorithmus selbst zuwenden.

Wegen der LIFO-Strategie für die Zugriffe auf den Parameter-Stapel sind die beiden 'Aufrufe' von transportiereTurm zu vertauschen, d.h. zuerst müssen die Parameter des zweiten und dann erst diejenigen des ersten Aufrufes 'gestackt' werden.

In der rekursiven Version ruft sich die Prozedur transportiereTurm bei dem ersten Aufruf (falls hoehe#0) sofort selbst wieder auf, noch bevor die Prozedur verlegeScheibe aufgerufen wird und bevor der zweite Aufruf von transportiereTurm erfolgt. Somit müßte Ihnen klar sein, daß durch die Anweisungsfolge

```
Push auf ParameterStapel die Parameter des 2. Aufrufes;
verlegeScheibe;
Push auf ParameterStapel die Parameter des 1. Aufrufes;
```

diese Reihenfolge der Bearbeitung gerade n i c h t erzielt wird. Glücklicherweise entspricht verlegeScheibe(von,nach) dem Aufruf transportiereTurm(1,von,mit,nach), so daß der Kern jedes iterativen Algorithmus' für unser Problem etwa wie folgt aussehen muß:

```
Push auf ParameterStapel die Parameter des 2. Aufrufes
     von transportiereTurm;
Push auf ParameterStapel die Parameter von verlegeScheibe
     d.h. diejenigen von transportiereTurm(1,...);
Push auf ParameterStapel die Parameter des 1. Aufrufes
     von transportiereTurm;
```

Wir möchten hier gleich eine iterative Version vorstellen, die die Belegung der drei Stäbe und - falls gewünscht - alle Operationen auf dem Parameter-Stapel zusammen mit ihren Argumenten ausgibt.

Beispiel 13.7 Türme von Hanoi, iterativ:

```
MODULE hanoi3;
(* iterative Version *)
FROM Storage IMPORT ALLOCATE,DEALLOCATE;
FROM InOut   IMPORT ReadCard,
                    Write,WriteCard,WriteString,WriteLn;
VAR verbosim:BOOLEAN;(* falls Kommentare erwünscht sind *)
    hoehe,i :CARDINAL;

MODULE StapelOperationen;
IMPORT Write,WriteCard,WriteLn;
EXPORT Staebe,ParameterStapel,Position,
       Pop,Push,nichtLeer,
       WritePos,WriteStack;
CONST spmax=32;
TYPE Stapel    = RECORD
                  sp    :[ 0..spmax];
                  stack:ARRAY[ 1..spmax]OF CARDINAL
                 END;
     Position = (l,m,r);   (* links,mitte,rechts *)
VAR Staebe          :ARRAY Position OF Stapel;
```

```
     Position = (links,mitte,rechts);  (* l,m,r *)
VAR Staebe          :ARRAY Position OF Stapel;
    ParameterStapel:Stapel;
    i              :CARDINAL;

 PROCEDURE Pop(VAR s:Stapel):LONGCARD;
  VAR x:LONGCARD;
  BEGIN
   WITH s DO x:=stack[sp];DEC(sp);RETURN x END
  END Pop;

 PROCEDURE Push(VAR s:Stapel;x:LONGCARD);
  BEGIN
   WITH s DO INC(sp);stack[sp]  := x END
  END Push;

 PROCEDURE WritePos(p:Position);
  BEGIN
   CASE p OF
     links:Write('l')| mitte:Write('m')| rechts:Write('r')
   ELSE HALT;
   END
  END WritePos;

 PROCEDURE WriteStack(s:Stapel);
  VAR j:CARDINAL;
   BEGIN
    WITH s DO
      FOR j:=1 TO sp DO WriteLongCard(stack[j],3) END;
      WriteLn
    END (* with *)
   END WriteStack;

PROCEDURE nichtLeer(s:Stapel):BOOLEAN;
 BEGIN
  RETURN(s.sp # 0)
 END nichtLeer;

BEGIN
 FOR i:=0 TO 2 DO Staebe[VAL(Position,i)].sp:=0 END;
 ParameterStapel.sp:=0
END StapelOperationen;

PROCEDURE verlegeScheibe(von,nach:Position);
 VAR i:CARDINAL;
 BEGIN
  Push(Staebe[nach],Pop(Staebe[von]));
  WritePos(von);WritePos(nach);Write(' ');
  WriteLn;
  FOR i:=0 TO 2 DO
    WritePos(VAL(Position,i));Write(' ');
    WriteStack(Staebe[VAL(Position,i)])
```

```
  END
 END verlegeScheibe;

PROCEDURE Transport;
 TYPE tPtrToParam = POINTER TO Parameter;
      Parameter   = RECORD
                     hight:CARDINAL;
                     stack1,stack2,stack3:Position
                    END;
 VAR PtrTP,PtrToParam: tPtrToParam;

 PROCEDURE WriteParam(Ptr:tPtrToParam;s:ARRAY OF CHAR);
  BEGIN
    WITH Ptr^ DO
      WriteString('hight=');    WriteCard(hight,3);
      WriteString(' stack1= ');WritePos(stack1);
      WriteString(' stack2= ');WritePos(stack2);
      WriteString(' stack3= ');WritePos(stack3);
      WriteString(', ');WriteString(s);WriteLn
    END
  END WriteParam;

 BEGIN (* Transport *)
   ALLOCATE(PtrToParam,LONG(SIZE(PtrToParam^)));
   IF PtrToParam = NIL THEN HALT;
   ELSE WITH PtrToParam^ DO
     hight:=hoehe;
     stack1:=links;stack2:=mitte;stack3:=rechts;
   END; (* WITH PtrToParam  *) END; (* if *)
   IF verbosim THEN WriteParam(PtrToParam,'pushed') END;
   Push(ParameterStapel,LONGCARD(PtrToParam));
   WHILE  nichtLeer(ParameterStapel) DO
     PtrTP:=tPtrToParam(Pop(ParameterStapel));
     IF verbosim THEN WriteParam(PtrTP,'popped') END;
     IF PtrTP^.hight=1 THEN
       verlegeScheibe(PtrTP^.stack1,PtrTP^.stack3)
      ELSE
       (* 3. rekursiver Aufruf :
          transportiereTurm(hoehe-1,mit,von,nach) *)
       ALLOCATE(PtrToParam,LONG(SIZE(PtrToParam^)));
       IF PtrToParam = NIL THEN HALT;
       ELSE WITH PtrToParam^ DO
         hight :=PtrTP^.hight-1;
         stack1:=PtrTP^.stack2;
         stack2:=PtrTP^.stack1;
         stack3:=PtrTP^.stack3
       END; (* WITH PtrToParam^ *) END; (* if *)
       Push(ParameterStapel,LONGCARD(PtrToParam));
       IF verbosim THEN WriteParam(PtrToParam,'pushed')END;

       (* transportiereTurm(1,von,mit,nach) *)
       ALLOCATE(PtrToParam,LONG(SIZE(PtrToParam^)));
```

```
      IF PtrToParam = NIL THEN HALT;
      ELSE WITH PtrToParam^  DO
        hight :=1;
        stack1:=PtrTP^.stack1;
        stack2:=PtrTP^.stack2;
        stack3:=PtrTP^.stack3
      END; (* WITH PtrToParam  *) END; (* if *)
      IF verbosim THEN WriteParam(PtrToParam,'pushed')END;
      Push(ParameterStapel,LONGCARD(PtrToParam));
      (* 1. rekursiver Aufruf :
         transportiereTurm(hoehe-1,von,nach,mit) *)
      ALLOCATE(PtrToParam,LONG(SIZE(PtrToParam^)));
      IF PtrToParam = NIL THEN HALT;
      ELSE WITH PtrToParam^ DO
        hight :=PtrTP^.hight-1;
        stack1:=PtrTP^.stack1;
        stack2:=PtrTP^.stack3;
        stack3:=PtrTP^.stack2
      END; (* WITH PtrToParam^ *) END; (* if *)
      Push(ParameterStapel,LONGCARD(PtrToParam));
      IF verbosim THEN WriteParam(PtrToParam,'pushed')END
    END;        (* IF PtrTP^.hight=1 *)
    DEALLOCATE(PtrTP,LONG(SIZE(PtrTP^)))
  END  (* WHILE nichtLeer(ParameterStapel) *)
END Transport;

BEGIN
 WriteString('Anzahl der Scheiben ');ReadCard(hoehe);
 WriteCard(hoehe,3);WriteLn;verbosim:=TRUE;
 FOR i:=hoehe TO 1 BY -1 DO Push(Staebe[links],LONG(i))END;
  FOR i:=0 TO 2 DO
    WritePos(VAL(Position,i));Write(' ');
    WriteStack(Staebe[VAL(Position,i)])
  END;
 Transport;WriteLn
END hanoi3.
```

Um die Behandlung des Parameter-Stapels zu illustrieren, wollen wir auch eine kommentierte, ausführliche Ausgabe für den Fall eines Turmes mit drei Scheiben präsentieren.

```
Anzahl der Scheiben   3
(* Anfangszustand der drei Stäbe *)
l   3  2  1
m
r
(* jede Operation auf dem Parameter-Stapel wird dokumen-
   tiert; so bedeutet etwa die nächste Ausgabezeile,
   daß auf den Parameter-Stapel der Zeiger auf einen
   Verbund vom Typ Parameter 'gestackt' wurde, welcher
   die Parameter 3,l,m,r enthält *)
```

```
hight=  3 stack1= l stack2= m stack3= r, pushed
hight=  3 stack1= l stack2= m stack3= r, popped
hight=  2 stack1= m stack2= l stack3= r, pushed
hight=  1 stack1= l stack2= m stack3= r, pushed
hight=  2 stack1= l stack2= r stack3= m, pushed
hight=  2 stack1= l stack2= r stack3= m, popped
hight=  1 stack1= r stack2= l stack3= m, pushed
hight=  1 stack1= l stack2= r stack3= m, pushed
hight=  1 stack1= l stack2= m stack3= r, pushed
hight=  1 stack1= l stack2= m stack3= r, popped
lr
l   3  2
m
r   1
hight=  1 stack1= l stack2= r stack3= m, popped
lm
l   3
m   2
r   1
hight=  1 stack1= r stack2= l stack3= m, popped
rm
l   3
m   2  1
r
hight=  1 stack1= l stack2= m stack3= r, popped
lr
l
m   2  1
r   3
hight=  2 stack1= m stack2= l stack3= r, popped
hight=  1 stack1= l stack2= m stack3= r, pushed
hight=  1 stack1= m stack2= l stack3= r, pushed
hight=  1 stack1= m stack2= r stack3= l, pushed
hight=  1 stack1= m stack2= r stack3= l, popped
ml
l   1
m   2
r   3
hight=  1 stack1= m stack2= l stack3= r, popped
mr
l   1
m
r   3  2
hight=  1 stack1= l stack2= m stack3= r, popped
lr
l
m
r   3  2  1
(* Der Parameter-Stapel ist jetzt leer und damit ist das
   Programm beendet. *)
```

Anregung: Wie lange dauert (in Millennien) der Transport eines Turmes mit 64 Scheiben, wenn Sie für das Verlegen einer Scheibe eine Mikro-Sekunde ansetzen und unrealistischerweise annehmen, daß alle übrigen Operationen keine Zeit brauchen? Vergleichen Sie einmal für n=10 die Laufzeit einer iterativen mit der rekursiven Programmversion. Eine iterative Version der Türme von Hanoi, die nicht auf der direkten Simulation des Stapelmechanismus beruht, findet man in (Mey 84) und Bemerkungen zum Ursprung dieses Spiels in Spektrum der Wissenschaften (Januar 1985).

13.4 Ein Bibliotheksmodul für Listen

Bei einem umfangreichen Programm, wie z.B. einem Betriebssystem, das mehrere Listen gleichzeitig verwaltet, wird man sich gerne die Arbeit ersparen, für jede einzelne dieser Listen, Schlangen oder Stapel eigene Verwaltungs-Prozeduren schreiben zu müssen. Ein Modul - nennen wir es Lists - sollte vielmehr einen geeignet allgemeinen Daten-Typ einer Liste und alle dazugehörenden Funktionen exportieren. Der Daten-Typ Liste ist dann 'geeignet allgemein', wenn er keine Aussagen über die eigentliche Information der Listen-Einträge und deren Format impliziert. Das ist sicher gewährleistet, wenn die Listen-Einträge nur Zeiger auf die eigentliche Information des Eintrages, also nur Objektreferenzen, enthalten. Dies verringert auch den anfallenden Verwaltungsaufwand, da sich Objektreferenzen im Speicher leichter verschieben lassen als die Objekte selbst.

Damit nun all die Typen von Listen, die wir bisher kennengelernt haben, geschickt und zudem effektiv implementiert werden können, legen wir jede solche Liste grundsätzlich als doppelt verzeigerte Ring-Liste an. Das Modul Lists operiert also auf Verbunden des folgenden Typs (s. Fig. 13.7a):

```
TYPE Eintrag = RECORD
                    next,prev:POINTER TO Eintrag;
                    info:ADDRESS (* Zeiger auf die eigent-
                              liche Information des Eintrages *)
               END
```

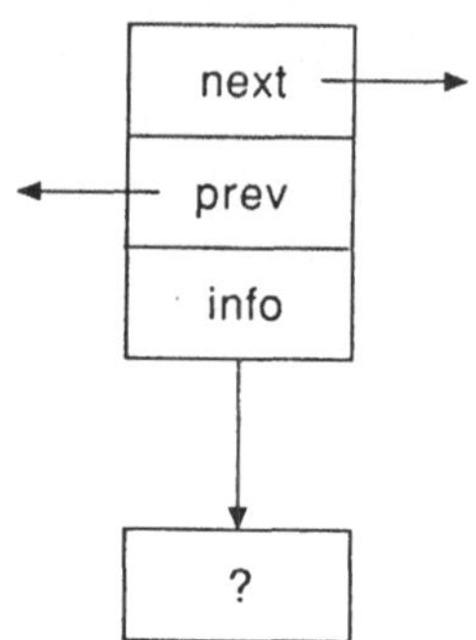

Fig. 13.7a Träger

Wir wollen eine Datenstruktur vom Typ Eintrag einen (Informations-) Träger (carrier) nennen. Da an dieser Stelle nicht bekannt ist, auf welche Art von Verbund der info-Zeiger verweist, muß dieser typ-kompatibel zu jedem Zeiger sein. Dies leistet der Datentyp ADDRESS, der vom Modul SYSTEM (vgl. Kap. 12) importiert werden muß.

Eine zweite Entwurfsentscheidung (s. Fig. 13.7b) ist bezüglich des Ankers der Liste zu treffen. Wenn Sie die Anregung am Ende dieses Abschnitts aufgreifen, werden Sie recht bald sehen, daß Ihnen ein eigener Träger als Anker eine Menge Fall%nterscheidungen erspart. Nun kann dieser Träger durch einen auf ihn verweisenden, speziellen Zeiger ausgezeichnet werden oder durch einen charakterisierenden Vermerk. Für die zweite Version käme nur in Frage, den info-Zeiger des Trägers auf NIL zu setzen, es sei denn, man will variante Verbunde verwenden. Will man aber im info-Teil des Ankers noch zusätzliche 'Sicherheits'-Information zugänglich machen, wie z.B. den Typ der Liste (Liste, Schlange, Stapel) oder die Anzahl der Träger in der Liste, so muß der Anker durch einen auf ihn verweisenden Zeiger charakterisiert werden. Wir wollen den info-Teil des Ankers, der die Sicherheitsinformation enthält, Kontrollblock nennen. Derartige Sicherheitsinformation kann benutzt werden, um die Zeiger-Struktur der gerade betrachteten Liste auf Konsistenz hin überprüfen und gegebenenfalls Fehler korrigieren zu können (fehlertolerante, robuste Datenstrukturen).

Nach außen hin ist also eine solche verallgemeinerte Liste durch ihren Anker-Zeiger (pRoot) gekennzeichnet. Nützlich sind zwei weitere Zeiger: ein Zeiger - wir wollen ihn pCurrent nennen - auf den aktuellen, gerade zur Debatte stehenden Träger und ein Zeiger - wir nennen ihn pHelp -, der in einigen Prozeduren ein Umspeichern von pCurrent überflüssig macht. Damit steht fest, wie unsere verallgemeinerte Liste für den Benutzer des Moduls Lists aussieht (vgl. Fig. 13.7b):

```
TYPE tList = RECORD
                pRoot,pCurrent,pHelp:tZeiger
             END .
```

Der Rest, insbesondere um was für Zeiger es sich hierbei handelt, läßt sich verbergen, indem man den Typ tZeiger opaque exportiert. Das folgende Definitionsmodul beschreibt das Gewünschte.

Beispiel 13.8 Definitions-Modul:

```
DEFINITION MODULE Lists;
FROM SYSTEM IMPORT ADDRESS;
TYPE tPtrToCarrier;  (* opaque! POINTER TO tCarrier *)
     tList      = RECORD
                    pRoot,pCurrent,pHelp:tPtrToCarrier
                  END;
     tNexPre    = (nex,pre);
     tinfoProc  = PROCEDURE(ADDRESS);
     tcondProc  = PROCEDURE(ADDRESS):BOOLEAN;

PROCEDURE EnList(VAR List:tList;Adr:ADDRESS;
                 VAR error:BOOLEAN);
(* hängt einen neuen Träger zwischen pCurrent
   und pCurrent^.next mit info=Adr ein; danach
   zeigt pCurrent auf den neuen Eintrag; error
   iff nomemory *)

PROCEDURE DeList(VAR List:tList;
                 VAR error:BOOLEAN) : ADDRESS;
(* hängt Träger pCurrent^ aus; danach zeigt
   pCurrent auf pCurrent^.prev^; returns
   pCurrent^.info; error iff pCurrent=pRoot *)

PROCEDURE Empty(List:tList):BOOLEAN;

PROCEDURE CreateList(VAR List:tList;
                     VAR error:BOOLEAN);
(* erzeugt Anker einer Liste mit Kontroll-Information;
   setzt pCurrent und pHelp auf pRoot;
   error iff no memory *)

PROCEDURE DeleteList(List:tList;
                     VAR error:BOOLEAN);
(* gibt Anker und Kontroll-Information frei;
   error iff NOT Empty(List) *)

PROCEDURE ResetList(VAR List:tList);
(* setzt pCurrent und pHelp auf pRoot *)

PROCEDURE nextEntry(VAR List:tList) : ADDRESS;
(* setzt pCurrent auf pCurrent^.next;
   returns pCurrent^.info *)
```

```
PROCEDURE prevEntry(VAR List:tList) : ADDRESS;
(* setzt pCurrent auf pCurrent^.prev;
   returns pCurrent^.info *)

PROCEDURE lastEntry(VAR List:tList;
                    dir:tNexPre):BOOLEAN;
(* IF dir=nex THEN RETURN pCurrent^.next=pRoot
              ELSE RETURN pCurrent^.prev=pRoot *)
(* die folgenden Prozeduren verändern pHelp n i c h t! *)

PROCEDURE scanList(List:tList;infoProc:tinfoProc;
                   start:tPtrToCarrier;dir:tNexPre);
(* durchläuft die Liste List in Richtung dir;
   führt auf jedem Träger die Prozedur infoProc
   mit dem Argument info aus *)

PROCEDURE searchList(VAR List:tList;
                     start:tPtrToCarrier;direction:tNexPre;
                     condProc:tcondProc;
                     VAR found:BOOLEAN;VAR infoPtr:ADDRESS);
(* durchläuft die Liste List ab dem Träger start
   in Richtung direction und führt auf jedem Träger
   die Procedur infoProc aus solange, bis entweder
   infoProc=TRUE ergibt oder die ganze Liste durchlaufen
   wurde. returns found und infoPtr derart, daß
       IF found THEN infoProc(infoPtr)=TRUE gilt! *)
END Lists.
```

Mit den beiden Prozeduren scanList und searchList lassen sich Algorithmen formulieren, die die Liste auf Konsistenz hin überprüfen. Dadurch, daß den beiden Modulprozeduren extern definierte Prozeduren übergeben werden können, wird einerseits die Verwendbarkeit dieses Moduls über die üblichen Listenoperationen hinausgehend ausgedehnt, andererseits wird die Definition weiterer, speziellerer Prozeduren überflüssig, deren Bereitstellung die Komplexität des Moduls nicht unerheblich vergrößern würde.

Eine mögliche Version des Implementations-Moduls finden Sie im Anhang. Unser Beispiel-Programm 13.4 für Zugriffe auf einen Stapel sieht unter Benutzung des Moduls Lists wie folgt aus. Der Stapel-Zeiger sp kann durch den Zeiger pCurrent realisiert werden, da pCurrent nach dem Einhängen auf den neuen Träger zeigt. Ferner werden Träger jeweils zwischen pCurrent^ und pCurrent.next^ eingehängt und nach dem Aushängen des Trägers (auf den pCurrent zeigt) zeigt pCurrent auf den vorherigen Träger, nämlich pCurrent.prev^.

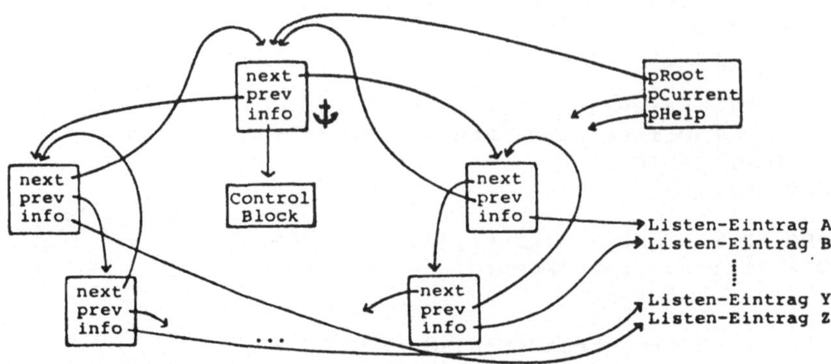

Fig. 13.7b Datenstruktur des Moduls Lists

Beispiel 13.9 Stapel-Verwaltung:

```
MODULE stackList; (* unter Verwendung von ADTLists *)
FROM SYSTEM  IMPORT ADDRESS, TSIZE;
FROM Storage IMPORT ALLOCATE,DEALLOCATE;
FROM InOut   IMPORT ReadString,
                    WriteString,WriteLn;
FROM Lists   IMPORT tPtrToCarrier,tList,Empty,
                    EnList,DeList,CreateList,
                    tinfoProc,scanList,tNexPre;
TYPE tPtrToStackEntry = POINTER TO tstackEntry;
     tString          = ARRAY[1..79] OF CHAR;
     tstackEntry      = tString;
VAR Stapel : tList; (* sp = pCurrent *)
    ch:CHAR;Str:tString;error:BOOLEAN;

PROCEDURE Push(Entrydata:tString);
VAR Ptr:tPtrToStackEntry;
BEGIN
   ALLOCATE(Ptr,TSIZE(tstackEntry));
   Ptr^:=Entrydata;
   EnList(Stapel,Ptr,error);
   IF error THEN
      WriteString('Fehler bei EnList!');WriteLn
   END;
END Push;

PROCEDURE Pop(VAR Entrydata:tString);
VAR Ptr:tPtrToStackEntry;
BEGIN
   IF NOT Empty(Stapel) THEN
      Ptr:=tPtrToStackEntry(DeList(Stapel,error));
```

```
        IF error THEN
           WriteString('Fehler bei DeList!');WriteLn
        END;
        Entrydata:=Ptr^;DISPOSE(Ptr)
           ELSE
           Entrydata[1]:=CHR(0);
           WriteString('Stapel ist leer!');WriteLn
     END; (* IF *)
  END Pop;

  PROCEDURE WriteStackEntry(Adr:ADDRESS);
  VAR Ptr:tPtrToStackEntry;
       h  : tString;
  BEGIN
     Ptr:=tPtrToStackEntry(Adr);
     WriteString(Ptr^);WriteLn
  END WriteStackEntry;

  PROCEDURE showstack;
  VAR Ptr:tPtrToStackEntry;
  BEGIN
     scanList(Stapel,WriteStackEntry,Stapel.pRoot,pre)
  END showstack;

  BEGIN
     error:=FALSE;CreateList(Stapel,error);
     IF error THEN
        WriteString('Fehler bei CreateList!');WriteLn
     END; error:=FALSE;
     REPEAT
        WriteString('Z(ufügen) W(egnehmen) E(nde) ? ');
        ReadString(Str);ch:=Str[1];ch:=CAP(ch);
        CASE ch OF
           'Z': WriteString('Daten für neuen Eintrag ? ');
                ReadString(Str);Push(Str);WriteLn;
                error:=FALSE|
           'W': WriteString('"ausgehängte" Daten      : ');
                Pop(Str);WriteString(Str);WriteLn;
                error:=FALSE|
           'E': (* Ende *)
        ELSE WriteString('inkorrekte Eingabe');WriteLn
        END; (* Pop *)
        showstack
     UNTIL (ch='E')
  END stackList.
```

Anregungen: Welche Erweiterungen des Moduls Lists sind sinnvoll? Überlegen Sie sich, wie Sie das Beispiel-Modul 13.3 umschreiben müssen, wenn Sie das Modul Lists verwenden wollen.

Wir hätten natürlich den wesentlichen Teil des Moduls stackList auch als externes

Modul programmieren können. Dies nachzuholen, wird Ihnen jetzt hoffentlich keine Schwierigkeit mehr bereiten. Auf diese Weise läßt sich eine Hierarchie externer Moduln aufbauen. Ein Beispiel dafür haben wir in Kap. 11 kennengelernt. Hierarchien externer Moduln gestatten es dem Benutzer, immer diejenige Hierarchieebene anzuwählen, d.h. in sein Hauptmodul zu importieren, die ihm für seine Zwecke jeweils am geeignetsten erscheint.

Als Anregung sei auch die Implementierung einer Schlange mit Hilfe des Moduls Lists vorgeschlagen.

Beispiel 13.10 Definitionsteil von QUEUE

```
DEFINITION MODULE QUEUE;
FROM Lists  IMPORT tList;
FROM SYSTEM IMPORT ADDRESS;

TYPE tQueue = tList;
PROCEDURE CreateQueue(VAR Queue:tQueue;VAR error:BOOLEAN);
PROCEDURE Head(Queue: tQueue):ADDRESS;
PROCEDURE Enqueue(VAR Queue:tQueue;Adr:ADDRESS;
                  VAR error:BOOLEAN);
PROCEDURE Dequeue(VAR Queue:tQueue;VAR error:BOOLEAN):ADDRESS;
PROCEDURE EmptyQueue(Queue:tQueue):BOOLEAN;

END QUEUE.
```

Die Prozedur Enqueue besteht im wesentlichen aus der Sequenz

```
ResetList(QUEUE); EnList(QUEUE,Adr,error);
```

und die Prozedur Dequeue aus der Sequenz

```
ResetList(QUEUE);help:=prevEntry(QUEUE);
RETURN DeList(QUEUE,error);
```

da Anker.next auf den Schwanz und Anker.prev auf den Kopf der Schlange zeigt. Mit einer Reset-Operation erreicht man den Anker.

13.5 Bäume

In diesem Abschnitt soll ein weiterer, vielseitig gebrauchter rekursiver Datentyp vorgestellt werden. Zur Einführung sei an ein Ihnen sicher geläufiges Problem erinnert: die Bestimmung der Nullstellen einer Funktion. Das folgende Programm errechnet Nullstellen vermittels einer Intervall-Schachtelung.

In der Funktions-Prozedur zero gehen wir dabei davon aus, daß die Funktionswerte der Funktion f für die beiden Argumente x und y verschiedene Vorzeichen aufweisen. Das Intervall [x,y] wird dann halbiert und daraufhin untersucht, für welche Hälfte dieselbe Situation wieder vorliegt, d.h. für welche Hälfte die Funktion an den

Intervallgrenzen Werte unterschiedlichen Vorzeichens annimmt. Aus Gründen der Zeiteffizienz wurde vermieden, daß die Funktion für dasselbe Argument mehrmals ausgewertet wird.

Beispiel 13.11 Nullstellen einer Funktion:

```
MODULE NullStellen;
(* Berechne Nullstelle *)
FROM InOut      IMPORT Read,Write,WriteString,WriteLn;
FROM RealInOut  IMPORT ReadReal,WriteReal;
FROM MathLib    IMPORT epsilon,sin;

MODULE ZERO;
IMPORT epsilon;
IMPORT WriteString, WriteLn, Read, WriteReal;
EXPORT fkt,zero;
TYPE fkt=PROCEDURE(REAL):REAL;
VAR ch: CHAR;

PROCEDURE mean(x,y:REAL):REAL;
BEGIN (* mean *)
  RETURN (x+y)*0.5
END mean;

PROCEDURE diffsign(x,y:REAL):BOOLEAN;
(* diffsign = ((x>0)AND(y<0)) OR ((x<0)AND(y>0)) *)
BEGIN (* diffsign *)
  IF ABS(x-y) <= 2.0*epsilon
  THEN
    RETURN FALSE
  ELSE
    RETURN ABS(x-y) >= ABS(x+y)
  END (* if *)
END diffsign;

PROCEDURE zero(f:fkt;x,y:REAL):REAL;
VAR l,m,mid,r:REAL;
    twoeps: REAL;
BEGIN (* zero *)
  mid:=mean(x,y);
  twoeps := 2.0*epsilon;
  l:=f(x);
  IF ABS(l) <= twoeps
  THEN
    RETURN x
  END;
  m:=f(mid);
  IF ABS(m) <= twoeps
  THEN
    RETURN mid
  END;
  r:=f(y);
```

```
    IF ABS(r) <= twoeps
    THEN
      RETURN y
    END;
    REPEAT
      IF diffsign(l,m)
      THEN
        y:=mid;r:=m
      ELSE
        x:=mid;l:=m
      END;
      mid:=mean(x,y);
      m:=f(mid);
    UNTIL ABS(x-y) <= twoeps ;
    RETURN mid
  END zero;

  END ZERO;

  BEGIN
     WriteString('pi =');
     WriteReal(zero(sin,3.0,4.0),12,6);WriteLn
  END NullStellen.
```

Die Ausgabe dieses Test-Programmes soll Ihnen nicht vorenthalten bleiben:

```
pi = 3.141593
```

Dieses Programm kann als Beispiel für ein allgemeines Suchverfahren angesehen werden, das sogenannte binäre Suchen. Die Bezeichnung "binär" bezieht sich dabei auf den Umstand, daß der Suchvorgang auf zweiwertigen Entscheidungen basiert. In unserem Beispiel etwa wird entschieden, ob die Funktionswerte an den Rändern der linken oder der rechten Intervall-Hälfte unterschiedliches Vorzeichen haben. Üblicherweise wird das Verfahren des binären Suchens auf geordnete Listen angewandt, d.h. auf Listen, die nach einem Kriterium auf- oder absteigend angeordnet sind und in denen ein bestimmter Eintrag gesucht werden soll.

Die Bedeutung des Verfahrens liegt in seiner Geschwindigkeit. Die Liste umfasse n Einträge. Wenn man die Liste von Anfang an solange durchläuft, bis der gesuchte Eintrag gefunden ist, so wird man im Mittel n/2 Einträge zu vergleichen haben. Eine binäre Suche dagegen benötigt größenordnungsmäßig nur ld(n) (logarithmus dualis) Vergleiche.

Wir wollen dies an einem Programm illustrieren. Das etwas triviale Programm beantwortet die drängende Frage des Benutzers, ob eine von ihm einzugebende Zahl eine Quadrat-Zahl ist oder nicht. Dazu wird ein Feld mit Quadrat-Zahlen gefüllt und dieses Feld binär nach der fraglichen Zahl durchsucht.

Beispiel 13.12 Binäres Suchen (nach Quadrat-Zahlen):

```
MODULE binsearch;
FROM InOut IMPORT ReadCard,WriteString,WriteCard,WriteLn;
CONST n=255;
VAR List:ARRAY[1..n] OF CARDINAL;i:CARDINAL;

PROCEDURE search(c:CARDINAL):BOOLEAN;
VAR l,mid,r:INTEGER;found:BOOLEAN;
BEGIN
   l:=1;r:=n;found:=FALSE;
   WHILE (l<=r) AND NOT found DO
      mid:=(l+r) DIV 2;
      found:= (List[mid]=c);
      IF c<List[mid] THEN r:=mid-1
                     ELSE l:=mid+1 END;
   END;RETURN found
END search;

BEGIN
   FOR i:=1 TO n DO List[i]:=i*i END;
   WriteString('Cardinal-Zahl ? ');ReadCard(i);
   WriteCard(i,6);WriteString(' ist');
   IF search(i) THEN WriteString(' eine')
                ELSE WriteString(' keine') END;
   WriteString(' Quadrat-Zahl');WriteLn
END binsearch.
```

Auf diese Weise können Sie erfahren, was Sie schon immer wissen wollten: 47961 ist eine Quadrat-Zahl.

Die zu treffenden Entscheidungen können Sie sich nun anhand des sogenannten Entscheidungsbaums (s.u.) veranschaulichen. In Kap. 6.4 über Mengen hatten wir schon allgemein Graphen betrachtet. Bäume sind spezielle zusammenhängende Graphen, in denen es keine geschlossenen Pfade (Zyklen) geben darf. Zeichnet man einen Knoten als sogenannte Wurzel aus, so erhält man in einem solchen Baum auf kanonische Weise eine Orientierung: Die Wurzel bildet den Anfang und für jeden von der Wurzel verschiedenen Knoten gibt es genau einen Vorgänger bzgl. dieser Orientierung. Dieser wird auch der zugehörige Vater genannt. Ebenso sind für jeden Knoten die Nachfolger spezifiziert. Sie heißen auch entsprechend Söhne, Töchter oder Kinder. Knoten ohne Nachfolger heißen Blätter. Alle diese Bezeichnungen sind in Analogie zu Stammbäumen gewählt.

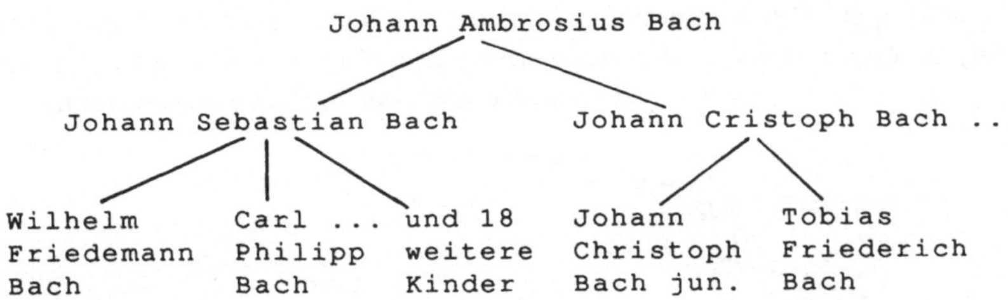

Übrigens lassen sich Blätter dieses (Stamm-) Baumes bis in unser Jahrhundert verfolgen und umgekehrt eine Genealogie Bachs bis in das 15. Jahrhundert.

Die Auswertung arithmetischer Ausdrücke läßt sich anschaulich ebenfalls durch Bäume darstellen. So kann etwa der Vorgang, den Ausdruck SQR(a)+2*a*b+SQR(b) auszuwerten, wie folgt versinnbildlicht werden (SQR(a)=a*a):

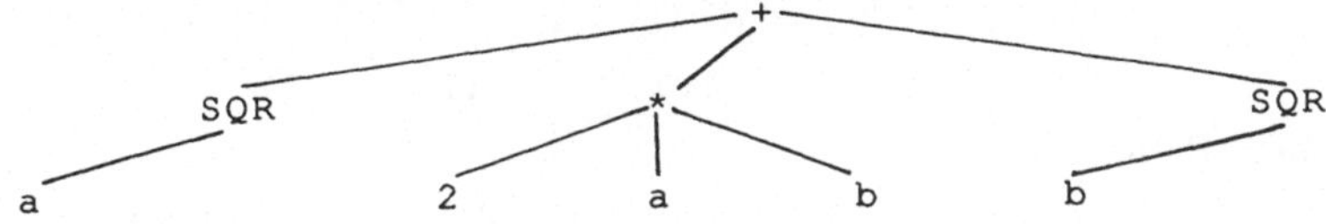

Fig. 13.8a Baum

Terminale Knoten (Blätter) entsprechen hier also den Variablen und nicht terminale Knoten den arithmetischen Operationen.

Die Katalog-Systeme von UNIX, MS-DOS und TOS haben ebenfalls die Struktur eines Baumes. Wir wollen den Ausschnitt darstellen, der für die Übersetzung von Modula-Programmen wesentlich ist.

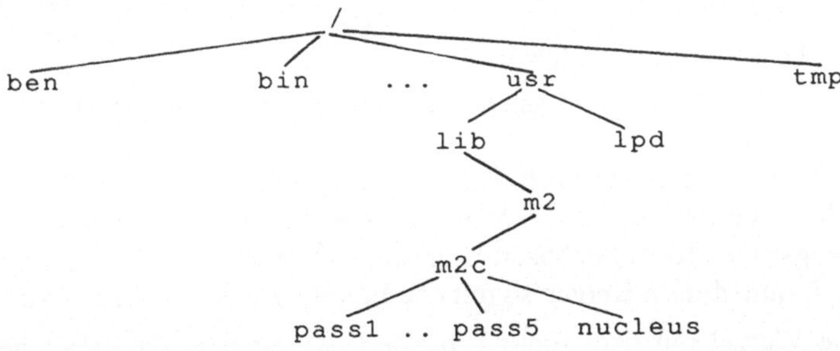

Fig. 13.8b Dateien-System

Besondere Bäume sind die sogenannten binären Bäume: Ein Binärbaum ist eine Menge, die entweder leer ist oder einen Knoten, die Wurzel, enthält und deren Rest aus zwei disjunkten (gegebenenfalls aber auch leeren) Teilmengen besteht, die ihrerseits Binärbäume sind. Knoten binärer Bäume haben also definitionsgemäß maximal zwei Nachfolger. Wenn man alle arithmetischen Operationen als maximal zweistellig ansieht, so ergibt sich für die Auswertung des obigen Ausdruckes (bis auf Klammerung hierarchisch gleichwertiger Operationen) der folgende binäre Baum:

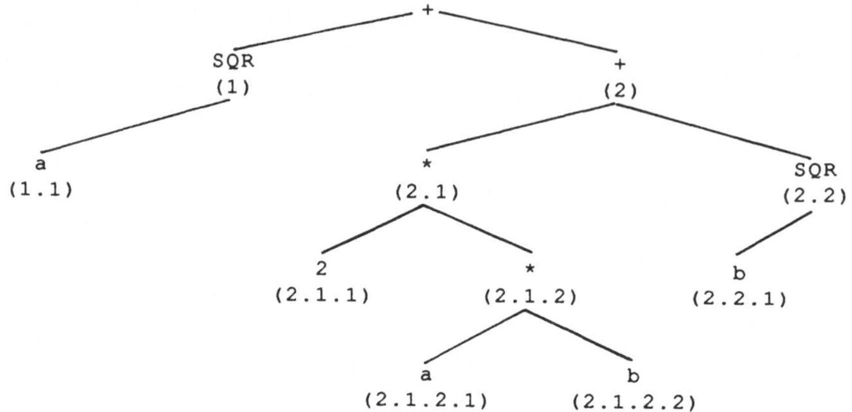

Fig. 13.8c Binärer Baum

Indem man die Söhne jedes Knotens von links nach rechts durchnumeriert, erhält man eine Indizierung der Knoten eines beliebigen Baumes. In unserem letzten Beispiel wird dann der (terminale) Knoten mit der Markierung "2" durch (2.1.1) indiziert. Die lexikographische Anordnung dieser Indizes gestattet dann eine (lineare) Auflistung der Knoten. Die Bedeutung dieser Indizierung illustriert folgendes Beispiel. Listet man die Elemente eines Baumes, der die Auswertung eines arithmetischen Ausdruckes beschreibt, bzgl. dieser Indizierung lexikographisch auf (sog Pre-Order-Durchlauf), so erhält man den Ausdruck gerade in polnischer Notation dargestellt. In unserem Beispiel ergibt sich also:

+ SQR a + * 2 * a b SQR b

Stack-orientierte Rechner werten auf diese Weise arithmetische Ausdrücke aus.

Binäre Bäume spielen bei Such- und Sortier-Verfahren eine bedeutende Rolle. So kann etwa dem Verfahren des binären Suchens in einer Liste ein sogenannter Entscheidungsbaum (oder Suchbaum) zugeordnet werden. Es handelt sich dabei um einen binären Baum, dessen Knoten so mit den Einträgen dieser Liste markiert sind, daß

(1) die Wurzel mit dem Eintrag markiert ist, mit dem das fragliche Objekt X als erstes verglichen wird und

(2) für jeden Knoten i mit zugehöriger Markierung (Label) L(i) folgendes gilt:
die Markierung des linken Sohnes entspricht dem Eintrag, mit dem X verglichen wird. falls $X < L(i)$ ist; analog stimmt die Markierung des rechten Sohnes mit dem Eintrag überein, mit dem X zu vergleichen ist, falls sich $X > L(i)$ ergab; schließlich gibt es keinen rechten (linken) Nachfolger mehr, falls das Such-

Verfahren bei X < L(i) (X > L(i)) abbricht.

Der Entscheidungsbaum für eine binäre Suche in einer Liste mit zehn Elementen sieht dann z.B. wie folgt aus:

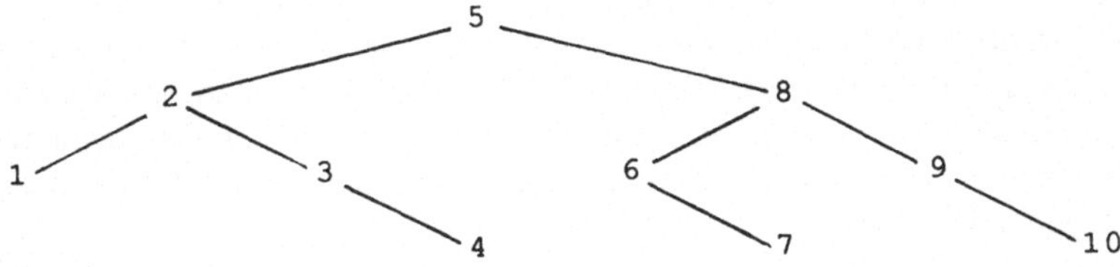

Fig. 13.9

Alle Markierungen, die kleiner (größer) als die der Wurzel sind, befinden sich im linken (rechten) Unterbaum.

Bäume lassen sich auf verschiedene Weise im Rechner abspeichern. Wir wollen uns im folgenden auf binäre Bäume beschränken. Felder eignen sich eigentlich nur zur Darstellung solcher binärer Bäume, deren Knoten-Anzahl a priori bekannt ist. Generell scheint jedoch die Implementierung anhand von verzeigerten Verbunden angemessener. Ein Knoten eines solchen Baumes ließe sich dann etwa durch

```
TYPE tNode = RECORD
                 l,r:tPtrToNode;
                 label:tLabel
             END
```

beschreiben. Dabei ist tLabel der Typ der Markierung. Weiterhin ist der Typ tPtrToNode durch

```
TYPE tPtrToNode = POINTER TO tNode;
```

zu definieren.

Nach diesen einleitenden Bemerkungen zu Bäumen im allgemeinen und binären Bäumen im besonderen können wir Ihnen endlich ein wichtiges Anwendungsbeispiel vorführen. Es geht dabei wieder um das Sortieren von Daten nach einem vorgegebenen Schlüssel.

Ohne Beschränkung der Allgemeinheit werden wir im folgenden immer davon ausgehen, daß Schlüssel und Daten identisch sind: die Daten bestehen also etwa aus der Größe nach zu sortierenden ganzen Zahlen. Nur um einer einfacheren Darstellung willen nehmen wir an, daß es sich bei der Anzahl der zu sortierenden Zahlen um eine Zweier-Potenz handelt.

Im Beispiel 8.6 haben wir zuerst den kleinsten Schlüssel, danach den zweit-kleinsten usw. gesucht. Dazu sind nacheinander n-1, n-2 usw. Vergleiche notwendig geworden; also insgesamt n(n-1)/2 Vergleiche. Viele dieser sukzessive abzuarbeitenden

Vergleiche werden dabei offensichtlich mehrfach durchgeführt. Folgende Überlegung legt nun nahe, wie man alle Information aus n-1 Vergleichen festhalten und geeignet verwerten kann:
Gruppiert man n Elemente zu n/2 Paaren, so lassen sich trivialerweise mit n/2 Vergleichen die jeweils kleinsten Elemente von jedem Paar bestimmen. Wendet man dieselbe Operation auf die so bestimmten n/2 Elemente an, so sind n/4 Vergleiche nötig, um wiederum das kleinste Element der zu n/4 Paaren zusammengefaßten Minima zu bestimmen. Dieses Verfahren wird nun solange wiederholt, bis das kleinste der n Elemente identifiziert ist.

Die Ergebnisse dieser Vergleiche können nun in einem binären Baum, dem Auswahlbaum, festgehalten werden. Dieser läßt sich so mit n-1 Vergleichen konstruieren. Wir wollen dies an einem Beispiel verdeutlichen:
Es seien die Zahlen 44, 55, 12, 42, 94, 18, 6, 67 aufsteigend zu sortieren. Wir stellen in Fig. 13.10 den Vergleichsvorgang als binären Baum dar.

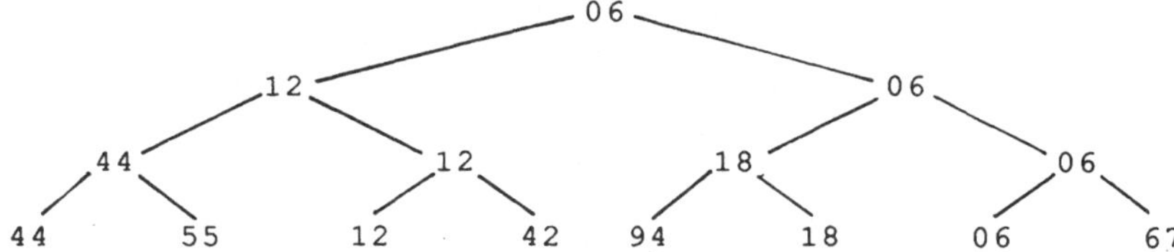

Fig. 13.10 Auswahlbaum

Die Elemente der zweit-untersten Ebene lassen sich mit vier, die der darüberliegenden mit zwei Vergleichen bestimmen, so daß mit insgesamt n-1=7 Vergleichen der Auswahlbaum konstruiert und damit gleichzeitig das kleinste Element identifiziert werden kann. Wir wollen an dieser Stelle festhalten, daß an der Wurzel des Auswahlbaumes das kleinste Element steht und daß der Schlüssel eines jeden Vaters immer kleiner oder gleich denen seiner beiden Söhne ist.

Die eigentliche Idee dieses Sortierverfahrens besteht nun darin, die Wurzel, also das kleinste Element der vorgegebenen n Zahlen, so aus dem Auswahlbaum zu entfernen, daß nach einer Umordnung die Wurzel des verbleibenden Baumes das zweit-kleinste Element enthält. Durch wiederholte Anwendung dieses Vorgehens können wir dann der Reihe nach die aufsteigend angeordneten Elemente "entnehmen". Das folgende Verfahren liefert das Gewünschte.

Der Auswahlbaum wird, von unten beginnend, entlang dem durch das kleinste Element bezeichneten Weg durchlaufen (Fig. 13.11):

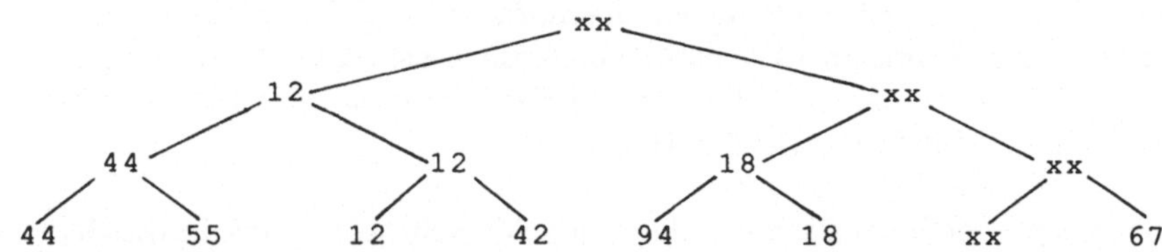

Fig. 13.11

An jedem besuchten Knoten wird, wo vorhanden, der kleinere Sohn andernfalls der des nichtdurchlaufenenanderen Zweiges eingetragen (Fig. 13.12.):

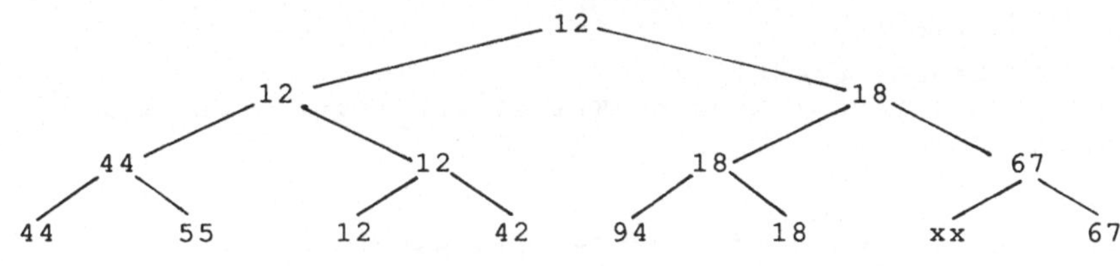

Fig. 13.12

Wie Sie sich leicht überzeugen können, weist dieser Baum dieselben Eigenschaften wie sein Vorgänger auf:
1) an der Wurzel steht das kleinste Element des Baumes und
2) Söhne sind nie kleiner als ihre Väter (sic!).
Vergleiche fallen bei der Manipulation des Auswahlbaumes genau dann an, wenn der durch das jeweils kleinste Element (an der Wurzel) vorgegebene Weg durchlaufen werden soll. Bei insgesamt n Elementen werden dazu ld(n) Vergleiche notwendig. Dies gilt für jedes der n Elemente, so daß der eigentliche Sortier-Vorgang mit n*ld(n) Vergleichen durchgeführt werden kann. Da zur Konstruktion des Auswahlbaumes nur n-1 Vergleiche nötig waren, braucht also das gesamte Verfahren größenordnungsmäßig n*ld(n) Vergleiche. Dies stellt gegenüber Sortierverfahren wie shellsort (Wirth 86) und erst recht gegenüber dem Sortieren durch direkte Auswahl eine ganz wesentliche Verbesserung dar.

Das Gegenüberstellen verschiedener Sortier-Verfahren anhand der Zahl anfallender Vergleiche ist aber nicht ganz fair. Die Konstruktion und das mehrfache Durchlaufen des Auswahlbaumes sind wesentlich komplexere Operationen als etwa das Durchlaufen eines Feldes. Zudem sind zur Darstellung des Auswahlbaums 2n-1 Knoten vom Typ tNode bei n zu sortierenden Schlüsseln nötig. Außerdem ist das Verfahren an sich wohl noch insofern zu verbessern, als vielfach Schlüssel mit "unbesetzten" Knoten (im Beispiel durch xx gekennzeichnet) verglichen werden müssen.

Der von J. Williams entdeckte und von R.W. Floyd verbesserte Algorithmus heapsort hat diese Nachteile nicht (Flo 64). Wir wollen deshalb die Programmierung des oben besprochenen Algorithmus' Ihnen überlassen und gleich heapsort vorstellen. Der Baum für n Elemente wird dabei durch ein n-elementiges Feld dargestellt, dessen Feld-Elemente gewissen Bedingungen genügen müssen. Die Daten-Struktur, die solches leistet, heißt Heap (Haufen, Halde).

Ein Heap ist definiert als eine Folge von Schlüsseln h[1],...,h[r], die die Bedingung

h[i] >= h[2i], h[i] >= h[2i+1] für alle i=1,...,r/2

erfüllt. (Soll statt auf- absteigend sortiert werden, so ist die Ordnungsrelation nur entsprechend zu invertieren). Es gilt also immer h[1]=max(h[1],..,h[r]). Hier nun das Beispiel (wiederum gleich mit einem Testrahmen versehen).

Beispiel 13.13 heapsort:

```
MODULE heapSortTest;
FROM InOut IMPORT ReadInt,WriteInt,WriteLn,WriteString;
IMPORT Zufall;
CONST n=15;
TYPE Index=[1..n];
VAR h:ARRAY Index OF INTEGER;i:INTEGER;

PROCEDURE heapsort; (* Es wird am Ort sortiert *)
   VAR re,li:Index;x:INTEGER;
   PROCEDURE sift;
   (* h[li+1]..h[re] bilden einen Haufen;
    * die Prozedur sift konstruiert am Ort
    * den Haufen h[li],...,h[re] *)
   VAR i,j:Index;exit:BOOLEAN;
   BEGIN
      i:=li;j:=2*i;x:=h[i];exit:=FALSE;
      WHILE (j<=re)AND NOT exit DO
         IF j<re THEN
            IF h[j]<h[j+1] THEN j:=j+1 END
         END;
         exit:= (x>=h[j]);
         IF NOT exit THEN h[i]:=h[j];i:=j;j:=2*i END
      END; (* WHILE j<=re *)
      h[i]:=x
   END sift;
BEGIN (* heapsort *)
(* Anordnen von h zu einem Haufen *)
   li:=(n DIV 2)+1; re:=n;
   WHILE li > 1 DO li:=li-1;sift END;
   (* Vertauschen von Wurzel und h[re] *)
   WHILE re > 1 DO
      x:=h[li];h[li]:=h[re];h[re]:=x;
      (* dann jeweils Rekonstruktion des um ein Element
         verkleinerten Haufens *)
      re:=re-1;
      sift
   END (* WHILE re *)
```

```
END heapsort;

BEGIN  (* Füllen des Feldes h mit Zufallszahlen *)
   FOR i:=1 TO n DO h[i]:=Zufall.RandomCard(1,999) END;
   WriteString('unsortiert:');WriteLn;
   FOR i:=1 TO n DO WriteInt(h[i],4) END;WriteLn;
   heapsort;
   WriteString('sortiert   :');WriteLn;
   FOR i:=1 TO n DO WriteInt(h[i],4) END;WriteLn
END heapSortTest.
```

Das obige Test-Modul erzeugt die folgende Ausgabe:

```
Startwert?        999
unsortiert:
 119  37 629 589 390 396 423 557 232 603 461 749 193 408 483
sortiert:
  37 119 193 232 390 396 408 423 461 483 557 589 603 629 749
```

Zunächst ist festzustellen, daß der Teil h[n DIV 2 + 1]...h[n] von h trivialerweise einen Heap bildet. Daraus folgt, daß man bei h[n DIV 2 + 1] starten kann, um für den Beginn des Sortiervorgangs h so umzuordnen, daß h einen Heap bildet (erste WHILE-Schleife im Block der Prozedur heapsort); s. Fig.13. Das größe Feldelement steht nun an erster Stelle.

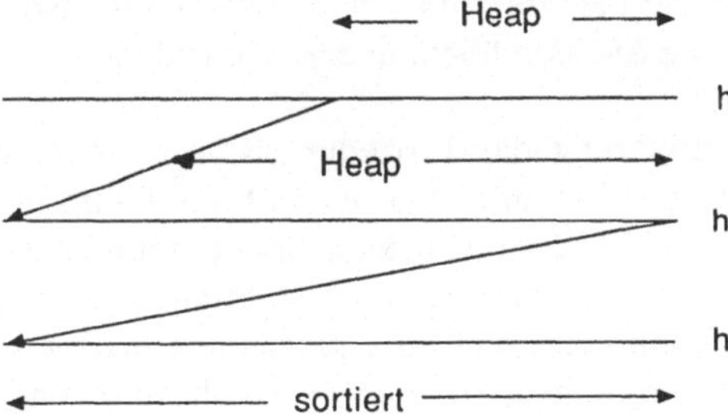

Fig. 13.13 Heapsort

Als nächstes wird das erste Element (das größte Feldelement) mit dem letzten Feldelement vertauscht und dann wird h ohne dem letzten Element wiederum zu einem Heap gemacht. Dieser Vorgang wird solange wiederholt, bis ein sortiertes Feld entstanden ist.

Als Hilfestellung sei auch die Wirkungsweise der Prozedur sift an dem obigen Beispiel erläutert:
Die Prozedur sift wird etwa bei ihrem fünften Aufruf im obigen Beispiel-Lauf von heapsort auf den Ausschnitt h[li,..,re] des Feldes angewandt, wobei die linke bzw. rechte Grenze durch li=3 bzw. re=15 gegeben ist. Das gesamte Feld hat zum Zeitpunkt des Prozedur-Aufrufes die folgende Belegung

```
          li              j                                  re

   119   37 629 589 603 749 483 557 232 390 461 396 193 408 423
```

Bei Eintritt in die WHILE-Schleife gilt also i=li=3, re=15, j=6 und x=h[i]=629. Unter der Bedingung, die durch diese Werte-Belegung der lokalen Variablen i und j sowie der globalen Variablen h definiert ist, wird die Variable j nicht inkrementiert und die Flag exit nicht auf TRUE gesetzt. Vor dem END der WHILE-Schleife hat das Feld h also die folgende Werte-Belegung:

```
                          i                    j

   119   37 749 589 603 749 483 557 232 390 461 396 193 408 423
```

und es gilt i(:=j)=6 sowie j(:=2i)=12.

Beim zweiten Durchlauf der WHILE-Schleife wird daher j wieder nicht inkrementiert; jedoch wird wegen x=629>=396=h[j] die exit-Flag auf TRUE gesetzt, so daß das Feld h vor dem zu WHILE gehörenden END unverändert bleibt.

Damit ist die WHILE-Anweisung abgearbeitet und zu Ende der Prozedur sift gilt h[1],...,h[15]=

```
          li                                                 re

   119   37 749 589 603 629 483 557 232 390 461 396 193 408 423
```

Ausgehend von dem Haufen h[4]..h[15] bilden nun also auch die Elemente h[3]..h[15] einen Haufen, wie Sie sich leicht überzeugen können.

Zur weiteren Erklärung der Prozedur sift sei die Veranschaulichung eines Heaps anhand von Bäumen bemüht. Man kann h als Baum interpretieren: h[i] ist Vater von h[2*i] und h[2*i+1] (falls die beiden Söhne definiert sind). Es ist also h[li] in den Heap h[li+1],...,h[re] 'einzufügen' und steht anfangs an der Wurzel des Baumes, der den neu zu konstruierenden Heap repräsentiert. h[li] wird nun schrittweise mit seinen beiden Söhnen verglichen, solange es solche gibt und h[li] nicht größer als diese beiden ist. Falls nun h[li] kleiner als der größere seiner Söhne ausfällt, wird es mit dem größeren vertauscht und sinkt dadurch im Baum nach unten, während der größere Sohn nach oben steigt. Solche Söhne wandern sozusagen im Baum nach oben.

Anregung: Erstellen Sie eine Modulbibliothek für Sortieraufgaben. Sie soll ein externes Datenmodul HeapSort enthalten. Wie läßt sich über die Prozedur sift eine Vorrangschlange (priority queue), in der immer das höchstpriorisierte Element entnommen wird, als Heap implementieren? Geben Sie die Prozeduren an, die den Prozeduren Enqueue und Dequeue entsprechen.

TEIL III

COROUTINEN UND PROZESSE

THE USEFULNESS AND SUCCESS
OF HIGH-LEVEL PROGRAMMING LANGUAGES
REST ON THE PRINCIPLE OF ABSTRACTION.
N. WIRTH

14. Coroutinen

Übersicht
In diesem Kapitel werden Coroutinen als Sprachmittel zur Programmierung von Quasi-Nebenläufigkeiten vorgestellt.

14.1 Nebenläufigkeit

Mit Coroutinen lassen sich mögliche Parallelitäten in der Bearbeitung einer Aufgabe ausdrücken. Das Coroutinen-Konzept kann als Erweiterung des Prozedur-Konzepts aufgefaßt werden. Beim Aufruf einer Prozedur beginnt deren Ausführung immer mit der ersten Anweisung; die Prozedur wird dann vollständig abgearbeitet. Die einzige Abweichung von dieser Regel bilden RETURN-Anweisungen für Ausnahmesituationen. Coroutinen dagegen können auch nur teilweise abgearbeitet werden. Ein erneuter Aufruf bewirkt, daß mit ihrer Ausführung am Unterbrechungspunkt fortgefahren wird.

Eine Coroutine C kann also ihren Ablauf unterbrechen und den Programmzähler einer anderen Coroutine überlassen. In der Regel wird zu einem späteren Zeitpunkt der Programmzähler wieder C zugeteilt werden. Man sagt dazu auch, daß C zwischenzeitlich die Kontrolle abgibt. Diesen Vorgang nennt man Quasi-Nebenläufigkeit (quasi-concurrency). Zu jedem Zeitpunkt kann aber immer nur eine Coroutine die Kontrolle haben, also aktiv sein. Nach der Kontrollabgabe bleiben - anders als bei Rückkehr aus einem Unterprogramm - die Werte aller lokalen Objekte erhalten. Der Zustand der Coroutine wird sozusagen am Unterbrechungspunkt eingefroren. Während zwischen Programm und Unterprogramm die Beziehung Auftraggeber/Beauftragter besteht, ist eine Coroutine zugleich Beauftragter und Auftraggeber. Die Kontrollübergabe geschieht explizit, d.h. die beauftragte Coroutine erhält die Kontrolle direkt von der beauftragenden Coroutine.

14.2 Coroutinen in Modula

In Modula können nur parameterlose Unterprogramme - also Prozeduren vom Typ PROC (vgl. Kap.7) - zu Coroutinen erklärt werden. Diese Beschränkung fällt aber nicht zusehr ins Gewicht, da sich die Prozeduren zusammen mit globalen Variablen in lokalen Moduln unterbringen lassen und dadurch die Sichtbarkeit der globalen Variablen eingeschränkt werden kann. Die Prozeduren dürfen zudem nicht als Unterprogramm in anderen Unterprogrammen deklariert sein; auch rekursive Prozeduren sind ausgeschlossen. Coroutinen können also nur dynamisch, nicht aber statisch verschachtelt werden. Die Umwandlung einer Prozedur in eine Coroutine erfolgt durch den Aufruf der Prozedur NEWPROCESS meist vom Hauptmodul aus. Der Aufruf der

Prozedur TRANSFER aktiviert (startet) die Coroutine. Die Coroutine kann dann die Kontrolle vermittels TRANSFER einer anderen Coroutine oder auch wieder dem Hauptmodul übergeben. NEWPROCESS und TRANSFER müssen vom Pseudomodul SYSTEM importiert werden (vgl. Kap. 11.1). Die Kontrollübergabe an eine Coroutine geschieht über eine der Coroutine zugeordnete Variable. Diese Variable ist vom Typ ADDRESS und weist auf eine Datenstruktur, die wir Kontrollblock der Coroutine nennen wollen und die den Zustand der Coroutine im Zeitpunkt der Unterbrechung beschreibt. In diesem Kontrollblock werden u.a. die Registerwerte an der Unterbrechungsstelle festgehalten. (In der älteren Modula-Version haben Coroutinen-Variable den Typ PROCESS, der ebenfalls aus SYSTEM zu importieren ist).

Eine Coroutine muß also erst erzeugt werden, bevor sie gestartet werden kann. Was geschieht bei der Umwandlung einer Prozedur P in eine Coroutine? Diese Umwandlung geht in vier Schritten vor sich, wobei die Schritte 3 und 4 durch den Aufruf von

NEWPROCESS(P:PROC;A:ADDRESS;n:CARDINAL;VAR new:ADDRESS)

vollzogen werden.

(1) Bereitstellen von Speicherplatz (Arbeitsbereich, workspace) u.a. für die Beschreibung des Unterbrechungszustands der Coroutine (d.h. für die Aufnahme des Kontrollblocks und der Werte der zur Coroutine lokalen Variablen). Die (Basis)-Adresse A des Arbeitsbereichs und die benötigte Anzahl n von Speicherplätzen müssen als Parameter an NEWPROCESS übergeben werden.

(2) Bekanntgabe einer Coroutinen-Variablen, die die neue Coroutine repräsentieren soll. Diese wird anstelle des formalen Parameters new übergeben.

(3) Initialisierung dieser Coroutinen-Variablen mit der Basisadresse des Arbeitsbereichs.

(4) Initialisierung des Kontrollblocks, so daß die Ausführung der Coroutine, wenn die Kontrolle das erste Mal an sie übergeht, mit der ersten Anweisung von P beginnt.

Z.B. wird durch den Aufruf

NEWPROCESS(erzeugen,Adr,128,Produzent)

aus der Prozedur "erzeugen" eine Coroutine mit Namen Produzent. Den nötigen Speicherplatz und dessen Adresse Adr können Sie sich über ALLOCATE(Adr,128) verschaffen. Sie können aber auch über die Prozedur ADR den Speicherplatz einer explizit deklarierten Variablen verwenden.

Eine Coroutine besteht also aus einem Code-Segment, einem Arbeitsbereich und einem Kontrollblock. Verschiedene Coroutinen können durchaus dasselbe Code-Segment besitzen. Sie werden explizit durch ein TRANSFER gestartet.

Was geschieht nun bei der Aktivierung einer Coroutine? Durch den Aufruf von

TRANSFER(VAR source,destination:ADDRESS)

wird folgendes erreicht:

(1) Der Zustand der aufrufenden Coroutine wird eingefroren. Dabei ist ihr wiederum eine Coroutinen-Variable zuzuordnen. Der formale Parameter dafür ist source. Die Abarbeitung der Coroutine kann dann durch Angabe dieser Variablen in einem späteren Aufruf von TRANSFER wieder aufgenommen werden.

(2) Die Abarbeitung der in TRANSFER an zweiter Stelle explizit genannten Coroutine wird an ihrem letzten Unterbrechungspunkt fortgesetzt. Sie muß natürlich zuvor erzeugt worden sein. Eine Ausnahme bildet das Hauptmodul, welches - wie schon erwähnt wurde - vom Laufzeit-System bereits wie eine Coroutine behandelt wird.

So wird z.B. durch

TRANSFER(Produzent,Konsument)

die Kontrolle von Produzent an Konsument übergeben. Dem aktuellen Parameter Konsument muß zuvor durch TRANSFER oder NEWPROCESS eine Coroutine zugewiesen worden sein. Anzumerken ist noch, daß die Ausführung einer Coroutine nicht das END des zugeordneten Unterprogramms erreichen darf. Coroutinen dürfen die Kontrolle vielmehr nur explizit durch TRANSFER abgeben. Wird das normale Prozedurende erreicht, so hat dies eine Fehlermeldung und den Programmabbruch zur Folge.

14.3 Beispiele für Coroutinen

Mit dem folgenden einfachen Beispiel soll lediglich die Erzeugung von Coroutinen und die Kontrollabgabe illustriert werden. Es werden zwei Coroutinen Ha und Tschi erzeugt, die sich dann abwechselnd den Programmzähler übergeben.

Beispiel 14.1a Kontrollübergabe bei Coroutinen:

```
MODULE HaTschi;
FROM SYSTEM    IMPORT ADDRESS,WORD,ADR,SIZE,
                      NEWPROCESS,TRANSFER;
FROM Storage   IMPORT ALLOCATE;
FROM Zufall    IMPORT RandomCard;
FROM Terminal  IMPORT Write,WriteLn,WriteString;
VAR Adr            : ADDRESS;
    Ha,Tschi,main  : ADDRESS;(*Coroutinen-Variable*)
    wsp            : ARRAY[1..1024] OF WORD;

PROCEDURE schreibeHa;
BEGIN
LOOP
   IF RandomCard(0,20) < 20
```

```
        THEN WriteString(' ha')
        ELSE TRANSFER(Ha,Tschi);WriteLn
    END
END
END schreibeHa;

PROCEDURE schreibeTschi;
BEGIN
LOOP
    WriteString('tschi');Write(7C);
    TRANSFER(Tschi,Ha)
END
END schreibeTschi;

BEGIN
    NEWPROCESS(schreibeHa,ADR(wsp),SIZE(wsp),Ha);
    (*Die eine Art Speicher bereitzustellen *)
    ALLOCATE(Adr,1024);
    NEWPROCESS(schreibeTschi,Adr,1024,Tschi);
    (*die andere Art *)
    TRANSFER(main,Ha)
END HaTschi.
```

Bemerkung: TRANSFER ist so implementiert, daß der zweite Parameter gelesen wird, bevor der erste die Adresse der aufrufenden Coroutine zugewiesen bekommt. Man hätte also anstelle der beiden Coroutinen-Varialen Ha und Tschi auch nur eine einzige verwenden können (vgl. Beispiel 14.1b).

Beispiel 14.1b Kontrollübergabe bei Coroutinen:

```
MODULE HiHo;
FROM SYSTEM   IMPORT WORD,ADR,SIZE,NEWPROCESS,
                     TRANSFER,ADDRESS,PROCESS;
FROM Terminal IMPORT WriteString,WriteLn;
TYPE Coroutine = PROCESS;
VAR main,waiting: Coroutine;
(* waiting wird immer der augenblicklich
   inaktiven Coroutine zugewiesen *)
    wsp:ARRAY[1..2] OF ARRAY[1..1024] OF WORD;

PROCEDURE Hi;
BEGIN
   NEWPROCESS(Ho,ADR(wsp[2]),SIZE(wsp[2]),waiting);
      LOOP
         WriteString('Hi');
         TRANSFER(waiting,waiting);
         WriteLn
      END
END Hi;

PROCEDURE Ho;
```

```
BEGIN
   LOOP
      WriteString('Ho');
      TRANSFER(waiting,waiting)
   END
END Ho;

BEGIN
   NEWPROCESS(Hi,ADR(wsp[1]),SIZE(wsp[1]),waiting);
   TRANSFER(main,waiting)
END HiHo.
```

Das Hauptmodul aktiviert zuerst Hi, dieses dann Ho.

Coroutinen finden ihre Anwendung vor allem in der Systemprogrammierung und bei Simulationsaufgaben. Das Coroutinen-Konzept läßt sich aber auch in anderen Aufgabenbereichen vorteilhaft verwenden, so z. B. als Alternative zur Rekursion, was das folgende Beispiel zeigen soll.

StabileHeirat2 (Allison):
Es sei hier - anders als im Beispiel aus Kap. 6 - nach nur einer Lösung des Problems der stabilen Heirat gefragt. Das Verhalten des i-ten Mannes bei der Partnerwahl wird durch die Coroutine m[i] simuliert, dasjenige der i-ten Frau durch die Coroutine f[i]. Die Coroutinen m[i] bzw. f[i], i=1,...,max, besitzen alle dasselbe Code-Segment Mann bzw. Frau. Das Heiratsinstitut (Hauptmodul) vergibt jetzt nur noch Karteinummern, notiert die Wünsche und gibt das Ergebnis bekannt. Jeder Mann bringt seine Wünsche in der Reihenfolge seiner Präferenzen vor, bis er erhört wird. Wird er später wieder abgewiesen, so äußert er sofort den nächsten Wunsch. Jede Frau akzeptiert zunächst ihren ersten Freier, ändert aber ihre Einstellung, wenn ein Mann um sie wirbt, den sie ihrem augenblicklichen Verlobten vorzieht. Diese konservative Art der Brautwahl führt zu dem bestmöglichen Ergebnis für die Männer, was ihre Präferenzen betrifft, obwohl es den Anschein hat, als hätten die Frauen die eigentliche Wahl. Natürlich könnte durch Rollentausch auch das bestmögliche Ergebnis für die Frauen ermittelt werden.

Beispiel 14.2 Stabile Heirat:

```
MODULE StabileHeirat2; (* Version mit Coroutinen*)
FROM InOut   IMPORT WriteLn,WriteString,ReadCard,WriteCard;
FROM Storage IMPORT ALLOCATE;
FROM SYSTEM  IMPORT ADDRESS,NEWPROCESS,TRANSFER;

CONST max = 4; WspLngth = 1024;
TYPE Partie     = [ 1..max] ;
     Praeferenz = ARRAY Partie,Partie OF Partie;
     Coroutine  = ADDRESS;
VAR Heirat(*sInstitut*) : Coroutine;
    m,f                 : ARRAY Partie OF Coroutine;
    Verlobter           : ARRAY Partie OF Partie;
```

```
     i,mann,Verehrer        : Partie;
     wuensche,waehle        : Praeferenz;

PROCEDURE leseWunsch(VAR matrix : Praeferenz;
                     Groesse : CARDINAL;G : CHAR);
VAR i,j : Partie;
BEGIN
WriteLn;
FOR i := 1 TO Groesse DO
   WriteString('Kandidat(in)');WriteCard(i,2);
   FOR j := 1 TO Groesse DO
      CASE G OF
         'M' : WriteString(' gibt Praeferenz');
            WriteCard(j,2); WriteString(' der Frau ')|
         'F' : WriteString(' gibt Mann');
            WriteCard(j,2); WriteString(' die Praeferenz ')
      ELSE WriteString('! Eingabefehler !')
      END;
   ReadCard(matrix[i,j]);WriteCard(matrix[i,j],2);WriteLn;
   WriteLn
   END
END
END leseWunsch;

PROCEDURE Flip(VAR k,l:Partie);
VAR iAlt : Partie;
BEGIN iAlt := k;k := l;l := iAlt
END Flip;

PROCEDURE Mann;
VAR frau,ich,j : Partie;
BEGIN
ich := i;(*Karteinummer*)
TRANSFER(m[ich],Heirat);
FOR j := 1 TO max DO
   frau := wuensche[ich,j];
   Verehrer := ich;
   TRANSFER(m[ich],f[frau])
END
END Mann;

PROCEDURE Frau;
VAR ich, meinVerlobter : Partie;
BEGIN
ich := i; (*Karteinummer*)
TRANSFER(f[ich],Heirat);
(* ich akzeptiere erstes Angebot *)
Verlobter[ich] := Verehrer;
TRANSFER(f[ich],Heirat);
LOOP (* solange es eine bessere Aussicht gibt *)
   meinVerlobter := Verlobter[ich];
      IF waehle[ich,Verehrer] <(* lieber als *)
```

```
            waehle[ich,meinVerlobter]
            THEN Flip(Verehrer,Verlobter[ich]) END;
      TRANSFER(f[ich],m[Verehrer])
   END
   END Frau;

   VAR Adr : ADDRESS;

   BEGIN
   WriteString('Stabile Heirat fuer');WriteCard(max,4);
   WriteString(' Paare');WriteLn;
   WriteString('Praeferenzen der Männer : ');
   leseWunsch(wuensche,max,'M');
   WriteString('Präferenzen der Frauen : ');
   leseWunsch(waehle,max,'F');
   FOR i := 1 TO max DO
      ALLOCATE(Adr,WspLngth);
      NEWPROCESS(Mann,Adr,WspLngth,m[i]);
      TRANSFER(Heirat,m[i]);
      ALLOCATE(Adr,WspLngth);
      NEWPROCESS(Frau,Adr,WspLngth,f[i]);
      TRANSFER(Heirat,f[i])
   END;

   FOR mann := 1 TO max DO
      TRANSFER(Heirat,m[mann])
   END;
   WriteString('Ergebnis : ');WriteLn;
   FOR i := 1 TO max DO
      WriteString('Frau ');WriteCard(i,3);
      WriteString(' heiratet Mann ');
      WriteCard(Verlobter[i],3);
      WriteLn
   END
   END StabileHeirat2.
```

Ausgabebeispiel:

```
Stabile Heirat fuer 4 Paare
Praeferenzen der Maenner :
Kandidat(in)  1 gibt Praeferenz 1 der Frau 3
gibt Praeferenz  2 der Frau   1
gibt Praeferenz  3 der Frau   2
gibt Praeferenz  4 der Frau   4
Kandidat(in)  2 gibt Praeferenz 1 der Frau 3
gibt Praeferenz  2 der Frau   4
gibt Praeferenz  3 der Frau   2
gibt Praeferenz  4 der Frau   1
Kandidat(in)  3 gibt Praeferenz 1 der Frau 1
gibt Praeferent  2 der Frau   3
```

```
gibt Praeferenz  3 der Frau   2
gibt Praeferenz  4 der Frau   4
Kandidat(in)  4 gibt Praeferenz 1 der Frau 1
gibt Praeferenz  2 der Frau   2
gibt Praeferenz  3 der Frau   3
gibt Praeferenz  4 der Frau   4
Praeferenzen der Frauen :
Kandidat(in)  1 gibt Mann 1 die Praeferenz 1
gibt Mann  2 die Praeferenz   2
gibt Mann  3 die Praeferenz   3
gibt Mann  4 die Praeferenz   4
Kandidat(in)  2 gibt Mann 1  die Praeferenz 1
gibt Mann  2 die Praeferenz   2
gibt Mann  3 die Praeferenz   3
gibt Mann  4 die Praeferenz   4
Kandidat(in)  3 gibt Mann 1  die Praeferenz 1
gibt Mann  2 die Praeferenz   2
gibt Mann  3 die Praeferenz   3
gibt Mann  4 die Praeferenz   4
Kandidat(in)  4 gibt Mann 1  die Praeferenz 1
gibt Mann  2 die Praeferenz   2
gibt Mann  3 die Praeferenz   3
gibt Mann  4 die Praeferenz   4
```

Ergebnis :

```
Frau   1 heiratet Mann   3
Frau   2 heiratet Mann   4
Frau   3 heiratet Mann   1
Frau   4 heiratet Mann   2
```

Daß dieses Programm eine stabile Zuordnung der Partner liefert, läßt sich wie folgt einsehen. Die Zuordnung ist offensichtlich stabil, wenn es nur ein Paar gibt. Angenommen, die Wahl zwischen i-1 Männern und i-1 Frauen ist bereits getroffen. Wenn nun der i-te Mann eine noch nicht verlobte Frau erwählt, wird er von ihr akzeptiert. Da aber keiner der i-1 ersten Männer diese erwählt hat, ist die neue Zuordnung stabil. Wirbt der i-te Mann jedoch um eine bereits verlobte Frau, so wird er von ihr akzeptiert oder zurückgewiesen. Der erste Fall führt zu einer für die Frau besseren Situation - also in Richtung auf eine stabile Zuordnung. Da es immer wenigstens eine nicht verlobte Frau gibt, bevor der letzte Mann seine Wahl getroffen hat, endet die Partnerwahl auch immer (Rücksprung in den Hauptmodul beim zweiten TRANSFER in der Prozedur Frau).

Mit dem nächsten Beispiel möchten wir zeigen, wie mit Coroutinen Abstrakte Datentypen simuliert werden können. Für jedes Objekt des Datentyps wird eine Coroutine erzeugt, die es verwaltet.

Beispiel 14.3 Simulation eines ADT's (Definitionsmodul):

```
DEFINITION MODULE CStapel;
TYPE tElement  = CARDINAL; (* oder ein anderer Typ *)
     tStapelNr = CARDINAL;

PROCEDURE erzeugeStapel(s:tStapelNr);
PROCEDURE legauf(s:tStapelNr;el:tElement);
PROCEDURE nimmvon(s:tStapelNr;VAR el :tElement);
PROCEDURE leer(s:tStapelNr):BOOLEAN;
PROCEDURE voll(s:tStapelNr):BOOLEAN;
END CStapel.
```

In der folgenden Implementation wird also jeder Stapel von einer eigenen Coroutine verwaltet. Die zugrundeliegende Prozedur "handhaben" ist im lokalen Modul HANDLER untergebracht. Das aufrufende Programm "kommuniziert" mit diesen Coroutinen über die gemeinsamen Variablen Operation, ELEMENT, istVoll und istLeer.

```
IMPLEMENTATION MODULE CStapel;
FROM SYSTEM  IMPORT ADDRESS,NEWPROCESS,TRANSFER;
FROM Storage IMPORT ALLOCATE;
FROM InOut   IMPORT WriteString;
CONST Anzahl = 10;
VAR main : ADDRESS;
    Stapelverwalter : ARRAY[1..Anzahl] OF ADDRESS;
TYPE OpCode = ( POP,PUSH,VOLL,LEER);
VAR Operation : OpCode;
    ELEMENT : tElement;
    StapelNr : tStapelNr;

PROCEDURE erzeugeStapel(s:tStapelNr);
VAR Adr : ADDRESS;
BEGIN
IF s <= Anzahl THEN
   ALLOCATE(Adr,1024);StapelNr := s;
   NEWPROCESS(handhaben,Adr,1024,Stapelverwalter[s]);
   TRANSFER(main,Stapelverwalter[s])
ELSE WriteString('Schon zuviele Stapel')
END
END erzeugeStapel;

PROCEDURE leer(s:tStapelNr):BOOLEAN;
BEGIN Operation := LEER;
   TRANSFER(main,Stapelverwalter[s]);RETURN istLeer
END leer;

PROCEDURE voll(s:tStapelNr):BOOLEAN;
BEGIN Operation := VOLL;
   TRANSFER(main,Stapelverwalter[s]);RETURN istVoll
END voll;
```

```
PROCEDURE legauf(s:tStapelNr;el:tElement);
BEGIN Operation := PUSH;ELEMENT := el;
   TRANSFER(main,Stapelverwalter[s])
END legauf;

PROCEDURE nimmvon(s:tStapelNr;VAR el:tElement);
BEGIN Operation := POP;
   TRANSFER(main,Stapelverwalter[s]);
   el := ELEMENT
END nimmvon;

MODULE HANDLER;
IMPORT Stapelverwalter,Operation,OpCode,
       ELEMENT,tElement,tStapelNr,StapelNr,
       TRANSFER,WriteString,main;
EXPORT handhaben,istLeer,istVoll;

VAR istVoll,istLeer:BOOLEAN;
PROCEDURE handhaben;
CONST StapelLaenge = 5;
VAR id     : tStapelNr ;
    Stapel : ARRAY[1..StapelLaenge] OF tElement;
    top    : [0..StapelLaenge];

BEGIN id := StapelNr;top := 0;
   TRANSFER(Stapelverwalter[id],main);
LOOP
CASE Operation OF
   VOLL : istVoll := (top = StapelLaenge)|
   LEER : istLeer := (top = 0)|
   POP  : IF top > 0 THEN
             ELEMENT := Stapel[top];DEC(top) END|
   PUSH : IF top <  StapelLaenge THEN
               INC(top);Stapel[top] := ELEMENT END
          ELSE WriteString(' Unerlaubte Operation ')
END;
TRANSFER(Stapelverwalter[id],main)
END (* LOOP *)
END handhaben;
END HANDLER;

BEGIN
END CStapel.
```

Sobald nun in einem Hauptmodul ein Stapel erzeugt werden soll, wird erzeugeStapel(i) aufgerufen. Diese Prozedur erzeugt und aktiviert einen Stapelverwalter. Zugleich teilt sie ihm seine Nummer (StapelNr) mit. Diese Nummer merkt sich der Stapelverwalter, indem er sie in die lokale Variale id kopiert (Beispiel für Parameterübergabe an eine Coroutine). Danach initialisiert er einen Stapel und gibt die

Kontrolle an das Hauptmodul zurück. Die Werte der lokalen Objekte id, top und Stapelplatz sind coroutinen-spezifisch und quasi-statisch, da ja die Coroutine nie beendet wird. Das Hauptmodul kann nun durch Prozeduraufrufe dem jeweiligen Stapelverwalter einen Operationscode mitteilen und ihn damit beauftragen, eine bestimmte Operation auf seinem Stapel durchzuführen.

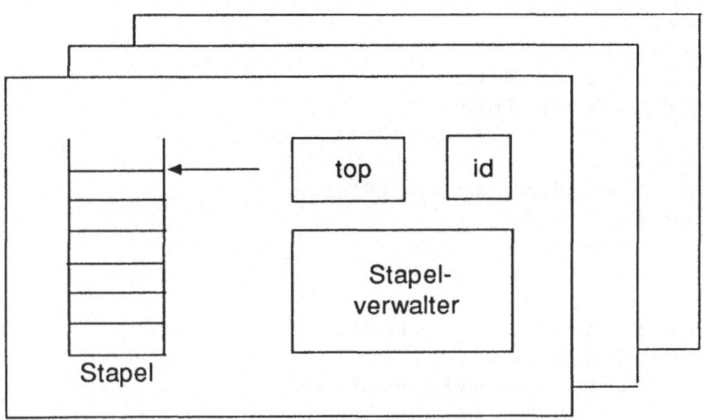

Fig. 14.1 Datenverwalter

Mit dem folgenden Test-Modul soll die Benutzung dieses simulierten ADT's demonstriert werden. Mehrere Stapel werden der Reihe nach mit zufällig gewählten Zahlen gefüllt; dann werden diese Stapel der Reihe nach wieder geleert, um ihren Inhalt auszugeben.

Beispiel 14.4 Verwendung des simulierten ADT's:

```
MODULE Poker;
FROM CStapel IMPORT erzeugeStapel,legauf,
                    nimmvon,leer,voll,tElement,
                    tStapelNr;
FROM Zufall  IMPORT RandomCard;
FROM InOut   IMPORT WriteString,WriteLn,WriteCard,
                    ReadCard,Read;
CONST N = 14;
VAR j,i  : tStapelNr;
    b,el : tElement;

PROCEDURE write(x:tElement);
BEGIN
CASE x OF
   10:WriteString('10 ') |
   11:WriteString('Bube ') |
   12:WriteString('Dame ') |
   13:WriteString('Koenig ')|
```

```
    14:WriteString('ASS ')
    ELSE WriteString('Fehler')
END
END write;

VAR e : CHAR;

BEGIN (* Pocker *)
REPEAT
j := 1;erzeugeStapel(j);
FOR i := 1 TO N DO
   IF voll(j) THEN
      j := j + 1;erzeugeStapel(j)
   END;
   b := RandomCard(10,14);
   legauf(j,b);
END (* FOR *);
WriteLn; (* Ausgabe *)
FOR i:= 1 TO j DO
   WriteCard(i,3);WriteString('ter Stapel : ');
   WHILE NOT(leer(i)) DO
      nimmvon(i,el); write(el)
   END (* WHILE *); WriteLn
END(*FOR*);
Read(e)
UNTIL e ='e'
END Poker.
```

Ausgabebeispiel:

```
          Zufallszahlen
          Startwert ? 17
1ter Stapel : Koenig ASS Bube Bube 10
2ter Stapel : Bube Dame 10 Bube 10
3ter Stapel : ASS Koenig ASS Bube
```

Jeder Stapel dieses Beispiels kann als ein Objekt im Sinne der objektorientierten Programmierung aufgefaßt werden (vgl. Kap. 10.3). Mit erzeugeStapel wird ein Objekt der "Klasse" CStapel erzeugt. Zu jedem Objekt gehört ein Objektmanager, der Stapelverwalter, der dem Benutzer verborgen bleibt. Der Stapelverwalter (Coroutine) ändert die Objektdaten, wenn ihm eine Botschaft in Form eines Operationscodes "zugeschickt" wird. So gesehen ist der Stapelverwalter ein sog. Leichtgewichts-Prozeß. Wir wollen nun diesen Prozeßbegriff näher erläutern.

Anregung: Wie würde das Spiel "Turm von Hanoi" unter Verwendung dieses ADT's aussehen?

15. Prozesse

Übersicht:
In diesem Kapitel werden die Begriffe Prozeß, Prozeß-Zustand und Prozeß-System eingeführt sowie Konzepte und Verfahren vorgestellt, mit denen Prozesse koordiniert werden können.

15.1 Prozeß-Systeme

Wenn die Übergabe der Ablaufkontrolle innerhalb eines Systems von Coroutinen nicht explizit erfolgt, sondern implizit nach bestimmten Auswahlregeln (schedules, Fahrplänen) vorgenommen wird, dann spricht man statt von Coroutinen von Prozessen. In einfachen Fällen beruhen solche Auswahlregeln auf den uns schon bekannten Warteschlangen-Strategien. Die Prozesse können beispielsweise in der Reihenfolge aktiviert werden, in der sie erzeugt wurden, d.h. sie erhalten die Kontrolle nach der FCFS-Strategie. I.a. sind aber solche Auswahlregeln vielseitiger.

Bei Prozessen ist also in den zugrunde liegenden Prozeduren nicht explizit festgelegt, welcher Prozeß des Systems als nächster aktiviert wird. Die Koordination zwischen den Prozessen des Systems geschieht vielmehr entweder dadurch, daß die Prozesse von sich aus bestimmte Zustände einnehmen, oder aber dadurch, daß sie durch eine eigene Instanz, den Dispatcher oder Short-Term Scheduler, in bestimmte Zustände versetzt werden. Solche Prozeßzustände sind

- *existent:* Der Prozeß ist erzeugt; es kann ihm jedoch die Kontrolle noch nicht zugeteilt werden, da er noch nicht Teil des Prozeß-Systems, d.h. ablauffähig, ist.
- *laufend (rechnend):* Der Prozeß wird ausgeführt. Den Zustand laufend verläßt er entweder, indem er sich selbst deaktiviert (suspendiert) und damit implizit die Kontrolle einem anderen Prozeß des Systems oder dem Dispatcher übergibt, oder indem er durch den Dispatcher verdrängt wird. Die zweite Alternative setzt ein sogenanntes Zeitscheibenverfahren voraus, d.h. jedem laufenden Prozeß wird die Kontrolle nur für eine vorgegebene Zeitdauer zugeteilt. Nach Ablauf dieser Zeit wird ihm automatisch die Kontrolle wieder entzogen und dem Dispatcher übergeben.
- *bereit:* Der Prozeß ist ablaufbereit; ihm ist jedoch noch nicht die Kontrolle übergeben worden. In diesem Zustand wartet der Prozeß auf ihre Zuteilung. Er wird sie bei fairen Vergaberegeln entweder vom Dispatcher (centralized dispatching, zentrale Befehlszählervergabe) oder von einem anderen Prozeß des Systems (distributed dispatching, verteilte Befehlszählervergabe) auch erhalten.
- *blockiert:* Der Prozeß ist nicht ablaufbereit; er muß auf das Eintreffen eines oder mehrerer Ereignisse warten.

Wenn sich mehrere Prozesse im Zustand "bereit" oder "blockiert" befinden, dann müssen ihre Kontrollblöcke in Listen, z.B. in Warteschlangen, eingereiht und entsprechend verwaltet werden. Figur 15.1 zeigt mögliche Übergänge zwischen den Zuständen eines Prozesses.

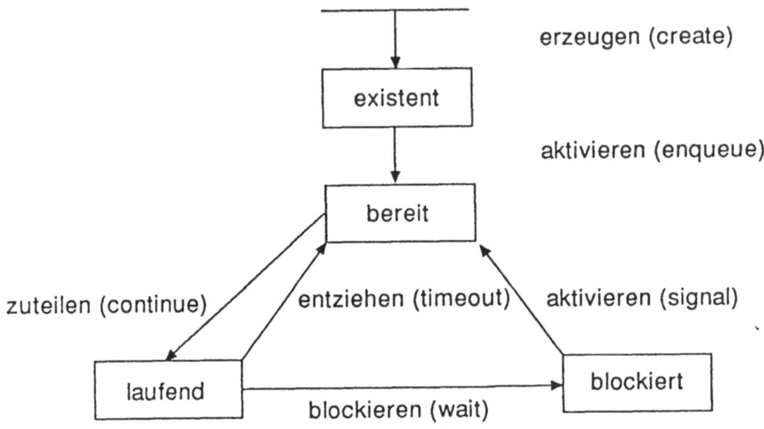

Fig. 15.1 Zustandsübergänge

Der Prozeß-Zustand "blockiert" unterteilt sich zumeist in mehrere Unterzustände. Ein Prozeß kann z.B. auf Botschaften von anderen Prozessen oder auf das Eintreten eines externen Ereignisses (interrupt) warten. Dementsprechend gibt es in einem Prozeß-System meist auch mehrere Warteschlangen für Prozesse. Die Zustände "existent", "bereit", etc. beschreiben den Prozeß aus der Sicht des Dispatchers. Man nennt sie die äußeren Prozeßzustände, während die sog. inneren Prozeßzustände durch den Inhalt des (Prozeß-) Kontrollblocks gegeben sind.

Zum Prozeßbegriff

Wir haben Prozesse als Coroutinen mit besonderen Eigenschaften definiert. Der allgemeine Prozeßbegriff bezieht sich dagegen auf die Ausführung solcher Coroutinen, d.h. auf eine Folge von Aktionen. Das Code-Segment einer Coroutine enthält die statische Beschreibung der Folgen von Anweisungen, die diese Aktionen auslösen können; ein Prozeß (im allgemeinen Sinn) ist dagegen eine dynamische Einheit: zwei Prozesse können durch dasselbe Programm beschrieben sein, jedoch umgebungsabhängig unterschiedliche Aktionenfolgen durchlaufen (vgl. Beispiel 15.1). Prozesse, die auf Coroutinen basieren, werden nicht vom Betriebssystem verwaltet. Deshalb nennt man sie Leichtgewichts-Prozesse. Schwergewichtsprozesse bilden dagegen die funktionalen Einheiten des Ablaufgeschehens in einem Betriebssystem, die weitgehend unabhängig sind und (quasi-) gleichzeitig aktiv sein können. Durch den Prozeßbegriff wird von den physikalischen Vorgängen innerhalb des oder der Prozessoren der Rechenanlage abstrahiert und das Ablaufgeschehen auf einer höheren Abstraktionsstufe beschrieben. In diesem Sinne spricht man auch davon, daß Prozesse auf virtuellen Prozessoren ablaufen. In einem Einprozessor-System erfolgt die "Materialisierung" der virtuellen Prozessoren im Augenblick der Zuteilung des realen Prozessors, d.h. der reale Prozessor wird abwechselnd den virtuellen Prozessoren zugeteilt. Die Zuteilung der - im Vergleich zum realen Prozessor natürlich langsameren - virtuellen Prozessoren (d.h. im wesentlichen das Einordnen der Prozesse in die Bereitschlange) wird "scheduling", die des realen Prozessors "dispatching" genannt.

Synchronisation

In einem Prozeß-System treten häufig Situationen auf, in denen verschiedene Prozesse miteinander in Beziehung treten (kooperieren) müssen. Synchronisation ist der Oberbegriff für alle Maßnahmen, die erforderlich sind, um ein korrektes Zusammenwirken der Prozesse zu erreichen. Eine Synchronisation der Prozesse kann aus unterschiedlichen Gründen erforderlich werden. Solche Gründe sind:

- *Kommunikation:* Wenn mehrere Prozesse eine gemeinsame Aufgabe erfüllen sollen, müssen sie gegenseitig Information austauschen und sich zeitlich abstimmen können. Dies kann dadurch geschehen, daß sie sich entweder Botschaften zuschicken oder aber Zugriff auf gemeinsame Datenobjekte haben. Im ersten Fall - dem eines botschaftengekoppelten Systems - schickt der Sender die Information direkt an den Empfänger (lose Kopplung), im zweiten Fall hinterlegt er sie in einem gemeinsamen Datenbereich, ohne den Empfänger direkt anzusprechen und ohne, daß ein Umkopieren der Information nötig wird (enge Kopplung).
- *Reihenfolgen:* Oft ist eine vorgegebene Reihenfolge bei der Ausführung von Operationen durch die Prozesse einzuhalten; sei es um Effizienz zu gewährleisten, sei es, um die gewünschte Reihenfolge bei der Bearbeitung von Datenobjekten aufrechtzuerhalten. Eine bestimmte Reihenfolge läßt sich z.B. dadurch herstellen, daß den Prozessen Dringlichkeiten (Prioritäten) zugeordnet werden.
- *gegenseitiger Ausschluß:* Wenn die Integrität einer Datenstruktur zu wahren ist, dürfen sich gewisse Operationen auf dieser Datenstruktur nicht überlappen. So ist bei einem Zeitscheibenverfahren unbedingt zu vermeiden, daß zwei Prozesse (quasi-) parallel auf einen Stapel zugreifen. Sonst könnte z.B. der erste Prozeß während der Ausführung einer push-Operation durch einen zweiten Prozeß, der vielleicht das oberste Element des Stapels entnehmen will, verdrängt werden. Dies kann sowohl vor als auch nach Versetzen des Stapelzeigers geschehen und damit wäre das oberste Element des Stapels nicht mehr eindeutig definiert. Soll ein Eintrag in eine dynamische Liste ein- oder ausgehängt werden, so muß man vermeiden, daß quasi-gleichzeitig die Nachbarelemente umgehängt werden. Dies könnte sonst leicht zu Fehlern in der Verzeigerung führen. Es ist also dafür zu

sorgen, daß Prozesse solche Operationen unter gegenseitigem Ausschluß aufrufen - d.h., daß die Ausführung dieser Operationen (kritischer Abschnitt s.u.) nicht unterbrochen werden kann. Dazu müssen sich die in Frage kommenden Prozesse synchronisieren.

In den nächsten Abschnitten wollen wir mit drei typischen Beispielen die Vielfalt der Koordinierungsmöglichkeiten für Prozeß-Systeme illustrieren, nämlich

(1) Zentrale Koordination durch ein Steuerprogramm,

(2) Synchronisation über Signale (Semaphore) beim Zugriff auf ein gemeinsames Datenobjekt (Konsumenten-Produzenten-Modell) und

(3) Synchronisation über Botschaftenaustausch.

Solche Koordinierungaufgaben fallen z.B. bei der Übertragung von Daten von und zu Peripheriegeräten (asynchrone Ein-/Ausgabe), bei der Koordinierung von Betriebssystemfunktionen, bei der Steuerung technischer Prozesse oder bei Kommunikation in verteilten Systemen an.

15.2 Zentrales Dispatchen

Als erstes wollen wir ein Beispiel für die Vergabe des Programmzählers durch ein zentrales Steuerprogramm vorstellen (Ogd 82). Das Steuerprogramm, Dispatcher genannt, soll in regelmäßigen Abständen verschiedene Prozesse aktivieren, die graphische Zeichen mit einer vom Benutzer zu bestimmenden Geschwindigkeit über den Bildschirm wandern lassen. Dieses Beispiel zeigt somit auch, wie Bildschirmaktivitäten, wie wir sie z. B. von Telespielen kennen, unter Verwendung des Prozeßkonzeptes programmiert werden könnten. (Das Programm wurde für die PDP11 unter UNIX geschrieben. Coroutinenvariable haben den opaquen Typ PROCESS, der aus SYSTEM zu importieren ist).

Die Steuerinformation für den Dispatcher ist in einem Feld PCB von Verbunden des Typs

```
ProcessControlBlock = RECORD
                         Sleeper: CARDINAL;
                         Pr     : PROCESS
                      END;
```

enthalten. Dieses Feld beschreibt die äußeren Zustände der Prozesse, d.h. aus der Sicht des Dispatchers. Ist nämlich PCB[i].Sleeper=0, so existiert der i-te Prozeß nicht; ist PCB[i].Sleeper=1, so ist er laufbereit; ist dagegen PCB[i].Sleeper größer als 1, dann ist der Prozeß noch blockiert. Das folgende Beispiel enthält den Dispatcher und stellt die Scheduling-Funktionen CreateProcess und Suspend zur Verfügung.

Beispiel 15.1 Zentrales Dispatchen:

```
DEFINITION MODULE Scheduler;
FROM SYSTEM IMPORT ADDRESS;
EXPORT QUALIFIED CreateProcess, Suspend,
                 CurrentProcess,
                 EndFlagUp, RunProcesses;
VAR CurrentProcess: CARDINAL;
    EndFlagUp: BOOLEAN; (* TRUE=>Dispatcher terminiert *)
PROCEDURE CreateProcess(P:PROC;A:ADDRESS;n:CARDINAL);
(* Erzeugt neuen Prozeß *)
PROCEDURE Suspend(s: CARDINAL);
(* Blockiert den laufenden Prozeß für s Runden *)
PROCEDURE RunProcesses;
(* Stößt den Dispatcher an *)
END Scheduler.
```

Wir wollen gleich auch das Implementationsmodul vorstellen.

Beispiel 15.1 Scheduler (Implementationsmodul):

```
IMPLEMENTATION MODULE Scheduler;
FROM SYSTEM IMPORT PROCESS, NEWPROCESS, TRANSFER, WORD,
                   ADDRESS, ADR, SIZE;
CONST wsplen = 1024;
TYPE (* Steuerinformation für den Dispatcher  *)
   ProcessControlBlock = RECORD
                           Sleeper: CARDINAL;
                           Pr: PROCESS
                         END;
VAR PCB: ARRAY[1..10] OF ProcessControlBlock;
    wsp: ARRAY[1..wsplen] OF WORD;
         (*  Arbeitsbereich des Dispatchers  *)
    Temp,Sched,Disp: PROCESS;

PROCEDURE CreateProcess(P:PROC;A:ADDRESS;n:CARDINAL);
VAR i: CARDINAL;
BEGIN (* CreateProcess *)
(* Suche  ProcessControlBlock  mit Sleeper = 0 *)
   i := 1;
   LOOP
      IF i>10 THEN
         RETURN  (*  kein solcher Block gefunden  *)
      END (* IF *);
      IF PCB[i].Sleeper = 0 THEN EXIT END;
      INC(i);
   END (* LOOP *);
   NEWPROCESS(P,A,n,PCB[i].Pr);
   PCB[i].Sleeper := 1;  (*  Prozeß i ist nun bereit  *)
END CreateProcess;

PROCEDURE Suspend(s: CARDINAL);
```

```
BEGIN
   WITH PCB[CurrentProcess] DO
      Sleeper := s;
      TRANSFER(Pr,Disp)
   END  (* WITH *)
END Suspend;

PROCEDURE Dispatcher;
VAR i: INTEGER;
BEGIN (* Dispatcher *)
(* Lösche alle Sleeper-Variablen *)
   FOR i := 1 TO 10 DO PCB[i].Sleeper := 0 END;
   TRANSFER(Disp,Sched);
   REPEAT
(* Starte den ersten bereiten Prozeß *)
      FOR CurrentProcess := 1 TO 10 DO
         WITH PCB[CurrentProcess] DO
            IF Sleeper > 1
            THEN DEC(Sleeper)
            ELSIF Sleeper = 1
               THEN TRANSFER(Disp,Pr)
            END (* IF *)
         END (* WITH *)
      END (* FOR *)
   UNTIL EndFlagUp;
(* Die Kontrolle wird an die Prozedur RunProcesses
   und damit an das Hauptmodul zurückgegeben *)
   TRANSFER(Disp,Temp)
END Dispatcher;

PROCEDURE RunProcesses;
BEGIN
   TRANSFER(Temp,Disp);
END RunProcesses;

BEGIN (* Scheduler *)
   EndFlagUp := FALSE;
   NEWPROCESS(Dispatcher,ADR(wsp),SIZE(wsp),Disp);
   TRANSFER(Sched,Disp)
END Scheduler.
```

Das folgende Modul VT52 dient zur Steuerung des Terminals.

Beispiel 15.2 Terminalsteuerung:

```
DEFINITION MODULE VT52;
(* DEC-VT52 Terminal Steuerung *)

PROCEDURE ClearScreen;
 (* Lösche den Bildschirm    *)
PROCEDURE CoOrdinates(x,y: CARDINAL);
 (* Positioniere den Cursor auf 0<x<81,0<y<25 *)
```

```
PROCEDURE Sound(length: INTEGER);
 (* Tongenerator *)
PROCEDURE GotoXY(x:CARDINAL;y:CARDINAL);
 (* Positioniere den Cursor und merke Position *)
PROCEDURE PosXY(VAR x:CARDINAL;VAR y:CARDINAL);
 (* gib Cursor-Position zurück *)
END VT52.
```

Vorschlag für eine Implementierung.

```
IMPLEMENTATION MODULE VT52;
(*  J.Lutz, 31. Jan. 84  *)
FROM InOut IMPORT WriteString,WriteLn,Write,WriteInt;
CONST
  ESC     = 33C;     (* Escape    *)
  FF      = 14C;     (* form feed *)
  BEL     = 7;       (* Sound     *)
  HOME    = 'H';     (* put cursor to left top        *)
  ERASE   = 'J';     (* erease screen from cursor on *)
  INDCTRL = 9;       (* bit 9 *)
  POSITIONATE = 'Y';(* next two bytes are positions *)

VAR xPos,yPos: INTEGER;

PROCEDURE ClearScreen;
BEGIN (* clearnull *)
  Write(ESC);Write(HOME);
  Write(ESC);Write(ERASE);
  xPos := 1; yPos := 1;
END ClearScreen;

PROCEDURE CoOrdinates(x,y: CARDINAL);
BEGIN (* CoOrdinates *)
  IF (x < 1) OR (x > 80) OR (y < 1) OR (y > 24)
  THEN RETURN END; (* IF *)
  Write(ESC);Write(POSITIONATE);
  Write(CHR(y+31));Write(CHR(x+31))
END CoOrdinates;

PROCEDURE GotoXY(x: CARDINAL; y: CARDINAL);
BEGIN (* GotoXY *)
  xPos := x;yPos := y;CoOrdinates(x,y);
END GotoXY;

PROCEDURE PosXY(VAR x: CARDINAL;VAR y: CARDINAL);
BEGIN (* PosXY *)
  x := xPos;y := yPos;
END PosXY;

PROCEDURE Sound(length: INTEGER);
VAR index: INTEGER;
```

```
BEGIN (* Sound *)
  FOR index := 1 TO length DO
    Write(CHR(BEL));
  END; (* FOR *)
END Sound;

END VT52.
```

Das folgende Beispiel zeigt nun eine Anwendung des zentralen Dispatchens. Natürlich steht es Ihnen frei, die Prozedur ShowChar durch eine Ihnen sinnvoller erscheinende Prozedur zu ersetzen.

Beispiel 15.3 Bewegungen auf dem Bildschirm:

```
MODULE newMovers;
FROM InOut     IMPORT Write, ReadCard, WriteString, WriteLn;
FROM VT52      IMPORT GotoXY,PosXY,
                      CoOrdinates, ClearScreen, Sound;
FROM Scheduler IMPORT CurrentProcess, CreateProcess,
                      Suspend,EndFlagUp,RunProcesses;
FROM SYSTEM    IMPORT WORD, ADR;
FROM Storage   IMPORT ALLOCATE;

CONST MaxNrOfProcesses = 6;
      wsplen           = 1024;
TYPE ProcNr = [0..MaxNrOfProcesses];
     tProcessCharacteristics
            = RECORD
                ProcessNumber :ProcNr;
                Representation:CHAR;
                velocity      :CARDINAL;
                WorkSpace     :ARRAY[1..wsplen] OF WORD;
                Cx,Cy         :INTEGER;(* Position *)
                r             :CARDINAL;(*Anzahl der Runden*)
                xstep,ystep   :INTEGER;
              END;
VAR MaxNrOfLoops: CARDINAL;
    index,cnt   : ProcNr;
    Process     : ARRAY ProcNr OF tProcessCharacteristics;

PROCEDURE ShowChar;
 (*  Bildschirmaktivitäten  *)
PROCEDURE Occupied(x,y:CARDINAL):BOOLEAN;
   VAR a,b: CARDINAL;
   BEGIN
   PosXY(a,b);
   RETURN (a >= x+15) AND (b >= y+10)
   END Occupied;

BEGIN (* ShowChar *)
```

```
LOOP
WITH Process[CurrentProcess] DO
   INC(r);
   IF xstep >= 0 THEN INC(Cx) ELSE DEC(Cx) END;
   IF ystep >= 0 THEN INC(Cy) ELSE DEC(Cy) END;
   IF Cx = 79 THEN xstep := -1 END;
   IF Cx =  1 THEN xstep :=  1 END;
   IF Cy =  1 THEN ystep :=  1 END;
   IF Cy = 24 THEN ystep := -1 END;
   GotoXY(Cx,Cy);
   IF ((Cx = 1) OR (Cx = 79) OR (Cy = 1) OR (Cy = 24))
   THEN Sound(ProcessNumber) END;
   Write(Representation);
   Suspend(velocity);
   CoOrdinates(Cx,Cy);Write(' ');
   IF Occupied(Cx,Cy) THEN EXIT END;
   EndFlagUp := r > MaxNrOfLoops
END  (* WITH *)
END; (* LOOP *)
   Suspend(0)
END ShowChar;

VAR v1: CARDINAL;
BEGIN (* newMovers *)
   cnt := 0;
   LOOP
   WriteString("Geschwindigkeit (0 für ENDE eingeben):");
   ReadCard(v1); WriteLn;
   IF (v1 = 0) OR (cnt >= MaxNrOfProcesses)
      THEN EXIT
      ELSE INC(cnt)
   END; (* IF *)
   WITH Process[cnt] DO
      ProcessNumber  := cnt;
      Representation := CHR(100B+cnt);
      velocity := v1;
      r := 0;Cx := 0;Cy := cnt+1;
      xstep := 1;
      IF ODD(cnt) THEN ystep := -1
                  ELSE ystep :=  1
      END
   END (* WITH *)
   END; (* LOOP *)
WriteString(" maximale Anzahl von Runden:");
ReadCard(MaxNrOfLoops);WriteLn;
ClearScreen;
(* Start der Prozesse  *)
   FOR index := 1 TO cnt DO
      WITH Process[index] DO
         CreateProcess(ShowChar,ADR(WorkSpace),wsplen);
      END  (* WITH *)
   END;  (* FOR *)
```

```
RunProcesses;
END newMovers.
```

15.3 Signale

In diesem Abschnitt soll gezeigt werden, wie sich Prozesse durch Signale synchronisieren können. Wir werden dabei dem Vorschlag von N. Wirth in (Wirth 86) folgen. Mit einem Signal kann ein Prozeß anderen Prozessen z.B. mitteilen, ob er den Zustand eines bestimmten Datenobjektes verändert hat. Signale tragen also selber keine Information, sondern dienen ausschließlich der Synchronisation. Entweder sendet ein Prozeß ein Signal, um mitzuteilen, daß ein bestimmtes Ereignis eingetreten ist oder er wartet auf eine entsprechende Mitteilung. Das Senden eines Signals reaktiviert höchstens einen Prozeß. Falls kein Prozeß auf das Signal wartet, hat der Sende-Vorgang keinen Effekt. Im folgenden Denitions-Modul wProcesses werden alle für eine Realisierung dieses Konzeptes notwendigen Konstrukte aufgelistet.

Beispiel 15.4 Definitions-Modul wProcesses:

```
DEFINITION MODULE wProcesses;
 TYPE SIGNAL;   (* opaque *)

 PROCEDURE startProcess(p:PROC;wrkspcsize:CARDINAL);
  (* erzeugt einen Prozess mit Programm p und einem
   * Arbeits-Speicher der Größe wrkspcsize; dieser
   * Prozeß wird in die Prozeß-Schlange eingehängt
   * und gestartet; initialisiert wird die Prozeß-
   * Schlange mit einem Eintrag, der dem Haupt-Programm
   * entspricht! *)
 PROCEDURE SEND(VAR s:SIGNAL);
  (* der erste auf s wartende Prozeß
   * wird wieder aktiviert *)
 PROCEDURE WAIT(VAR s:SIGNAL);
  (* warten, bis ein anderer Prozeß s sendet *)
 PROCEDURE Awaited(s:SIGNAL):BOOLEAN;
  (* Awaited(s)='mindestens ein Prozeß wartet auf s' *)
 PROCEDURE Init(VAR s:SIGNAL);
  (* Initialisierung von s *)
END wProcesses.
```

Um zu illustrieren, wie die Dienstleistungen des Moduls wProcesses erbracht werden, sei hier das Implementations-Modul kurz beschrieben. Der Typ SIGNAL wird opaque exportiert. Dahinter verbirgt sich ein Zeiger auf einen Prozeß-Kontrollblock (process control block, PCB), der den äußeren Zustand des Prozesses beschreibt. Ein PCB seinerseits ist ein Verbund mit vier Komponenten:

(1) einem Zeiger next auf den nächsten Prozeß (-Beschreibungs-Block), also den nächsten PCB und daher vom Typ SIGNAL,

(2) einem Zeiger queue auf den nächsten Eintrag (PCB) in einer Schlange von wartenden Prozessen,

(3) der dem Prozeß zugrunde liegenden Coroutine cor und

(4) der Flagge ready, die anzeigt, ob der Prozeß bereit ist.

Es bezeichnet cp (current process) im folgenden den aktiven, gerade laufenden Prozeß. Die Prozesse sind anhand ihrer Beschreibungs-Elemente(PCB's) in einer einfach verzeigerten Ring-Liste aller bisher erzeugten (und gestarteten) Prozesse verzeichnet (s. Fig. 15.2). Die Verzeigerung geschieht über die erste Komponente (next) im PCB. Diese Liste heißt üblicherweise Prozeß- oder Bereit-Schlange (process- oder ready-queue). In unserer Implementierung wird auf die Liste allerdings nicht in einer FCFS-Strategie zugegriffen. Ereignisanzeigen bestimmen, welcher Prozeß die Kontrolle erhalten soll.

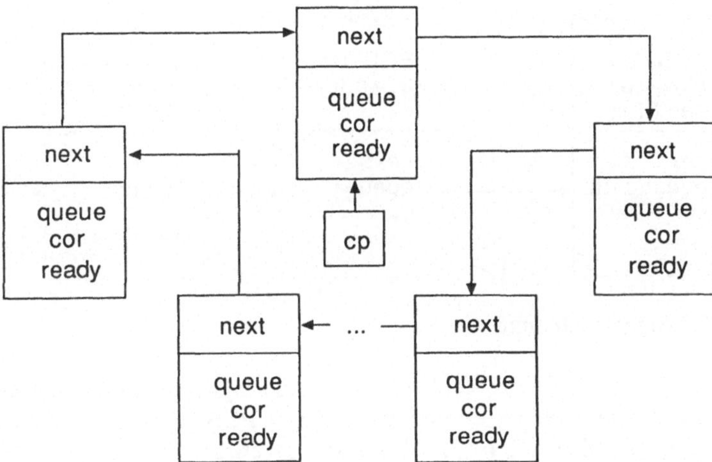

Fig. 15.2a Prozeß-Liste

Nach ihrer Initialisierung im Modul wProcesses hat die Prozeß-Liste genau einen Eintrag; er entspricht dem Haupt-Programm selbst.

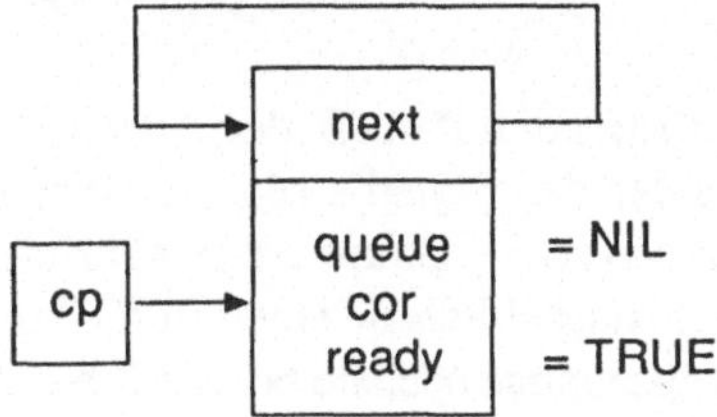

Fig. 15.2b Anfangszustand

Die Prozedur startProcess hat also für einen geeigneten PCB des zu startenden Prozesses zu sorgen und stellt dazu soviel an Arbeitsspeicher für seine Verwaltung bereit, wie im entsprechenden Parameter angegeben wird. Der zugehörige PCB wird in die Prozeß-Liste eingehängt. Mit NEWPROCESS wird aus der parameterlosen Prozedur p eine Coroutine erzeugt. Dann kann die Kontrolle vom laufenden Prozeß, d.h. hier vom Hauptprogramm, an diesen Prozeß übergeben werden. Dies leistet wie üblich die Prozedur TRANSFER. Sie vermerkt zugleich die Adresse des Prozesses, der das Hauptprogramm repräsentiert, in der Komponente cor des ersten, anfänglich einzigen Eintrags der Prozeß-Liste.

Im Modul wProcesses werden Signale durch Schlangen von blockierten Prozessen dargestellt, die auf dasjenige Ereignis warten, welches durch das jeweilige Signal repräsentiert wird; s. Fig. 15.3. Die Verzeigerung - innerhalb der ein Signal realisierenden Schlange - geschieht vermittels der PCB-Komponente queue:

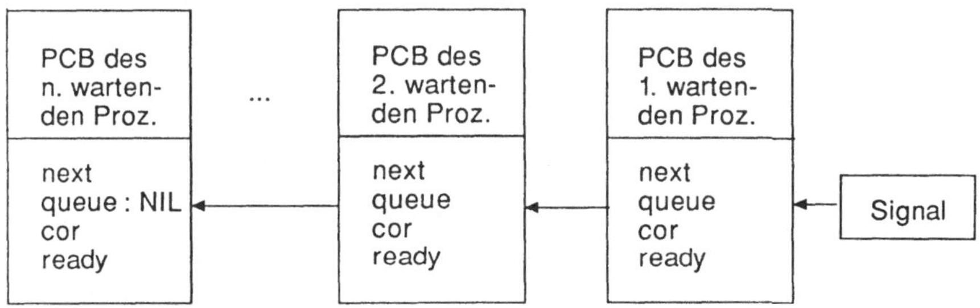

Fig. 15.3 Signal-Schlange

In diesem Sinne ist es also konsistent, wenn ein Signal als Zeiger auf einen PCB deklariert ist, da dieser seinerseits auf den nächsten PCB zeigen kann. Die Funktionsweise von SEND und WAIT ist jetzt leicht zu verstehen:

- SEND(s) transferiert die Kontrolle von cp, dem gerade laufenden Prozeß, zum ersten Prozeß in einer Schlange blockierter Prozesse. Auf diesen zeigt das Signal s. Die sofortige Kontrollabgabe soll nämlich sicherstellen, daß dieser Prozeß den Zustand bestimmter Objekte so vorfindet, wie er zum Zeitpunkt des Sendens besteht (vgl. Abschnitt 15.4). Wenn kein Prozeß auf das Signal s wartet, bleibt SEND ohne Wirkung.
- WAIT(s) hängt den aufrufenden Prozeß, der auf das Signal s warten soll - also den cp -, an das Ende der das Signal s repräsentierenden Schlange an und setzt seine ready-Flagge auf FALSE. Damit ist gewährleistet, daß Prozesse, die auf ein Signal warten, auch tatsächlich in einer FIFO-Strategie an die Reihe kommen. Der in der Prozeßschlange nächste bereite Prozeß erhält die Kontrolle.

Das folgende Beispiel zeigt eine mögliche Implementation.

Beispiel 15.4 Implementationsmodul von wProcesses:

```
IMPLEMENTATION MODULE wProcesses;
FROM SYSTEM  IMPORT ADDRESS,TSIZE,ADR,
                    NEWPROCESS,TRANSFER;
FROM Storage IMPORT ALLOCATE;
TYPE Coroutine   = ADDRESS;
     SIGNAL      = POINTER TO PrcDescript;
     PrcDescript = RECORD
                     next : SIGNAL;
                            (* Prozeß-Liste *)
                     queue: SIGNAL;
                            (* Blockiert-Schlange *)
                     cor  : Coroutine;
                     ready: BOOLEAN
                   END;
VAR cp,cpOld:SIGNAL; (* derzeitiger Prozeß *)

PROCEDURE startProcess(p:PROC;wrkspcsize:CARDINAL);
   VAR wrkspc:ADDRESS;
   BEGIN
      cpOld:=cp;ALLOCATE(wrkspc,wrkspcsize);
      ALLOCATE(cp,TSIZE(PrcDescript));
      WITH cp^ DO
         next:=cpOld^.next;cpOld^.next:=cp;
         ready:=TRUE;queue:=NIL
      END;
      NEWPROCESS(p,wrkspc,wrkspcsize,cp^.cor);
      TRANSFER(cpOld^.cor,cp^.cor)
   END startProcess;

PROCEDURE SEND(VAR s:SIGNAL);
(* falls überhaupt ein Prozeß auf das Signal s wartet:
   TRANSFER auf den ersten wartenden Prozeß; s zeigt
   danach auf den zweiten Prozeß, soweit vorhanden *)
   BEGIN
      IF Awaited(s) THEN
      cpOld:=cp;cp:=s;
      WITH cp^ DO
         s:=queue;ready:=TRUE;queue:=NIL
      END;
      TRANSFER(cpOld^.cor,cp^.cor)
   END  (* IF Awaited *)
   END SEND;

PROCEDURE switchProcess;
   BEGIN
      cpOld:=cp;
      REPEAT cp:=cp^.next
      UNTIL (cp^.ready) OR (cp=cpOld);
```

```
        IF cp=cpOld THEN (* deadlock *) HALT END;
        TRANSFER(cpOld^.cor,cp^.cor)
    END switchProcess;

PROCEDURE WAIT(VAR s:SIGNAL);
(* fügt cp am Ende der Schlange s ein; TRANSFER auf den
nächsten bereiten Prozeß in der Bereit-Schlange *)
    VAR first,second:SIGNAL;
    BEGIN
        IF NOT Awaited(s) THEN s:=cp
            ELSE (* suche Ende der Schlange *)
                first:=s;second:=first^.queue;
                WHILE second#NIL DO
                    first:=second;second:=first^.queue
                END;
                first^.queue:=cp;  (* hängt cp an s an *)
        END; (* IF NOT Awaited *)
        cp^.ready:=FALSE;switchProcess
    END WAIT;

PROCEDURE Awaited(s:SIGNAL):BOOLEAN;
    BEGIN
        RETURN s#NIL
    END Awaited;

PROCEDURE Init(VAR s:SIGNAL);
    BEGIN
        s:=NIL
    END Init;

BEGIN (* wProcesses *)
(* Initialisierung der Prozeß-Liste *)
    ALLOCATE(cp,TSIZE(PrcDescript));
    (* dieser Eintrag der Prozeß-Liste
     * entspricht dem Haupt-Programm *)
    WITH cp^ DO
        next:=cp;ready:=TRUE;queue:=NIL
(* im ersten startProcess wird der Komponente cor
dieses Verbundes die Adresse des Prozesses zugewiesen,
der das Haupt-Programm repräsentiert. Gegebenenfalls
kann dann dieser Prozeß, nachdem er alle anderen
Prozesse gestartet hat, durch WAIT blockiert werden *)
    END
END wProcesses.
```

Das folgende Beispiel soll zeigen, wie sich der Zugriff mehrerer Prozesse auf gemeinsame Variable vermittels Signalen synchronisieren läßt. Es gibt Prozesse - sogenannte Produzenten -, die einen Daten-Puffer füllen (deposit) und solche - sogenannte Konsumenten -, die Daten aus dem Puffer entnehmen (fetch). Die Datenstruktur, in der die auszutauschenden Daten zwischengespeichert werden, sei (der Einfachheit halber) ein

als Feld realisierter Ringpuffer. Es sei N die Größe des Feldes, das den Puffer realisiert. Offensichtlich sind zwei Situationen zu unterscheiden, in denen Prozesse warten müssen:
Produzenten müssen warten, wenn der Puffer voll ist, und entsprechend können Konsumenten nicht im Programmablauf fortfahren, wenn der Puffer leer ist. Der Zugriff auf den Puffer wird demgemäß durch zwei Signale gesteuert, die wir nonempty und nonfull nennen wollen.

Beispiel 15.5 Lokales Modul zur Puffer-Verwaltung:

```
DEFINITION MODULE Buffer;
FROM SYSTEM IMPORT ADDRESS;
TYPE tElement = ADDRESS (*'..irgendein Typ..'*);

PROCEDURE deposit(x:tElement);
PROCEDURE fetch(VAR x:tElement);

END Buffer.


IMPLEMENTATION MODULE Buffer;
FROM SYSTEM       IMPORT ADDRESS;
FROM wProcesses IMPORT SIGNAL,SEND,WAIT,Init;
CONST N = 128;  (* Größe des Puffers *)
VAR n         : [0..N] ;  (* # Elemente in buf *)
    nonfull   : SIGNAL;  (* ist n < N ? *)
    nonempty  : SIGNAL;  (* ist n > 0 ? *)
    in,out    : [0..N-1] ;  (* Indizes *)
    buf       : ARRAY [0..N-1] OF tElement;

PROCEDURE deposit(x:tElement);
BEGIN
   IF n=N THEN WAIT(nonfull) END;
   INC(n);buf[in]:=x;in:=(in+1) MOD N;SEND(nonempty)
END deposit;

PROCEDURE fetch(VAR x:tElement);
BEGIN
   IF n=0 THEN WAIT(nonempty) END;
   DEC(n);x:=buf[out];out:=(out+1) MOD N;SEND(nonfull)
END fetch;

BEGIN
   n:=0;in:=0;out:=0; Init(nonfull);Init(nonempty)
END Buffer.
```

Diese Version einer Puffer-Verwaltung hat die unschöne Eigenschaft, daß jedesmal, wenn ein Element im Puffer abgelegt oder dem Puffer entnommen wird, ein entsprechendes Signal gesendet wird. Schon aus Gründen der Effizienz ist es aber sinnvoll, nicht häufiger Signale auszutauschen als unbedingt nötig ist. Ein Signal zu senden, ist nur dann nötig, wenn einer der beiden Partner (Konsument oder Produzent) gerade wartet. Wir erweitern dazu den Wertebereich der Variablen n wie folgt:

n<0: Puffer leer, |n| wartende Konsumenten

0<=n<=N: n Puffer-Plätze belegt, kein wartender Konsument

n>N: Puffer voll, n-N wartende Produzenten

Die beiden Prozeduren deposit und fetch in der folgenden Version senden nur dann ein Signal, wenn

- ein Element abzuspeichern ist und Konsumenten auf das Signal nonempty warten oder
- ein Element zu entnehmen ist und Produzenten auf das Signal nonfull warten.

Wir wollen dies gleich anhand eines Test-Moduls demonstrieren, das die Puffer-Verwaltung als lokales Modul enthält. Um flexibel zu sein und das Modul Buffer auch für andere Puffer-Inhalte verwenden zu können, werden im Puffer selbst nur die Adressen der zugehörigen Zeichenketten verwaltet. Diese Vorgehensweise kennen Sie ja schon aus dem Modul Lists in Kap. 13.4.

Im Test-Modul wollen wir den oben beschriebenen Puffer von zwei Prozessen bearbeiten lassen. Ein Produzent-Prozeß "produziert" Daten, die er im Puffer ablegt, und ein Konsument-Prozeß "konsumiert" - d.h. entnimmt - Daten aus eben diesem Puffer. Wir wollen außerdem vom Hauptprogramm aus, das die Rolle der Umgebung übernimmt, in der die Prozesse angesiedelt sind, und das als dritter Prozeß realisiert ist, jede beliebige Reihenfolge "simulieren" können, in der die beiden Prozesse aktiv sind. Die Umgebung stößt also je nach Maßgabe des Benutzers einmal den Produzenten-, einmal den Konsumenten-Prozeß an. Da dies in diesem Konzept der Prozeß-Synchronisation nur durch Signale geschehen kann, ordnen wir dem Produzenten das Signal pro und dem Konsumenten das Signal con zu, so daß die Umgebung die Kontrolle dem Produzenten durch SEND(pro) bzw. dem Konsumenten durch SEND(con) übergeben kann. Dies geschieht allerdings nur dann, wenn der jeweilige Prozeß auch wirklich auf das Signal wartet. SEND(pro) bzw. SEND(con) signalisiert somit, daß der Zustand des Puffers geändert werden soll.

An dieser Stelle wird offenbar, daß Produzent und Konsument auf ihre Signale warten müssen, bevor die Umgebung erstmalig aktiv wird. Wir müssen deshalb (bis auf Vertauschen des Produzenten und des Konsumenten) nach der Initialisierung den folgenden Zustand der Prozeß-Liste gewährleisten (s. Fig. 15.4).

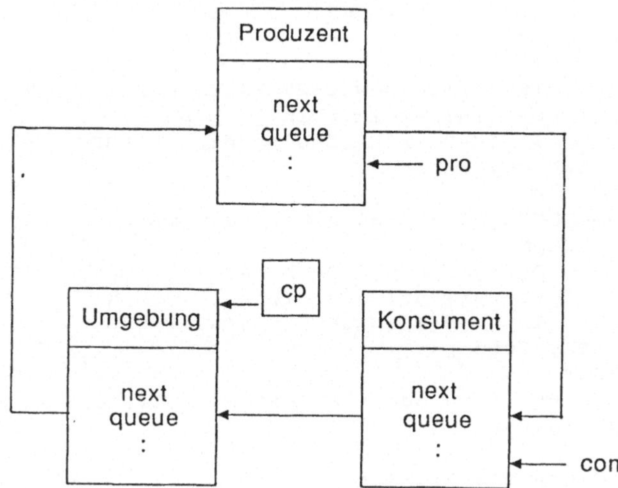

Fig. 15.4 Prozeß-Liste nach der Initialisierung

Damit haben wir das folgende Test-Programm festgelegt (s. Fig. 15.5):

Beispiel 15.6 Test-Modul für Buffer mit einer verbesserten Version von deposit und fetch:

```
MODULE BufferTest;
FROM Storage     IMPORT ALLOCATE;
FROM SYSTEM      IMPORT ADDRESS,TSIZE;
FROM wProcesses  IMPORT SIGNAL,SEND,WAIT,Init,Awaited,
                        startProcess;
FROM InOut       IMPORT ReadString,WriteString,WriteLn;
TYPE STRING  = ARRAY[0..79] OF CHAR;
     tStrPtr = POINTER TO STRING;
VAR Adr     : ADDRESS;
    StrPtr  : tStrPtr;
    Antwort : STRING;

MODULE Buffer;
IMPORT ADDRESS;
IMPORT SIGNAL,SEND,WAIT,Init;
IMPORT WriteString,WriteLn;
EXPORT deposit,fetch;
CONST N = 4; (* Größe des Puffers *)
TYPE ElementType = ADDRESS;
VAR n        : INTEGER; (* # Elemente im Puffer *)
    nonfull  : SIGNAL;  (* ist n < N ? *)
    nonempty : SIGNAL;  (* ist n > 0 ? *)
```

```
     in,out    : [0..N-1];
     buf       : ARRAY[0..N-1] OF ElementType;

PROCEDURE deposit(x:ElementType);
   BEGIN
      INC(n);IF n>N THEN WAIT(nonfull) END;
      buf[in]:=x;in:=(in+1) MOD N;
      IF n<=0 THEN SEND(nonempty) END
   END deposit;

PROCEDURE fetch(VAR x:ElementType);
   BEGIN
      DEC(n);IF n<0 THEN WAIT(nonempty) END;
      x:=buf[out];out:=(out+1) MOD N;
      IF n>=N THEN SEND(nonfull) END
   END fetch;
BEGIN
   n:=0;in:=0;out:=0; Init(nonfull);Init(nonempty)
END Buffer;

VAR pro,con:SIGNAL;

PROCEDURE producer;
   BEGIN
      LOOP
         WAIT(pro);
         WriteString('Produzent');WriteLn;
         WriteString('(string) Element ? ');
         ALLOCATE(StrPtr,TSIZE(STRING));
         ReadString(StrPtr^);
         deposit(StrPtr)
      END (* LOOP *)
   END producer;

PROCEDURE consumer;
   BEGIN
      LOOP
         WAIT(con);
         WriteString('Konsument');WriteLn;
         fetch(Adr);StrPtr:=tStrPtr(Adr);
         WriteString(StrPtr^);WriteLn
      END (* LOOP *)
   END consumer;

BEGIN (* Puffer-Test *)
   Init(pro);Init(con);
   startProcess(consumer,1024);
   startProcess(producer,1024);
   LOOP
      WriteString('p(roduce), c(onsume), q(uit) ? ');
      ReadString(Antwort);Antwort[0]:=CAP(Antwort[0]);
      CASE Antwort[0] OF
```

```
            'P': SEND(pro)|
            'C': SEND(con)|
            'Q': WriteString('Ende');WriteLn;EXIT
        ELSE WriteString('inkorrekte Eingabe');WriteLn
        END  (* CASE Antwort *)
    END (* LOOP *)
END BufferTest.
```

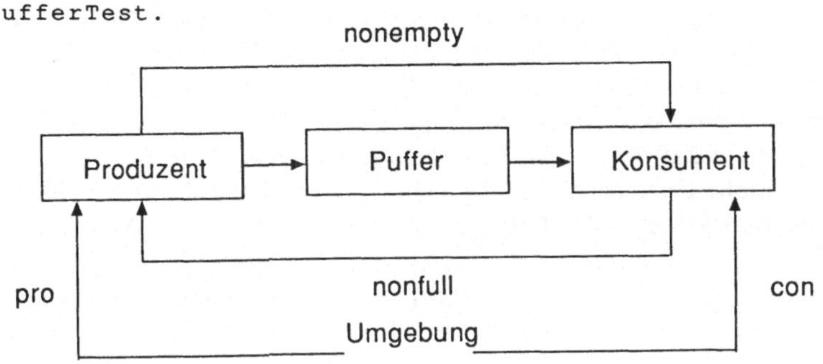

Fig. 15.5 Konsument-Produzent-Modell

Dieses Test-Modul funktioniert auch, solange nicht ein Datum aus dem leeren Puffer entnommen bzw. ein Datum im vollen Puffer abgelegt werden soll. Was in diesen beiden Fällen passieren kann, in denen nämlich erstmalig die beiden anderen Signale nonempty und nonfull eine Rolle spielen, wollen wir jetzt etwas genauer betrachten. Offensichtlich sind die beiden Fälle "Versuch, Daten in einen vollen Puffer abzulegen" und "Versuch, Daten aus einem leeren Puffer zu entnehmen" komplementär und unter dem Aspekt der Kontrollübergabe zwischen Prozessen analog zu behandeln. Wir können uns also auf die Untersuchung des zweiten Falles beschränken.

Wenn erstmalig die Umgebung aktiv wird - also im Haupt-Programm entweder pro oder con gesendet werden kann - gilt für den Zustand der vier Signale:

```
pro --> Produzent          nonfull   = NIL
con --> Konsument          nonempty  = NIL .
```

Nehmen wir an, daß die Umgebung den Konsumenten aktiviert. Da der Puffer leer ist, gilt jetzt (nach WAIT(nonempty))

```
          pro --> Produzent         nonfull    = NIL
   NIL = con      Konsument   <--   nonempty          .
```

Da der Produzent auf pro wartet, ist in dieser Situation nur die Umgebung bereit. Da weiterhin das Senden eines Signales, auf das kein Prozeß wartet, der Null-Operation entspricht, kann die Umgebung einzig den Produzenten anstoßen. Wenn dies erfogt ist, gilt pro=NIL. Nachdem der Produzent ein Datum im Puffer abgelegt hat, sendet er das Signal nonempty. Daher geht die Kontrolle an den Konsumenten über, der ja auf dieses Signal gewartet hat. Dieser beendet seine Operation fetch und wartet auf das nächste Signal con:

```
NIL = pro       Produzent          nonfull    = NIL
      con  -->  Konsument          nonempty   = NIL .
```

In dieser Situation ist entweder die Umgebung oder der Produzent der nächste bereite Prozeß. Wird die Kontrolle als nächstes an den Produzenten-Prozeß übergeben, so setzt dieser die Bearbeitung seiner zugehörigen Prozedur producer an der letzten Unterbrechungsstelle fort - also mit dem auf SEND(nonempty) logisch folgenden Kommando - und deaktiviert sich somit, indem er auf sein Signal pro wartet. Der nächste bereite Prozeß, nämlich die Umgebung, findet dann einen konsistenten Zustand vor. Im zweiten Fall (vgl. Fig. 15.4) allerdings, wenn also die Umgebung als erstes aktiv wird, droht Ungemach. Die Umgebung kann diesmal nur den Konsumenten anstoßen, der sich jedoch - der Puffer ist ja leer - sofort durch WAIT(nonempty) deaktiviert.

```
NIL = pro       Produzent          nonfull    = NIL
NIL = con       Konsument    <--   nonempty         .
```

Damit bleiben alle weiteren SENDs der Umgebung, die ja wieder als nächstes aktiv wird (vgl. Fig. 15.4), wirkungslos. Da die Umgebung die Kontrolle nur durch SEND abgeben kann (und auch nur so abgeben können soll), ähnelt diese Situation einem deadlock: die Umgebung kann nur noch solche Signale senden, auf die kein Prozeß wartet.

Wenn Sie nun glauben, daß der zweite Fall durch eine andere Anordnung der Prozesse (nur zwei sind möglich, s.o.) in der Prozeß-Liste vermieden werden kann, so müssen wir Sie herb enttäuschen: Die angeblich richtige Anordnung erweist sich gerade dann als falsch, wenn der Puffer komplementär benutzt wird, d.h. wenn

(1) der Produzent Daten in den vollen Puffer ablegen will,
(2) sich deshalb durch WAIT(nonfull) deaktiviert,
(3) die Umgebung nur den Konsumenten anstoßen kann, der
(4) daraufhin einmal Daten dem Puffer entnimmt und
(5) seinerseits den Produzenten durch SEND(nonfull) in die Lage versetzt, seine Operation deposit zu beenden und auf das nächste Signal pro zu warten.

Aufgrund der Reihenfolge, die wir im Moment noch für die richtige halten, handelt es sich bei dem nächsten bereiten Prozeß um die Umgebung. Diese kann aber nur den Produzenten anstoßen, der sich sogleich durch WAIT(nonfull) deaktiviert. Damit ist ein genauso unbefriedigender Zustand erreicht wie im eingangs beschriebenen Fall.

Wir haben uns also zuviel vorgenommen. Die Erklärung des Desasters liefert die folgende grundsätzliche Überlegung:
Ein Prozeß kann im Wirth'schen Modul nur auf genau ein Signal warten. In WAIT wird nämlich ready:=FALSE gesetzt und danach auf den nächsten bereiten Prozeß transferiert. Der alte Prozeß kann also nur durch das Senden des entsprechenden

Signales reaktiviert werden. Außerdem kann ein und derselbe Prozeß nicht mehrfach auf ein Signal warten, da im Verbund PCB nur eine Komponente queue vorgesehen ist.

Kehren wir zu unserem problematischen Modul BufferTest zurück! Wir müssen also sicherstellen, daß in der oben beschriebenen bzw. der komplementären Situation der nächste bereite Prozeß nicht die Umgebung sondern einer der beiden anderen Prozesse ist. Dieser kann sich dann nämlich - wie gewünscht - in den Warte-Zustand (auf pro bzw. con) versetzen. Leider hilft uns aber auch die Einführung eines neuen Signals nicht weiter. Um zu erreichen, daß die Umgebung nur dann aktiviert werden kann, wenn sowohl Produzent als auch Konsument auf ihre zugeordneten Signale warten, müßten wir im Rahmen unseres Konzeptes die Umgebung auf ein entsprechendes Signal - nennen wir es act(iv) - warten lassen:

```
LOOP
   IF NOT(Awaited(pro) AND Awaited(con))
      THEN WAIT(act)
   END;
   ReadString(Antwort);
   CASE Antwort[0] OF (* senden *) END;
END;
```

Falls nicht Produzent und Konsument auf pro bzw. con warten, wartet die Umgebung also auf act und ist damit nicht bereit. Der nächste bereite Prozeß - sei es Produzent oder Konsument - müßte nun gleichzeitig die Umgebung durch SEND(act) reaktivieren als auch sich in den Zustand Warten versetzen. Dies ist aber nicht möglich, da ja bei jeder dieser beiden Operationen sofort die Kontrolle abgegeben wird und daher die zweite nicht mehr durchgeführt werden kann.

Wir sehen uns daher hier zu einem Bruch mit der Forderung gezwungen, daß die Kontrollübergabe ausschließlich durch Signale zu steuern ist. Eine Möglichkeit besteht darin, unter bestimmten Bedingungen ohne Signal auf den nächsten bereiten Prozeß umzuschalten. Diese Operation haben wir schon im IMPLEMENTATION MODULE wProcesses als Prozedur switchProcess kennengelernt. Falls also auch diese Prozedur von wProcesses exportiert wird, können wir durch

```
LOOP
   IF NOT(Awaited(pro) AND Awaited(con))
      THEN switchProcess
   END;
   ReadString(Antwort);
   CASE Antwort[0] OF (* senden *) END
END;
```

sicherstellen, daß die Umgebung zu jedem Zeitpunkt nur solche Signale sendet, auf die auch ein Prozeß wartet.

Anregung: Welche Veränderungen ergeben sich für die Laufzeit-Effizienz und die

Länge des Programms (Compilierzeit), wenn Sie das obige Modul unter Verwendung von Lists neu programmieren? Ist es ratsam, jedes Signal durch eine eigene Schlange zu repräsentieren? Im Rahmen dieses Konzeptes läßt sich das Modul BufferTest dahingehend erweitern, daß mehrere u n a b h ä n g i g e Produzenten und Konsumenten koordiniert auf einen gemeinsamen Puffer zugreifen können.

15.4 Kritische Abschnitte

Unter einem kritischen Abschnitt versteht man ein Programmsegment eines Prozesses, in dem eine Datenstruktur bearbeitet wird, die auch in Programmsegmenten anderer Prozesse - in sog. korrespondierenden kritischen Abschnitten - verändert wird. Prozesse, die in korrespondierende kritische Abschnitte eintreten wollen, müssen, falls sie unterbrechbar sind, synchronisiert werden, um zu verhindern, daß durch (quasi-) gleichzeitige Manipulation die Konsistenz der Datenstruktur zerstört wird. Das bekannteste Synchronisationskonzept ist das Semaphor (Zeichenträger, Verkehrsampel). Es wurde von E. Dijkstra in einer inzwischen klassischen Arbeit (Dij. 65) zur Prozeßsynchronisation eingeführt.

Ein Semaphor ist ein Abstrakter Datentyp, der durch die beiden Operationen "Passieren" und "Verlassen" definiert ist. Korrespondierenden kritischen Abschnitten wird eine Variable dieses Typs zugeordnet, deren Wert bestimmt, ob ein Prozeß in seinen kritischen Abschnitt eintreten darf oder nicht. Die beiden Semaphor-Operationen selbst müssen ununterbrechbar sein. Dies läßt sich durch die Vergabe einer Priorität erreichen (s. Kap. 16).

VAR s: Semaphor;

Passieren P(s): der aufrufende Prozeß wird in einen Wartezustand versetzt, falls ein anderer Prozeß sich bereits in einem der korrespondierenden Abschnitte, denen s zugeordnet ist (s-korrespondierende Abschnitte) befindet. Der Aufruf hat andernfalls keine Wirkung. Der aufrufende Prozeß kann also dann in seinen kritischen Abschnitt eintreten.

Verlassen V(s): falls bereits ein oder mehrere Prozesse auf Erlaubnis für das Eintreten in s-korrespondierende Abschnitte warten, erhält sie einer von ihnen und wird aktiviert. Andernfalls hat der Aufruf keine Wirkung auf die Prozesse.

Durch die Initialisierungsoperation createSema(s) wird das Semaphor s in einen definierten Anfangszustand versetzt. Der gegenseitige Ausschluß der Prozesse beim Eintritt in korrespondierende kritische Abschnitte läßt sich nun dadurch erreichen, daß diese Abschnitte in geeigneter Weise von Semaphor-Operationen eingeschlossen werden:

```
VAR : Semaphor;
BEGIN
   createSema(s);
      LOOP
         unkritischer Abschnitt;
         P(s);
         s-korrespondierender kritischer Abschnitt;
         V(s);
      END
END.
```

Das nächste Beispiel zeigt eine Implementierung durch Signale.

Beispiel 15.7 Semaphor:

```
DEFINITION MODULE SEMA;
TYPE Semaphor;
PROCEDURE createSema(VAR s:Semaphor);
PROCEDURE P(VAR s:Semaphor);
PROCEDURE V(VAR s:Semaphor);
END SEMA.

IMPLEMENTATION MODULE SEMA (*[4]*);
FROM wProcesses IMPORT SIGNAL,WAIT,SEND,Init;
FROM Storage    IMPORT ALLOCATE;
FROM SYSTEM     IMPORT TSIZE;

TYPE tSemaphor = RECORD
                    taken:BOOLEAN;
                    (* taken = ein Prozess befindet
                     * sich im kritischen Abschnitt
                     *)
                    free:SIGNAL
                 END;
     Semaphor  = POINTER TO tSemaphor;

PROCEDURE P(VAR s:Semaphor);
BEGIN
WITH s^ DO
   IF taken THEN WAIT(free) END;
   taken := TRUE
END
END P;

PROCEDURE V(VAR s:Semaphor);
BEGIN
WITH s^ DO
   taken := FALSE;
   SEND(free)
END
```

```
END V;

PROCEDURE createSema(VAR s:Semaphor);
BEGIN
ALLOCATE(s,TSIZE(tSemaphor));
WITH s^ DO
   taken := FALSE;
   Init(free)
END
END createSema;

END SEMA.
```

15.5 Botschaften

Als nächstes wollen wir uns noch ein botschaftengekoppeltes Prozeß-System ansehen. Ist nur ein Prozessor vorhanden, so können in einem solchen System Sender- und Empfängerprozeß nicht gleichzeitig aktiv sein. Deshalb wird ein "Ort" benötigt, an dem der Senderprozeß Botschaften hinterlegen kann. Solche Orte nennt man Briefkästen (mailboxes); sie fungieren ähnlich wie Signale und Semaphore als Synchronisationselemente.

Ein Briefkasten kann einer Gruppe von Prozessen, einem Sender oder dem Empfänger zugeordnet sein. Im ersteren Fall ist jeder Prozeß der Gruppe berechtigt, in dem Briefkasten Botschaften zu hinterlegen und hinterlegte Botschaften zu entnehmen. Vor einem Briefkasten kann sich dann nicht nur eine Schlange von Botschaften bilden sondern auch eine Schlange von Prozessen, die alle auf Botschaften warten. Deshalb lassen sich Briefkästen am besten als doppelte Warteschlangen implementieren: in die erste Schlange werden die Botschaften eingereiht, falls kein Prozeß auf Botschaft wartet; in die zweite Schlange werden Prozesse eingereiht, falls augenblicklich keine Botschaft für sie vorliegt. Soll jedoch ein Prozeß gezielt benachrichtigt werden können, so ist ihm ein privater Briefkasten zuzuordnen.

In dem folgenden Beispiel eines Konsument-Produzent-Modells werden wir von beiden Möglichkeiten Gebrauch machen. Das System besteht aus zwei Produzenten und einem Konsumenten. Den Produzenten-Prozessen wird ein gemeinsamer Briefkasten (ProducerMbx) zugeordnet. Indem der Konsument dort eine Botschaft hinterlegt, tut er kund, daß er von den Produzenten neue Botschaften erwartet. Die Botschaft des Konsumenten an die Produzenten hat also nur eine Signalfunktion. Der Konsument besitzt dagegen einen privaten Briefkasten (ConsumerMbx). Die beiden Produzenten beauftragen den Konsumenten, bestimmte Buchstaben so und so oft in eine Datei zu schreiben.

Für den Fall, daß Sie diesem Prozeßsystem ein Zeitscheibenverfahren unterlegen wollen - einige Überlegungen dazu finden Sie in Kapitel 16 -, ist bei Verwendung von Semaphoren bereits für einen exclusiven Zugriff auf Briefkästen gesorgt. (Die Moduln wProcesses und SEMA sind dann mit einer Priorität zu versehen).

Als erstes müssen wir in einem externen Modul die Prozeduren und Synchronisationselemente bereitstellen, die für den Botschaftenaustausch benötigt werden. Dieses Modul exportiert den opaquen Typ tMbx für Briefkästen und den Typ ptMsg für Botschaften, außerdem eine Prozedur für das Erzeugen von Briefkästen. Die eigentliche Synchronisation bewirken die Prozeduren:

- sendMsg(message,mailbox) für das Senden einer Botschaft.
  Nach dem Versenden der Botschaft "message" an den Briefkasten "mailbox" gibt der aufrufende Prozeß die Kontrolle ab. falls der Empfänger der Botschaft gewartet hat. (Weshalb könnte hier - anders als in Beispiel 15.6 - auf die sofortige Kontrollabgabe verzichtet werden?)
- receiveMsg(message,mailbox) für das Empfangen einer Botschaft.
  Der aufrufende Prozeß wird blockiert, wenn die Botschaftenschlange des Briefkastens "mailbox" leer ist. Er wird erst wieder rechenbereit, wenn ein anderer Prozeß eine Botschaft an diesen Briefkasten sendet. Befindet sich jedoch in mailbox bereits eine Botschaft, so wird dem aufrufenden Prozeß diese in der Variable message (einem Zeiger auf den Inhalt der Nachricht) übergeben.

Die Verwaltung des Prozesses geschieht über das Modul wProcesses.

Beispiel 15.8 Botschaften-System (Definitionsmoduln):

```
DEFINITION MODULE Messages;
FROM SYSTEM IMPORT WORD,ADDRESS;

TYPE tMbx;
     ptMsg  = ADDRESS;
     (* Zeiger auf eine Botschaft *)
VAR MError:BOOLEAN;

(* Briefkästen *)

PROCEDURE createMbx(VAR mailbox:tMbx);
PROCEDURE emptyMbx(mailbox:tMbx):BOOLEAN;

(* Botschaften *)

PROCEDURE sendMsg(message:ptMsg;mailbox:tMbx);
PROCEDURE receiveMsg(VAR message:ptMsg;mailbox:tMbx);
PROCEDURE AwaitedMsg(mailbox:tMbx):BOOLEAN;
END Messages.
```

Das folgende Beispiel zeigt - wie bereits erwähnt - eine Variante des Konsumenten-

Produzenten-Modells, die auf Botschaftenaustausch basiert.

Anmerkung: Unser Beispiel zeigt zugleich, wie Fehler- und Ausnahmesituationen behandelt werden können. Die Ausnahmebehandlung ist ein wichtiges Kapitel der modularen Programmierung. Das Beispiel enthält dafür zwei verschiedene Verfahren. In Beispiel 15.9 wird die Fehlerbehandlung in die fehlerkritische Prozedur consumeMsg importiert, da zur Fehlerbehandlung der Wert einer lokalen Variablen (reply) benötigt wird; im Implementationsmodul des Beispiels 15.8 werden dagegen Fehlersignale an die Prozedur weitergereicht, die die fehlerkritische Prozedur aufgerufen hat, und dort erst werden die Fehler behandelt.

Beispiel 15.9 Konsument-Produzenten-Modell
mit Botschaftenaustausch:

```
MODULE ProConMsg;
(* Produzenten,Konsumenten und Botschaften
   Modula-2/ST *)
FROM Storage    IMPORT ALLOCATE;
FROM wProcesses IMPORT startProcess,SIGNAL,Init,
                       SEND,WAIT;
FROM Messages   IMPORT tMbx,ptMsg,MError,
                       sendMsg,receiveMsg,
                       AwaitedMsg,
                       createMbx,emptyMbx;
FROM Streams    IMPORT Stream,StreamKinds,
                       OpenStream,CloseStream,
                       Write8Bit;
FROM Zufall     IMPORT RandomCard;
FROM InOut      IMPORT WriteString,WriteLn,
                       WriteInt,Read;

CONST CR = 15C; LF = 12C; (* crlf <=> writeln *)

TYPE  tContent = RECORD
                   c:CHAR;
                   n:CARDINAL(* n Wiederholungen von c *)
                 END (* tContent *);
      actualMessage = POINTER TO tContent;

VAR file        : Stream;
    ConsumerMbx,
    ProducerMbx : tMbx;
    end         : SIGNAL;

PROCEDURE WriteF(VAR file: Stream;VAR buf: ARRAY OF CHAR;
                        nbytes: CARDINAL;VAR reply: INTEGER);
(* Schreibe einen Block von n Bytes *)
VAR  indx,count: INTEGER;
BEGIN (* WriteF *)
  count := 0;
```

```
  FOR indx := 0 TO nbytes - 1 DO
    Write8Bit(file,buf[indx]);INC(count);
  END (* for *);
  Write8Bit(file,CR); Write8Bit(file,LF);
  reply := count;
END WriteF;

PROCEDURE produce;
 (* Versende eine Botschaft.Danach warte
    evtl. auf eine Botschaft des Konsumenten *)

  PROCEDURE prepare(VAR message :actualMessage);
  (* Erzeuge eine zufällige  Botschaft *)
   BEGIN (* prepare *)
      ALLOCATE(message,SIZE(message^));
      WITH message^ DO
       n := RandomCard(10,64);
       c := CHR(RandomCard(ORD('A'),ORD('Z')))
      END;
   END prepare;

VAR  message : actualMessage;
BEGIN  (* produce *)
 LOOP WriteString("produce...");WriteLn;
     prepare(message);
     sendMsg(message,ConsumerMbx);
     IF MError THEN errorhandling(2,"Produzent") END;
     message := NIL;
     IF ( RandomCard(0,5) = 5 )  AND
          NOT(AwaitedMsg(ConsumerMbx))
      THEN WriteString("warten...");WriteLn;
           receiveMsg(message,ProducerMbx)
      END
 END (*LOOP*)
END produce;

PROCEDURE consume;
(* Verarbeite eine Botschaft der Produzenten. Ist
 keine Botschaft da, benachrichtige die Produzenten
 Aktiviere evntl. das Hauptprogramm wieder *)
TYPE ErrorHndlPrc
            = PROCEDURE(INTEGER,VAR ARRAY OF CHAR);
VAR message : ptMsg;
        bnr : CARDINAL;

PROCEDURE consumeMsg(message:ptMsg;
                          signalError: ErrorHndlPrc);
TYPE tHelp = POINTER TO tContent;
VAR Content :tContent;Adr  : tHelp;
    buff    : ARRAY[1..65] OF CHAR;
    i,reply : INTEGER;
BEGIN (* consumeMsg: fülle den Ausgabepuffer *)
```

```
    Adr := tHelp(message);Content := Adr^ ;
    WITH Content DO
       FOR i:=1 TO n DO buff[i] := c END;
       WriteF(file,buff,n,reply);
       WriteInt(reply,5);INC(bnr)
    END (* WITH *);
    IF reply < 0 THEN signalError(reply,"Consumer")
    END (* IF *);
 END consumeMsg;

 VAR continue : actualMessage;
 BEGIN (*consume*)
    bnr := 0;continue := NIL;
    LOOP WriteString("        .....consume.");WriteLn;
       IF emptyMbx(ConsumerMbx) THEN
          IF RandomCard(0,5) = 5 THEN SEND(end) END;
          sendMsg(continue,ProducerMbx)
       END;
       receiveMsg(message,ConsumerMbx);
       IF MError THEN errorhandling(3,"Konsument")
        ELSE consumeMsg(message,errorhandling)
       END;
    END (*LOOP*)
 END consume;

 VAR  reply : INTEGER;
 PROCEDURE errorhandling(reply:INTEGER;
                         VAR str:ARRAY OF CHAR);
 BEGIN
    WriteString(str);WriteString(' reply = ');
    WriteInt(reply,4);CloseStream(file,reply);HALT
 END errorhandling;

 VAR st:CHAR;
 BEGIN (* ProConMsg *)
   OpenStream(file,"Produkt",READWRITE,reply);
   IF reply <  0
      THEN errorhandling(reply,"Create file") END;
   createMbx(ConsumerMbx);createMbx(ProducerMbx);
   IF MError
      THEN errorhandling(1,"Create mailbox")END;
   Init(end);
   startProcess(produce,1024);
   startProcess(produce,1024);
   startProcess(consume,1024);
   WAIT(end);
   CloseStream(file,reply);
   WriteString("Siehe Produkt");Read(st)
 END ProConMsg.
```

Anmerkung: Es ist reply < 0, wenn z.B. die angesprochene Datei nicht existiert und das Dateiverzeichnis schreibgeschützt ist, die Datei ein Katalog ist, oder wenn der Puffer buff zu klein ist. Andernfalls gibt WriteF in der Variablen reply die Anzahl der aktuell geschriebenen Zeichen zurück.

Schließlich sei auch ein Implementationsmodul für Messages vorgestellt.

Beispiel 15.8 Botschaften-System (Implementationsmoduln):

```
IMPLEMENTATION MODULE Messages;
FROM Lists      IMPORT tList,CreateList,Empty,
                       EnList,DeList;
FROM wProcesses IMPORT SIGNAL,startProcess,
                       SEND,WAIT,
                       Awaited,Init;
FROM SEMA       IMPORT Semaphor,createSema,P,V;
FROM SYSTEM     IMPORT ADR,WORD,ADDRESS;
FROM Storage    IMPORT ALLOCATE;

TYPE MBX  = RECORD              (* Briefkästen *)
               msg : tList;     (* Botschaften *)
               prc : SIGNAL;    (* Prozesse    *)
               sema: Semaphor   (* Semaphore   *)
            END;
     tMbx = POINTER TO MBX;

PROCEDURE createMbx(VAR mailbox:tMbx);
BEGIN
   ALLOCATE(mailbox,SIZE(mailbox^));
      IF mailbox = NIL THEN MError := TRUE
      ELSE WITH mailbox^ DO
           CreateList(msg,MError);
           Init(prc);createSema(sema)
           END
      END
END createMbx;

PROCEDURE emptyMbx(mailbox:tMbx):BOOLEAN;
VAR status:BOOLEAN;
BEGIN
 WITH mailbox^ DO
  P(sema);
   status := Empty(msg);
  V(sema)
 END;
 RETURN status
END emptyMbx;

PROCEDURE AwaitedMsg(mailbox:tMbx):BOOLEAN;
VAR status:BOOLEAN;
BEGIN
 WITH mailbox^ DO
```

```
    P(sema);
    status := Awaited(prc);
    V(sema)
   END;RETURN status
  END AwaitedMsg;

  PROCEDURE sendMsg(message:ptMsg;mailbox:tMbx);
  BEGIN
    WITH mailbox^ DO
     P(sema);
     EnList(msg,message,MError);
     V(sema);
     IF Awaited(prc) THEN SEND(prc) END
    END (*WITH*)
  END sendMsg;

  PROCEDURE receiveMsg(VAR message:ptMsg;mailbox:tMbx);
  BEGIN
   LOOP
     WITH mailbox^ DO
       P(sema);
      IF Empty(msg) THEN
       V(sema);WAIT(prc)
      ELSE
       message:= ptMsg(DeList(msg,MError));
       V(sema);EXIT
      END;
     END(*WITH*)
   END;(*LOOP*)
  END receiveMsg;
  BEGIN
   MError := FALSE
  END Messages.
```

Fig. 15.6 zeigt die Modulhierarchie dieses Prozeß-Systems. Fig. 15.7 illustriert das Produzent-Konsument-Modell des Beispiels 15.9.

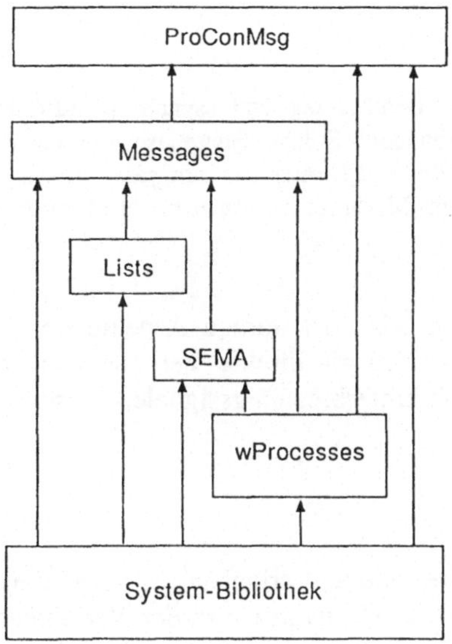

Fig. 15.6 Botschaften-System

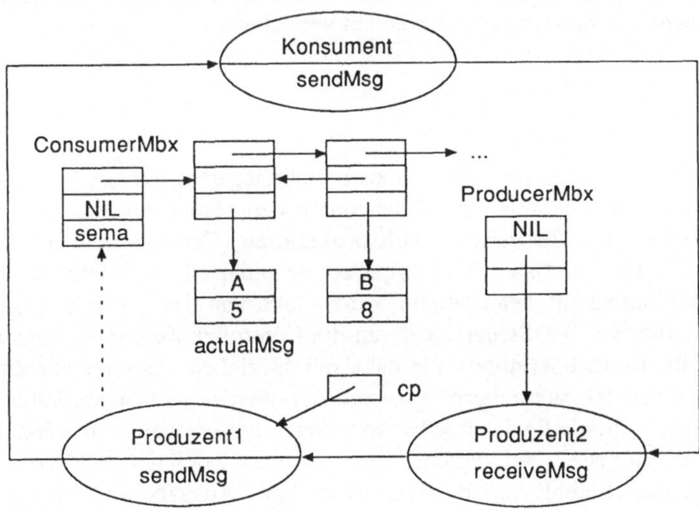

Fig. 15.7 Produzent-Konsument-Modell

16. Interrupts, Prioritäten, Monitore

Übersicht:
Im folgenden wird die Bearbeitung von asynchron auftretenden Ereignissen (sogenannten Interrupts) behandelt. Solche Ereignisse werden von speziellen Prozessen bearbeitet, die eine höhere Priorität als normale Prozesse haben können. Diese Priorität macht aus einem Modul einen sogenannten Monitor.

In diesem Kapitel wollen wir noch einige Aspekte der Systemprogrammierung mit Modula-2 besprechen, nämlich die direkte Vergabe von Speicherplatz und Prioritäten sowie die Behandlung von Unterbrechungssignalen durch sogenannte Geräteprozesse.

16.1 Feste Adressen

Manche Modula-Implementationen erlauben es, für Variable feste Adressen vorzusehen. Dies geschieht dadurch, daß man in der Variablendeklaration nach dem Variablennamen die gewünschte Adresse in eckigen Klammern angibt.
Beispiel:

```
VAR FixFeld[170040B]
                ARRAY[0..3] OF INTEGER;
```

Fixe Adressen sind aber nur für globale Variable sinnvoll, da ihr Speicherplatz vom System nicht wie der normaler Variablen verwaltet wird.

16.2 Interrupts

Die Ein- und Ausgabe von Daten über Peripheriegeräte (devices) ist wesentlich langsamer als die Bearbeitung von Daten durch den Hauptprozessor. Deshalb wird der Datenverkehr sinnvollerweise an Hilfsprozessoren (Controller) übertragen, welche die Peripherie steuern und so den Hauptprozessor entlasten. Leistung, die ein Prozeß von einem Peripheriegerät beansprucht, wird somit von Haupt- und Hilfsprozessor gemeinsam erbracht. Die Steuersignale an die Controller werden in sogenannten Geräte-(Device-)Registern übermittelt, die dazu mit speziellen Maschinenbefehlen oder speziellen Routinen (Gerätetreibern) angesprochen werden. In vielen Fällen werden diese Register wie normale Speicherzellen adressiert. Sie erscheinen in Modula als Variable mit fester Adresse und einem vom Benutzer definierten Typ. Durch einen entsprechenden Befehl wird die Daten-Ein- bzw. Ausgabe angestoßen. Sobald dann die parallel zum Hauptprozessor arbeitenden Controller mit ihrer Steueraufgabe fertig sind, zeigen sie dies dem Hauptprozessor im jeweiligen Geräte-Status-Register (DS-Register) an. Der Hautprozessor kann zusätzlich durch ein Hardware-Signal

(Interrupt) über die Änderung des Statusregisters informiert werden. Dabei teilt der Controller dem Hauptprozessor in Form einer sogenannten Vektoradresse mit, welches Peripheriegerät das Interrupt-Signal schickt. Nun muß der Hauptprozessor - z.B. bei einer Dateneingabe - die vom Controller im Geräte-Daten-Register (DD-Register) angelieferten Daten abnehmen. Dazu startet er eine (low level) Interrupt-Service-Routine (ISR, interrupt dispatcher), die den Zustand des laufenden Prozesses, den sog. Prozessor-Status, rettet und dann mit Hilfe der Vektoradresse einen speziellen Prozeß (Geräteprozeß, device handler) anstößt. Dieser führt die zur Behandlung des spezifischen Interrupts nötigen Aktionen durch. Danach wird zum unterbrochenen Programm zurückgekehrt.

Außer den bisher beschriebenen externen, asynchronen Interrupts gibt es noch interne Interrupts. Diese treten synchron bei der Ausführung von Programmen im Hauptprozessor auf, z.B. bei Division durch Null. Die internen Interrupts werden meist nach demselben Verfahren wie die externen Interrupts behandelt. Ihre Vektoradressen sind intern fest eingestellt und können für eine Ausnahmebehandlung benutzt werden.

Da UNIX ein Mehrbenutzer-Betriebssystem ist, würden sich die Benutzer mit eigenen Interrupt-Behandlungen möglicherweise gegenseitig stören. Deshalb wird die Interrupt-Behandlung nur vom System ausgeführt. Aus diesem Grund ist es unter UNIX nicht sinnvoll, Prozesse, die durch Interrupts aktiviert werden, in Modula zu schreiben. Bei Einbenutzer-Systemen, wie z.B. TOS, ist dies jedoch durchaus sinnvoll und möglich (Dal 88). In Modula können dafür interrupt-getriebene Geräteprozesse (Wirth 77, device handler) erstellt werden. Sie steuern - aktiviert durch Interrupts - Peripheriegeräte. Die Behandlung der Interrupts geschieht meist im Systemmodus mit allen Zugriffsrechten. Deshalb ist die Gefahr relativ hoch, daß bei unvorsichtiger Programmierung Daten zerstört werden.

Aus der Sicht von Modula ist die Interrupt-Behandlung gleichbedeutend mit einem durch die Hardware angestoßenen und in den laufenden Prozeß eingeschobenen Umschalten (in der Wirkung mit TRANSFER vergleichbar) zu einem Geräte-Prozeß (Coroutine). Dazu wird meist vom Modul SYSTEM die Prozedur IOTRANSFER exportiert. Mit dieser Prozedur können für Interrupts mit Vektoradresse, Geräte-Prozesse eingerichtet werden, welche die Geräte bedienen. Diese Prozesse müssen zunächst wie üblich erzeugt und aktiviert werden. Durch den Aufruf von

```
IOTRANSFER(VAR from, tofrom: ADDRESS;v:CARDINAL);
(* synchroner Transfer nach tofrom; asynchroner
   Transfer von tofrom nach from *)
```

innerhalb von Prozessen melden diese sich für einen Interrupt an. Mit der Anmeldung

```
IOTRANSFER(devicehdlr,resumeproc,va)
```

wird nämlich der Coroutinen-Variable devicehdlr (device handler) der Zustand des aufrufenden Prozesses zugewiesen und zum Prozeß resumeproc transferiert. Sobald dann der Vektorinterrupt va "ansteht", wird (asynchron) in den gerade laufenden Prozeß ein TRANSFER (resumeproc, devicehdlr) zum Prozeß devicehdlr eingefügt. D.h. der Kontext der gerade unterbrochenen Coroutine wird in resumeproc gerettet. Diese Coroutine kann eine andere sein als die, welche durch das vorausgegangene IOTRANSFER aktiviert wurde.

Beispiel: Wir wollen das Modul wProcesses um eine Prozedur erweitern, die es einem Prozeß erlaubt, sich für einen Interrupt anzumelden.

```
PROCEDURE WaitInt(va:CARDINAL);
(* Anmelden fuer Interrupt va und warten *)
VAR newcp : ADDRESS;
BEGIN
   cpOld := cp;
   REPEAT cp := cp^.next UNTIL (cp^.ready) OR (cp=cpOld);
   newcp := cp^.cor;
   IF cp = cpOld THEN (* deadlock *) HALT END;
   WITH cpOld^ DO
      ready := FALSE;(* deaktiviere den Prozeß *)
      IOTRANSFER(cor,newcp,va);
      ready := TRUE; cp := cpOld;
   END
END WaitInt;
```

Jetzt kann die Situation entstehen, daß kein Prozeß mehr bereit ist, da alle auf Interrupts warten. Besser als dann einen deadlock anzunehmen, wäre es einen sogenannten 'Idler' - Prozeß einzuführen, der nichts anderes zu tun hat, als ein leere Schleife zu durchlaufen. Beim nächsten Interrupt wird ihm die Kontrolle entzogen. Dieser Prozeß darf allerdings nicht in die Bereit-Schlange eingehängt werden. Die IF-Anweisung lautet dann:

```
IF cp = cpOld THEN newcp := idler END; .
```

Im MS-DOS M2SDS-Modula sind für die Interruptsbehandlung die Prozeduren IOTRANSFER(slot:CARDINAL) und SETIO(ser,con:ADDRESS,va,slot:CARDINAL) vorgesehen.

Die Beispiele in Kap. 16.5 werden die Behandlung von Interrupts demonstrieren. Zuvor müssen wir jedoch die Bedeutung der Prioritäten erläutern, denn IOTRANSFER kann nur in Moduln mit einer Priorität verwendet werden. Solche Moduln werden am besten als sog. Monitore implementiert.

16.3 Prioritäten

Zur Erinnerung sei hier nochmals die Definition für Programm-Moduln wiederholt.

```
ProgramModule=MODULE identifier [priority] ";"
        {import} block identifier "."
priority = "[" ConstExpression "]".
```

Dabei ist priority ein konstanter Ausdruck. Die Interpretation der Priorität ist systemabhängig. Oft (z.B. bei der PDP11- Implementierung) wird diese Priorität in eine Software-Priorität umgesetzt, mit der dann die zu diesem Modul gehörenden Prozeduren ablaufen. Jedem extern erzeugten Interrupt ist andererseits eine sogenannte Hardware-Priorität zugeordnet. Nur Interrupts mit höherer Hardware-Priorität als die augenblicklich gültige Software-Priorität veranlassen den Prozessor, deren Interrupt-Behandlung einzuschachteln.

Damit die Programme der Interrupt-Behandlung nicht durch Interrupts derselben Hardware-Priorität unterbrochen (überholt) werden können, erhalten die Geräte-Prozesse eine der Hardware-Priorität entsprechende, jedoch vorrangige Software-Priorität. Interrupts mit gleicher oder niedriger Hardwarepriorität sind dann gesperrt. Normale Programme laufen z.B. mit der Software-Priorität 0 ab, wohingegen Geräte-Prozesse für Terminals die Priorität 4 haben. Der "Clock-Handler" hat Priorität 6 und die Routine, die bei einem Spannungsabfall (power fail) für ein konsistentes Anhalten des Prozessors sorgt, läuft mit der höchsten Priorität 7 ab.

16.4 Monitore

Ein Monitor ist eine Datenkapsel. Sie enthält Datenstrukturen und darauf arbeitende Prozeduren, welche von Prozessen unter gegenseitigem Ausschluß benützt werden können (Hoa 74; unser Monitor-Begriff deckt sich aber nicht ganz mit dem von Hoare eingeführten Begriff). Monitore lassen also den Zugriff nur eines einzigen Prozesses zu und verhindern dadurch, daß weitere Prozesse auf die Daten-Strukturen des Monitors unkoordiniert zugreifen. Erst nachdem der augenblicklich zugriffsberechtigte Prozeß den Monitor "freigegeben" hat, wird ein weiterer auf den Monitor wartender Prozeß zugelassen. Mit der Angabe einer Priorität läßt sich ein lokales oder externes Modul in einen Monitor verwandeln, da dann dessen Prozeduren nicht durch Interrupts mit gleicher oder niedrigerer Priotität unterbrochen werden können. Die Interruptsperre sollte von möglichst kurzer Dauer sein, damit anstehende Interrupts noch rechtzeitig bearbeitet werden können. Deshalb ist es notwendig, daß Monitorprozeduren kurz sind. Ein Beispiel haben wir bereits mit dem Monitor SEMA kennengelernt. Gegenseitiger Ausschluß durch Sperren von Interrupts ist allerdings nur bei Monoprozessor-Systemen möglich. In einem priorisierten Modul lassen sich Prozeduren anderer Module mit höherer oder keiner Priorität aufrufen, nicht aber solche mit geringerer Priorität. Ein Monitor verwaltet also Daten, die von mehreren unterbrechbaren Prozessen gemeinsam benutzt werden (vgl. Kap. 15.2). Er stellt somit eine Datenabstraktion (vgl. Kap. 10.2) dar, die zusätzlich gegenseitigen Ausschluß garantiert.

16.5 Beispiele für Geräte-Prozesse

Als erstes soll ein Beispiel für den Atari ST vorgestellt werden. Die Aufgabe besteht darin, alle 2 Sekunden das Datum und die Zeit mit Hilfe des Timers A auszugeben. Der Timer befindet sich auf dem Multi Function Peripherial Chip MFP 68901. Dieser Chip arbeitet als Interrupt-Controler im Atari ST. Über dessen Kontroll- und Datenregister kann die Funktion des Timers eingestellt werden.

In unserem Beispiel soll nach 20 Millisekunden ein Interrupt (Exception) erfolgen. Wenn der Zähler heruntergezählt ist, erzeugt der MFP den Vektorinterrupt für den Timer A. Dadurch kann der Prozessor über einen indirekten Sprung die Interrupt-Service-Routine anspringen.

Das Hauptprogramm verwendet die folgenden Prozeduren.

- *Starten des Timers (StartTimer):* Mit SuperExec wird in den Systemmodus (supervisor mode) umgeschaltet, da die Prozedur StartTimer auf Adressen im Systembereich zugreifen muß. Ohne Umschalten würde die Prozedur im Normalmodus ablaufen und eine Privilegverletzung begehen. Dies würde zum Programmabbruch führen. Kontroll- und Datenregister werden gesetzt, dann wird mit EnableInterrupt der Interrupt im MFP zugelassen.
- *Stoppen des Timers (StopTimer):* Im Systemmodus werden die von StartTimer bewirkten Änderungen rückgängig gemacht, damit nach dem Ende des Programms keine weiteren Interrupts mehr auftreten, die dann nicht richtig bedient würden.
- *Interrupt-Service-Routine (ISR):* Die ISR meldet sich per IOTRANSFER an und zählt IntCounter hoch. Da nach dem Eintreten einer Unterbrechung vom MFP weitere Unterbrechungen nicht mehr zugelassen werden, müssen sie explizit mit EnableInterrupt wieder ermöglicht werden. Im Initialisierungsteil des Moduls IntServ wird die ISR zu einer Coroutine gemacht.
- *Anzeige (Show):* Nach 100 Interrupts wird mit Show das Datum und die Uhrzeit beim System erfragt und ausgegeben. Damit die Ausgabe nicht durch die Interrupts des Timers gestört wird, läuft Show mit Priorität 7 ab.

Die Prozeduren StartTimer, StopTimer werden vom Modul Timer, die Prozedur Show vom Modul PrioOut zur Verfügung gestellt.

Beispiel 16.1 Basismodul Timer (Definitionsmodul):

```
DEFINITION MODULE Timer;
(* Alle Hardware spezifischen Gr ößen *)
FROM SYSTEM IMPORT ADDRESS;

PROCEDURE StartTimer;
   (* Timer starten *)
PROCEDURE EnableNextInt;
   (* naechsten Interrupt zulassen *)
PROCEDURE StopTimer;
   (* Timer stoppen *)
PROCEDURE TimVecAddr(): ADDRESS;
   (* Hole Timer Vectoradresse -
    * damit in Timer alle hardwarespezifischen Namen
    * versammelt sind. *)
END Timer.
```

Beispiel 16.2 Basismodul PrioOut:

```
DEFINITION  MODULE PrioOut;
   (* nicht unterbrechbarer Output *)
PROCEDURE Show;
   (* Zeitanzeige im zwei Sekundentakt *)
END PrioOut.
```

Hier nun unser Beispiel für die Behandlung der Interrupts.

Beispiel 16.3 Behandlung von Uhren-Interrupts

```
MODULE Uhr; (* V. 1.5  v. 15.01.88 J.Lutz *)
(* Dieses Programm soll ungefaehr alle zwei Sekunden
 * an der rechten oberen Ecke des Bildschirms
 * Datum und Uhrzeit anzeigen.
 * BS: Atari-TOS
 * PS: TDI Modula-2
 * Alle direkt systemabhaengigen Adressen und Funktionen
 * finden sich im MODULE Timer.
 * Benutzt wird der Timer A des MFP.
 * Der Timer A des MFP wird gestartet und der Interrupt
 * auf die Interruptservice-routine ISR umgeleitet.
 * Im 50Hz-Takt wird hochgezaehlt und dann die Zeit
 * vom System erfragt und dann erneut geschrieben.
 * Nach ca. 70 Sekunden terminiert das Programm. *)

(*$S- *)(*T- *)
(* Modula-Laufzeitfehlerueberpruefung abschalten *)

FROM SYSTEM    IMPORT ADDRESS, NEWPROCESS,
                      TRANSFER, IOTRANSFER, CODE;
FROM Storage   IMPORT ALLOCATE;
IMPORT TextIO;
```

```
FROM PrioOut     IMPORT Show;
FROM Timer       IMPORT StartTimer,StopTimer,
                        EnableNextInt,TimVecAddr;

TYPE COROUTINE = ADDRESS;
VAR timer
    (* Coroutinen-Status des device-handlers  *)
    main       : COROUTINE;
    (* 'Coroutinen-Status' des Hauptprogramms *)
    IntCounter: CARDINAL;
    (* Zaehler der aufgetretenen Interrupts   *)

MODULE IntServ[7];
(* Module priorisierter Interrupt Server Prio,
 * damit Server nicht rekursiv 'aufgerufen' werden kann. *)
IMPORT
        (* SYSTEM  *) ADDRESS, IOTRANSFER, NEWPROCESS
        (* Storage *) ,ALLOCATE
        (* Timer   *) ,EnableNextInt,TimVecAddr
        (* PrioOut *) ,Show
        (* Uhr     *) ,timer,main,IntCounter;
EXPORT ISR;
VAR Adr: ADDRESS;
    va : ADDRESS;

PROCEDURE ISR;
(*Coroutine, welche die Interrupts bekommt.
 *Zaehlt IntCounter hoch und transferiert ins Hauptprogramm*)
BEGIN (* ISR *)(* Initialisierung *)
  IntCounter := 0;
  va := TimVecAddr();
  (* Server *)
  LOOP
    IOTRANSFER(timer,main,va);
    INC(IntCounter);
    IF (IntCounter MOD 100) = 0 (* bei 50Hz nach 2 sec. *)
    THEN
      Show;
    END (* if *);
    EnableNextInt;
  END (* loop *)
END ISR;

BEGIN (* MODULE IntServ *)
(* Interruptserviceroutinen ISR anmelden *)
  ALLOCATE(Adr, 1024);(*Speicherplatz fuer diese Coroutine*)
  NEWPROCESS(ISR,Adr,1024,timer);(* Coroutine einrichten *)
END IntServ ;

PROCEDURE work;
VAR indx: LONGCARD;
BEGIN (* work *)
```

```
(* einige Zeit etwas anderes tun; hier nur warten *)
  FOR indx := 1 TO 8000000 DO
   (* nix ca. 70 sec. *)
  END (* for *);
END work;

PROCEDURE zeigeErgebnis;
VAR ch: CHAR;
BEGIN (* zeigeErgebnis *)
(* Und das Ergebnis: *)
  TextIO.WriteLn; TextIO.WriteLn;
  TextIO.WriteString('Gezaehlte Interrupts: ');
  TextIO.WriteCard(IntCounter,5); TextIO.WriteLn;
  TextIO.WriteLn;
  TextIO.WriteString('Bitte Taste druecken !');
  TextIO.WriteLn;
  TextIO.Read(ch);          (* Warte auf Benutzer *)
END zeigeErgebnis;

BEGIN (* Uhr *)
  StartTimer;
  TRANSFER(main, timer);    (* initialisiere ISR  *)
  work;
  StopTimer;
  zeigeErgebnis;
END Uhr.
```

Bevor wir uns dem nächsten Beispiel zuwenden, wollen wir auch die Implementationsteile der Basismoduln vorstellen. Einige Programmteile wurden hardwarenah programmiert. Um aber das Programm nicht noch länger und komplizierter werden zu lassen, wurden Funktionen aus Moduln der Systembibliothek (XBIOS, GEMDOS) benutzt, die sich direkt auf Betriebssystemfunktionen stützen. Es geht auch ohne Heranziehung spezieller Moduln der Systembibliothek, wie das Beispiel 16.5 für eine andere Maschine zeigt. Dort wird nur auf die Laufzeitbibliothek von Modula zugegriffen.

Beispiel 16.1 Basismodul Timer (Implementationsmodul):

```
IMPLEMENTATION MODULE Timer;
FROM SYSTEM IMPORT BYTE,ADDRESS,CODE;
FROM XBIOS  IMPORT SuperExec,
                   EnableInterrupt,DisableInterrupt;
CONST ClockAddress =   134H; (* Timer A *)
      VektorNr     =     13; (* Timer A *)
      RTS          = 04e75H; (* rts-Befehl 'hexcode' *)
 (* Die folgenden drei Prozeduren werden im SuperExec-Mode
  * ausgefuehrt; mit der Prozedur 'SuperExec' wird
  * vom Normalmodus mit eingeschraenkten Zugriffsrechten
  * in den Systemmodus umgeschaltet. *)
```

```
(*$P- *)
(* lt. Kommentar im Modul XBIOS zu SuperExec erforderlich *)
PROCEDURE StartTimerA;
(* Stellt ueber die Register des MFP
 * eine Taktfrequenz von 50Hz ein *)
VAR ControlTimerA[0fffa19H]: BYTE;
        (* Kontrollregister von Timer im MFP *)
    DataTimerA    [0fffa1fH]: BYTE;
        (* Datenregister von Timer im MFP *)
BEGIN (* StartTimerA *)
  DataTimerA    := BYTE(192);
  ControlTimerA := BYTE(7);
  CODE(RTS);       (* verlassen wie eine C-Routine *)
END StartTimerA;

(*$P- *)
PROCEDURE StopTimerA;
(* setzt den Timer A wieder zurueck,
 * damit der Interrupt nicht mehr erzeugt wird. *)
VAR ControlTimerA[0fffa19H]: BYTE;
        (* Kontrollregister von Timer im MFP *)
    DataTimerA    [0fffa1fH]: BYTE;
        (* Datenregister von Timer im MFP *)
BEGIN (* StopTimer *)
  DataTimerA    := BYTE(0);
  ControlTimerA := BYTE(0);
  CODE(RTS);       (* verlassen wie eine C-Routine *)
END StopTimerA;

(*$P- *)
PROCEDURE EnableNext;
(* Bei jedem Interrupt muss im 'Interrupt In Service
 * Register' (IISR) des MFP das zum Timer gehoerende
 * 'pending' Kontrollbit nach einem Interrupt wieder
 * geloescht werden, damit der naechste Interrupt
 * zugelassen wird. *)
VAR IISR[0fffa0fH]: BYTE;
BEGIN (* EnableNext *)
  IISR := BYTE(BITSET(IISR)-{5}); (* Bit 5 loeschen *)
  CODE(RTS);
END EnableNext;

PROCEDURE EnableNextInt;
(* naechsten Interrupt zulassen *)
BEGIN (* EnableNextInt *)
    SuperExec(EnableNext);
END EnableNextInt;

PROCEDURE TimVecAddr(): ADDRESS;
(* Liefert Timer Vector-Adresse, damit in Timer alle
 * hardwarespezifischen Namen versammelt sind. *)
BEGIN (* TimVecAddr *)
```

```
  RETURN ClockAddress;
END TimVecAddr;

PROCEDURE StartTimer;
(* Timer starten *)
BEGIN (* StartTimer *)
(* Timer A setzen *)
  SuperExec(StartTimerA);
(* und Bearbeitung im MFP einschalten, d.h. Timer A
 * Interrupt (Level 13) im MFP nicht mehr ignorieren *)
  EnableInterrupt(VektorNr);
END StartTimer;

PROCEDURE StopTimer;
(* Timer stoppen *)
BEGIN (* StopTimer *)
(* alles wieder aufraeumen *)
  DisableInterrupt(VektorNr);
  SuperExec(StopTimerA);
END StopTimer;

BEGIN (* MODULE Timer *)
END Timer.
```

Beispiel 16.2 Basismodul PrioOut (Implementationsmodul):

```
IMPLEMENTATION MODULE PrioOut[7];
(* nicht unterbrechbarer Output *)
IMPORT TextIO;
FROM   M2Clock IMPORT tDaTi, DateAndTime;
FROM   VT52    IMPORT GotoXY,ClearScreen;
CONST ESC = 33C;

PROCEDURE Show;
(* Zeitanzeige im Zwei- Sekunden-Takt *)
VAR DaTi: tDaTi;
BEGIN (* Show *)
  DateAndTime(DaTi);
  GotoXY(60,1);
  WITH DaTi DO
    TextIO.WriteCard(day,2);     TextIO.Write('.');
    TextIO.WriteCard(month,2);   TextIO.Write('.');
    TextIO.WriteCard(year,4);    TextIO.Write(' ');
    TextIO.WriteCard(hour,2);    TextIO.Write(':');
    TextIO.WriteCard(minute,2);  TextIO.Write(':');
    TextIO.WriteCard(second,2);
  END (* with *);
END Show;

BEGIN (* PrioOut *)
  ClearScreen;
END PrioOut.
```

Das Modul PrioOut verwendet Namen des Moduls M2Clock.

Beispiel 16.4 Modula-2-Clock:

```
DEFINITION MODULE M2Clock;
(* Datum und Zeit *)
TYPE tDaTi = RECORD
                year:   CARDINAL;
                month:  [1..12];
                day:    [1..31];
                hour:   [0..23];
                minute: [0..59];
                second: [0..59];
              END;
PROCEDURE DateAndTime(VAR DaTi : tDaTi);
(* hole Computerdatum und -Zeit *)
END M2Clock.


IMPLEMENTATION MODULE M2Clock[7];
(* keine Interrupts *)
IMPORT GEMDOS;
(*
TYPE tDaTi = RECORD
              year:   CARDINAL;
              month:  [1..12];
              day:    [1..31];
              hour:   [0..23];
              minute: [0..59];
              second: [0..59];
            END;
*)
PROCEDURE DateAndTime(VAR DaTi : tDaTi);
VAR
  Date,Time: CARDINAL;
BEGIN (* GetTime *)
  GEMDOS.GetDate(Date);
  (* Date codiert als:
     [((year-1900) * 16 + month) * 32 + day] *)
  WITH DaTi DO
    day    := Date MOD 32;
    Date   := Date DIV 32;
    month  := Date MOD 16;
    Date   := Date DIV 16;
    year   := Date + 1980;

    GEMDOS.GetTime(Time);
    (* Time codiert als:
       [((hour) * 32 + minute) * 64 + second] *)
    second := (Time MOD 32) * 2;
    Time   := Time DIV 32;
    minute := Time MOD 64;
```

```
    Time    := Time DIV 64;
    hour    := Time MOD 32;
  END (* with *);
END DateAndTime;

BEGIN (* M2Clock *)
END M2Clock.
```

Die Aufgabe des folgenden Moduls (für die PDP11 Rechnerfamilie unter RT11) ist es, Zeichen, die über die Tastatur eingegeben werden, zum Bildschirm des Terminals zu übertragen, vgl. Fig. 16.1. Diese Geräte können aber nur dann den Hauptprozessor unterbrechen, wenn das 6te Bit (interrupt enable bit) ihrer Status-Register (DS-Register) gesetzt ist. Prozesse sind zuweilen gezwungen, untätig auf ein externes Ereignis zu warten, während gleichzeitig andere Prozesse, z.B. die Geräteprozesse, Interrupts bedienen könnten. Damit nun während des Wartens eines Prozesses die Interrupts nicht gesperrt bleiben, muß es möglich sein, zeitweilig die Interruptsperre aufzuheben. Dies kann durch Aufruf der Prozedur LISTEN aus dem Modul SYSTEM erreicht werden.

Der Producer-Prozeß verwaltet einen Eingabepuffer, der Consumer-Prozeß einen Ausgabepuffer. Diese Puffer werden vom Hauptmodul aus geleert bzw. gefüllt. Die dazu nötigen Prozeduren werden (mit Priorität) von den Gerätemonitoren exportiert.

Beispiel 16.5 Übertragen von Zeichen zum Bildschirm:

```
MODULE CRTKBD [0];
(* vgl. (Wirth 77), p. 163, JL *)
FROM SYSTEM IMPORT PROCESS, NEWPROCESS,
                   TRANSFER, IOTRANSFER, LISTEN,
                   WORD, ADR, SIZE, ADDRESS;
CONST BREAK = 3C; (* terminiert Programm *)
VAR ch: CHAR; (* E/A-Zeichen *)

(* Die beiden folgenden Moduln sind sog. Geräte-Monitore *)
(* mit Geräte-Prozeß, Datenstruktur und Zugriffsfunktion *)

MODULE TerminalOut[4]; (* Bildschirm-Monitor *)
(*FROM SYSTEM*) IMPORT
            PROCESS, NEWPROCESS, TRANSFER, IOTRANSFER,
            LISTEN, WORD, ADR, SIZE, ADDRESS;
EXPORT typeout, stopCRT;
CONST
   BufSize = 32; (* Größe des Ausgabe-Puffers *)
   (* feste Adressen *)
   VectAdr = 304B; (*  des Vektorinterrupts *)
   StatAdr = 176504B; (* DS-Registers *)
   BufAdr  = StatAdr + 2; (* des DD-Registers *)
   IENABLE = 6; (* interrupt enable bit *)
```

```
VAR
   CharsInBuf : [-1..BufSize];
   in, out : [0..BufSize-1];
   Buffer : ARRAY[0..BufSize-1] OF CHAR;
   main, CON : PROCESS;
   wsp : ARRAY[1..177B] OF WORD;
   CRTStatus[StatAdr] : BITSET; (* DS-Register *)
   CRTData[BufAdr] : CHAR; (* DD-Register *)
   IntHdl[VectAdr] : ADDRESS;
   (* Adresse des neuen Geräte-Przesses *)
   saveOldHdl : ADDRESS;
   (* Adresse des ursprüngl.Geräte-Prozesses*)

PROCEDURE typeout(ch: CHAR);
(* bringe Zeichen in Ausgabe-Puffer *)
BEGIN (* typeout *)
   INC(CharsInBuf);
   WHILE CharsInBuf>(BufSize-1) DO
   (* Ausgabepuffer läuft über;
      warte bis Consumer Platz gemacht hat *)
      LISTEN
   END;
   Buffer[in] := ch;
   in := (in + 1) MOD BufSize;
   IF CharsInBuf = 0 THEN TRANSFER(main,CON)
   (* Da Ausgabepuffer leer, Transfer zum Consumer.
      Von Tastatur wird keine Eingabe erwartet *)
   END
END typeout;

PROCEDURE consumer;
(* Geräte-Prozeß für Bildschirm des Terminals *)
BEGIN (* consumer *)
   LOOP
      DEC (CharsInBuf);
      IF CharsInBuf < 0  (* falls kein Zeichen mehr *)
         THEN TRANSFER(CON,main) (* zum Hauptprozeß *)
      END;
      CRTData := Buffer[out];
      (* Zeichen in DD-Register brigen*)
      out := (out + 1) MOD BufSize;
      INCL(CRTStatus,IENABLE);
      (* Interrupts von CRT ermöglichen *)
      IOTRANSFER(CON, main, VectAdr);
      (* Interrupt erwartet, wenn Ausgabe beendet *)
      EXCL(CRTStatus,IENABLE)
      (* weitere Interrupts von CRT sollen warten *)
   END (* LOOP *)
END consumer;

PROCEDURE stopCRT;
(* stop TerminalOut *)
```

```
BEGIN (* stopCRT *)
   IntHdl := saveOldHdl;      (* zum alten DH zurück *)
   INCL(CRTStatus,IENABLE) (* Interrupts zulassen *)
END stopCRT;

BEGIN (* TerminalOut Initialisierung *)
   CharsInBuf := 0;
   in := 0; out := 0;
   saveOldHdl := IntHdl; (* alte DH-Adresse retten *)
   NEWPROCESS(consumer, ADR(wsp), SIZE(wsp), CON);
   TRANSFER (main,CON) (* zum consumer *)
END TerminalOut;

MODULE TerminalIn[4]; (* Tastatur-Monitor *)
(* FROM SYSTEM *) IMPORT ADR, ADDRESS, SIZE, WORD, PROCESS,
                  NEWPROCESS, TRANSFER, IOTRANSFER;
EXPORT fetch, stopKBD, CharsInBuf;

CONST
   BufSize = 32; (* Größe des Eingabe-Puffers *)
   VectAdr = 300B;
   StatAdr = 176500B;
   BufAdr = StatAdr + 2;
   IENABLE = 6;

VAR
   KBDStatus[StatAdr] : BITSET;
   KBDData[BufAdr] : CHAR;
   IntHdl[VectAdr] : ADDRESS;
   saveOldHdl : ADDRESS;

VAR
   CharsInBuf : [-1..BufSize];
   in, out : [0..BufSize];
   buffer : ARRAY[0..BufSize-1] OF CHAR;
   PRO, main : PROCESS;
   wsp : ARRAY[0..177B] OF WORD;

PROCEDURE fetch(VAR ch: CHAR);
(* hole nächstes Zeichen von Eingabe-Puffer *)
BEGIN (* fetch *)
   IF CharsInBuf > 0
      THEN
         ch := buffer[out];
         out := (out+1) MOD BufSize; DEC(CharsInBuf)
      ELSE
         ch := 0C  (* 'nichts' zurückgeben *)
   END
END fetch;

PROCEDURE producer;
(* Geräte-Prozeß für Tastatur des Terminals *)
```

```
BEGIN (* producer *)
   LOOP
      INCL(KBDStatus,IENABLE);
      IOTRANSFER(PRO,main,VectAdr);
      (* Interrupt erwartet, wenn Eingabe von Tastatur *)
      EXCL(KBDStatus,IENABLE);
      (* weitere Interrupts des Terminals sollen warten *)
      IF CharsInBuf < BufSize
         THEN
            buffer[in] := CHR(INTEGER(KBDData) MOD 200B);
            in := (in + 1) MOD BufSize;
            INC(CharsInBuf)
         ELSE (* ignoriere Zeichen, wenn Puffer voll *)
      END
   END
END producer;

PROCEDURE stopKBD;
(* stop TerminalIn *)
BEGIN (* stopKBD *)
   IntHdl := saveOldHdl;
   INCL(KBDStatus,IENABLE)
END stopKBD;

BEGIN (* TerminalIn Initialisierung *)
   CharsInBuf := 0;
   in := 0; out := 0;
   saveOldHdl := IntHdl;
   NEWPROCESS(producer, ADR(wsp), SIZE(wsp), PRO);
   EXCL(KBDStatus,IENABLE);
   TRANSFER(main,PRO)
END TerminalIn;

BEGIN (* CRTKBD *)
   typeout ('>'); (* Aufforderung Zeichen einzugeben *)
   LOOP
      IF CharsInBuf > 0
         THEN fetch(ch); (* hole Zeichen aus Eingabe-Puffer *)
            IF (ch = BREAK) THEN EXIT; (* beende Eingabe *)
            ELSE typeout(ch) (* gebe Zeichen in Ausgabe-Puffer
            END (* IF *)
      END (* IF *)
   END (* LOOP *);
   stopKBD; stopCRT
END CRTKBD.
```

Als erstes wird das Modul TerminalOut initialisiert. Nach der Initialisierung der lokalen Variablen wird der Prozeß "consumer" erzeugt und gestartet. Die lokale (!) Variable CharsInBuf, welche die Anzahl der Zeichen im Ausgabe-Puffer "Buffer" angibt, wird auf -1 dekrementiert, so daß die Ablaufkontrolle wieder an das Hauptprogramm übergeht. Jetzt wird das Modul TerminalIn initialisiert und der Prozeß "producer" gestartet. Um Interrupts zuzulassen, wird das sechste Bit des Statusworts der Tastatur gesetzt (enable interrupt). Danach meldet sich der Prozeß für Interrupts mit der Vector-Adresse 300B an. Anschließend kehrt die Kontrolle zum Hauptprogramm zurück.

Bei der Aufforderung zur Eingabe von Zeichen über die Tastatur wird CharsInBuf des Konsumenten um 1 erhöht und das Zeichen ">" in den Ausgabe-Puffer kopiert. Da jetzt CharsInBuf = 0 gilt, wird in typeout zum Prozeß "consumer" umgeschaltet. Dieser übergibt dem Bildschirm-Daten-Register das auszugebende Zeichen, also ">", läßt danach Interrupts zu und meldet sich für einen Interrupt mit Vektor-Adresse 304B an. Damit ist der erste Aufruf der Prozedur "typeout" beendet.

Es beginnt nun die Ausführung der Schleife des Hauptprogramms. Dieses wartet darauf, daß der von TerminalIn exportierte Zähler CharsInBuf erhöht wird. Die einzige Aufgabe des Hauptprogramms ist es, einzelne Zeichen vom Eingabe- zum Ausgabe-Puffer zu übertragen. (Es könnte natürlich während des Wartens nützlichere Arbeit leisten).

Bei der Eingabe eines Zeichens erzeugt die Tastatur den Interrupt mit Vektoradresse 300B. Dadurch geht die Kontrolle an den Prozeß "producer" über; Interrupts werden gesperrt und das eingegebene Zeichen wird vom Tastatur-Daten-Register in den Eingabe-Puffer "buffer" übertragen; der lokale Zähler CharsInBuf wird um 1 erhöht und Interrupts werden wieder zugelassen. Der Aufruf von IOTRANSFER führt wieder ins Hauptprogramm zurück. Die Prozedur "fetch" wird aufgerufen, da jetzt TerminalIn.CharsInBuf >0 gilt. Diese holt das Zeichen aus dem Eingabe-Puffer und gibt die Kontrolle erneut an die Prozedur "typeout" ab - es sei denn, ein weiterer Interrupt des Terminals aktiviert zuvor wieder den Producer-Prozeß. Geräte-Prozesse dürfen dagegen nicht durch weitere Interrups ihrer Geräte unterbrochen werden.

Der Prozeß "consumer" reagiert auf Interrupts des Bildschirms, d.h. auf dessen Aufforderung, das Bildschirm-Daten-Register mit einem weiteren Zeichen zu füllen. Die Interrupts bleiben jedoch gesperrt, solange der Ausgabepuffer leer ist. Der Prozeß "producer" reagiert auf Interupts der Tastatur, d.h. auf deren Aufforderung ein neues Zeichen zu übernehmen.

Dem geschilderten Vorgang einer gepufferten (asynchronen) Zeichenübergabe liegt offensichtlich ein zweifaches Konsument-Produzent-Modell zugrunde, bei dem das Hauptprogramm einmal die Rolle des Konsumenten, einmal die Rolle des Produzenten übernimmt, vgl. Fig. 16.1.

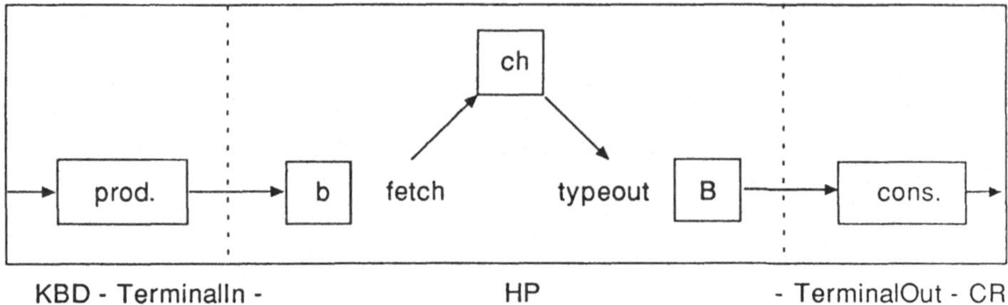

Fig. 16.1 Asynchrone Zeichenübergabe
KBD: keyboard; CRT: cathode ray tube;
HP: Hauptprogramm; ch: E/A-Zeichen
b: Eingabe-Puffer; B: Ausgabe-Puffer

Anregung: Wie ist der Dispatcher in Beispiel 15.1 abzuändern, wenn ein Zeitscheibenverfahren implementiert werden soll? Man konzipere einen "Clock-Monitor", der zu gegebenen Zeiten die Kontrolle an den Dispatcher übergibt.

17. Ausblick

Unsere Absicht in den vorangegangenen Kapiteln war es, Ihnen einen möglichst vollständigen Überblick über Modula-2 zu vermitteln und Sie von der Nützlichkeit der modularen Programmierung zu überzeugen.

Mehrere Jahre Programmiererfahrung mit Modula-2 haben N. Wirth nun dazu bewogen, eine Weiterentwicklung von Modula-2, die den Namen *Oberon* trägt, publik zu machen. Die wesentlichsten Ziele waren, Modula-2 zu vereinfachen, indem selten benötigte und solche Konstrukte weggelassen werden, die den Compiler unnöterweise komplizieren. Außerdem wurde die Möglichkeit geschaffen, neue Datentypen als Erweiterung bereits vorhandener zu definieren und damit sozusagen Teile zu vererben. Damit unterstützt Oberon die objektorientierte Programmierung noch stärker als Modula.

Beispiel:
Bereits definiert seien die Datentypen:

```
TYPE Tree = POINTER TO Node;
     Node = RECORD
              key       :INTEGER;
              left,right:Node;
              showNode  :PROCEDURE
            END;
```

Damit läßt sich ein neuer Datentyp (extended record type) definieren

```
Pedigree = RECORD(Node)
             name,
             firstname:ARRAY 32 OF CHAR
           END;
```

der zusätzlich zu den Komponenten des Typs Node die Komponenten name und firstname enthält. Node ist der (direkte) Basistyp des erweiterten Typs Pedigree.

Der Typ Pedigree erbt also sozusagen von seinem Basistyp bestimmte Komponenten- und Prozedurtypen. Damit ist z.B. die Möglichkeit gegeben, an Objekte Methoden zu vererben (vgl. dazu die Anregung in Kap. 10.3).

Werte eines erweiterten Typs sind zuweisungskompatibel zu Variablen des Basistyps. Dabei werden nur gemeinsame Komponenten berührt (Projektion). Auf Zeigervariable übertragen, lassen sich damit inhomogene, rekursive Datenstrukturen einfach erzeugen.

Es sei z.B.

```
TYPE ETree = POINTER TO Pedigree;
```

ein gegenüber Tree erweiterter Zeigertyp und

```
VAR t,s : Tree;
    et  : ETree;
```

entsprechende Zeigervariable.

Dann sind folgende Zuweisungen erlaubt:

```
t^.left := s; t^.right := et;
```

Auch multidimensionale offene Felder sind nun möglich.

Weggelassen wurden u.a. Variante Records, Aufzählungs- und Unterbereichstypen, CARDINAL und opaque Datentypen. Das Geheimnisprinzip kann jetzt dadurch gewahrt werden, daß im Definitionsteil nicht sämtliche Komponenten eines Verbundtyps definiert zu werden brauchen (public projection). Ebenso gibt es keine lokalen Moduln, keine FOR-Anweisung mehr und auch keine WITH-Anweisung mit der bisher gewohnten Bedeutung.

Anhang

Implementationsmoduln

```
IMPLEMENTATION MODULE Lists;
FROM SYSTEM  IMPORT ADDRESS;
FROM Storage IMPORT ALLOCATE,DEALLOCATE;
FROM InOut   IMPORT WriteString,WriteLn,WriteCard;

TYPE tPtrToControl = POINTER TO tControl;
     tControl      = RECORD
                        NoOfEntry:CARDINAL;
                     END (* tcontrol *);
     tPtrToCarrier = POINTER TO tCarrier;
     tCarrier      = RECORD
                       next,prev:tPtrToCarrier;
                       info:ADDRESS
                     END (* tCarrier *);
     (* aus dem DEFINITION MODULE:
     tList         = RECORD
                        pRoot,pCurrent,pHelp:tPtrToCarrier
                     END; *)

PROCEDURE EnList(VAR List:tList;Adr:ADDRESS;
                 VAR error:BOOLEAN);
VAR Ptr:tPtrToCarrier;pControl:tPtrToControl;
BEGIN
   NEW(Ptr); error:=(Ptr=NIL);
   IF error
      THEN WriteString('ALLOCATE-error in EnList');WriteLn
         (* Fehlerbehandlung fuer ALLOCATE-Error *)
      ELSE
         WITH Ptr^ DO
            next:=List.pCurrent^.next; prev:=List.pCurrent;
            info:=Adr
         END; (* WITH *)
         WITH List.pCurrent^ DO
            next^.prev:=Ptr; next:=Ptr
         END; (* WITH List.pCurrent *)
         List.pCurrent:=Ptr; (* aktueller pCurrent *)
                             (* korrespondierend *)
         pControl:=tPtrToControl(List.pRoot^.info);
         WITH pControl^ DO NoOfEntry:=NoOfEntry+1 END;
   END (* IF error *)
END EnList;

PROCEDURE DeList(VAR List:tList;
                 VAR error:BOOLEAN) : ADDRESS;
VAR Ptr:tPtrToCarrier;
    pControl:tPtrToControl;Adr:ADDRESS;
BEGIN
   WITH List DO error:=(pCurrent=pRoot) END;
   IF NOT error THEN
      WITH List DO
```

```
            Ptr:=pCurrent;pCurrent:=pCurrent^.prev;
            IF pHelp=Ptr THEN pHelp:=pCurrent END
            (* no dangling pHelp *)
         END; (* WITH List *)
         WITH Ptr^ DO
            Adr:=info;
            next^.prev:=prev; prev^.next:=next
         END; (* WITH Ptr^ *)
         DISPOSE(Ptr);
         pControl:=tPtrToControl(List.pRoot^.info);
         WITH pControl^ DO NoOfEntry:=NoOfEntry-1 END;
         RETURN Adr
      ELSE
         WriteString('Versuch, pRoot mit DeList auszuhängen');
         WriteLn; RETURN NIL
      END (* IF *)
END DeList;

PROCEDURE Empty(List:tList):BOOLEAN;
BEGIN
   WITH List DO
      RETURN (pRoot^.next=pRoot)AND(pRoot=pRoot^.prev)
   END (* WITH *)
END Empty;

PROCEDURE CreateList(VAR List:tList;VAR error:BOOLEAN);
VAR pCarrier:tPtrToCarrier;pControl:tPtrToControl;
BEGIN (* Kontroll-Block erzeugen *)
   NEW(pControl); error:=(pControl=NIL);
   IF error
      THEN WriteString('ALLOCATE-error in CreateList');
           WriteLn (* weitere Fehlerbehandlung *)
      ELSE
         WITH pControl^ DO
            NoOfEntry:=0 (* etc. *)
         END; (* WITH pControl *)
   END; (* IF error *)
   (* Anker (root) erzeugen *)
   NEW(pCarrier); error:=(pCarrier=NIL);
   IF error
      THEN WriteString('ALLOCATE-error in CreateList');
           WriteLn (* weitere Fehlerbehandlung *)
      ELSE
         WITH pCarrier^ DO
         next:=pCarrier; prev:=pCarrier; info:=pControl
      END; (* WITH *)
      WITH List DO
         pRoot:=pCarrier;
         pCurrent:=pCarrier; pHelp:=pCarrier
      END (* WITH List *)
   END (* IF error *)
END CreateList;
```

```
PROCEDURE DeleteList(List:tList;VAR error:BOOLEAN);
VAR pControl:tPtrToControl;
BEGIN
   error:=NOT Empty(List);
   IF NOT error THEN
      WITH List DO
         pControl:=tPtrToControl(pRoot^.info);
         DISPOSE(pControl); (* Control-Block freigeben *)
         DISPOSE(pRoot); (* auf  List.pRoot zeigt *)
         DISPOSE(pCurrent) (* auch List.pCurrent! *)
      END (* WITH List *)
   ELSE
      WriteString('Delete(Not Empty List)');WriteLn
   END (* IF NOT error *)
END DeleteList;

    PROCEDURE ListTest(VAR s:ARRAY OF CHAR;List:tList;
                       VAR error:BOOLEAN):CARDINAL;
    VAR Ptr:tPtrToCarrier;pControl:tPtrToControl;
       nr:CARDINAL;err:BOOLEAN;verbosim:BOOLEAN;
      PROCEDURE Out(Ptr:tPtrToCarrier);
       BEGIN
         WriteCard(CARDINAL(Ptr),6)
       END Out;
     BEGIN
      verbosim:=s[0]#0C; error:=FALSE; nr:=0;
      WITH List DO
       Ptr:=pRoot^.next;
       WHILE Ptr#pRoot DO
         Ptr:=Ptr^.next;nr:=nr+1;
         WITH Ptr^ DO
           err:=(next^.prev#Ptr) OR (prev^.next#Ptr);
           error:=error OR err;
         END;     (* WITH Ptr^ *)
         IF err THEN
           WriteString('inkonsistente Verzeigerung');
           WriteLn
         END;    (* IF *)
       END;      (* WHILE *)
       pControl:=tPtrToControl(pRoot^.info);
       WITH pControl^ DO err:=(NoOfEntry#nr) END;
       error:=error OR err;
       IF err THEN
         WriteString('Anzahl der Eintr<ge # NoOfEntry');
         WriteLn
       END;      (* IF *)
      END;       (* WITH *)
      (* Tests anhand der weiteren Eintraege
         im Kontroll-Block *)
      IF verbosim THEN
       WriteString('Liste ');WriteString(s);WriteLn;
```

```
      WITH List DO
       WriteString('pRoot =');Out(pRoot);
       WriteString(' pRt^.nxt =');Out(pRoot^.next);
       WriteString(' pRt^.prv =');Out(pRoot^.prev);
       WriteString(' pCrnt =');Out(pCurrent);
       WriteString(' pHlp =');Out(pHelp);WriteLn;
       WriteString(s);WriteString(' hat');WriteCard(nr,6);
       WriteString(' Eintr`age');WriteLn;
       IF (pRoot^.next=pRoot)AND(pRoot^.prev=pRoot) THEN
         WriteString('Liste ist leer');WriteLn
       ELSE
         IF (pRoot^.next=pRoot)OR(pRoot^.prev=pRoot) THEN
           WriteString('inkonsistente Verzeigerung');WriteLn
         ELSE WriteString('Liste nicht leer');WriteLn
         END     (* IF (pRoot^.next ...)OR(...) *)
       END       (* IF (pRoot^.next=...)AND(...)*)
      END        (* WITH List *)
     END;        (* IF verbosim *)
     RETURN nr
    END ListTest;

(* einige Prozeduren, um Listen auszugeben: Der Benutzer muß
 * dazu eine Ausgabe-Prozedur vom Typ tinfoProc bereitstellen,
 * welche den einzigen Parameter vom Typ ADDRESS in einen
 * Pointer vom Typ POINTER TO infoRecord konvertiert und
 * danach den info-Record bearbeitet. *)

    PROCEDURE ResetList(VAR List:tList);
    BEGIN
      WITH List DO pCurrent:=pRoot;pHelp:=pRoot END
    END ResetList;

    PROCEDURE nextEntry(VAR List:tList) : ADDRESS;
    BEGIN
      WITH List DO pCurrent:=pCurrent^.next;
     RETURN pCurrent^.info END
    END nextEntry;

    PROCEDURE prevEntry(VAR List:tList) : ADDRESS;
    BEGIN
      WITH List DO pCurrent:=pCurrent^.prev;
     RETURN pCurrent^.info END
    END prevEntry;

    PROCEDURE lastEntry(VAR List:tList;
                        direction:tNexPre):BOOLEAN;
    BEGIN
     WITH List DO
       IF direction=nex THEN RETURN pCurrent^.next=pRoot
   ELSE RETURN pCurrent^.prev=pRoot
       END      (* IF direction *)
     END        (* WITH List *)
```

```
END lastEntry;

PROCEDURE Head(VAR List:tList):ADDRESS;
BEGIN
  ResetList(List);RETURN prevEntry(List)
END Head;

PROCEDURE Tail(VAR List:tList):ADDRESS;
BEGIN
  ResetList(List);RETURN nextEntry(List)
END Tail;

PROCEDURE scanListn(List:tList;infoProc:tinfoProc;
                    start:tPtrToCarrier);
BEGIN
 WITH List DO
   IF start=pRoot THEN pHelp:=start
    ELSE pHelp:=start^.prev END;
   WHILE NOT(pHelp^.next=pRoot) DO
    pHelp:=pHelp^.next; infoProc(pHelp^.info)
   END       (* WHILE *)
 END         (* WITH List *)
END scanListn;

PROCEDURE scanListp(List:tList;infoProc:tinfoProc;
                    start:tPtrToCarrier);
BEGIN
 WITH List DO
   IF start=pRoot THEN pHelp:=start
    ELSE pHelp:=start^.next END;
   WHILE NOT(pHelp^.prev=pRoot) DO
    pHelp:=pHelp^.prev; infoProc(pHelp^.info)
   END       (* WHILE *)
 END         (* WITH List *)
END scanListp;

PROCEDURE scanList(List:tList;infoProc:tinfoProc;
     start:tPtrToCarrier;direction:tNexPre);
BEGIN
  IF direction=nex THEN scanListn(List,infoProc,start)
     ELSE scanListp(List,infoProc,start)
  END        (* IF direction *)
END scanList;

PROCEDURE searchListn(VAR List:tList;condProc:tcondProc;
                      start:tPtrToCarrier;
 VAR found:BOOLEAN;
 VAR infoPtr:ADDRESS);
(* found=TRUE  iff  condProc(infoPtr)=TRUE *)
VAR Ptr:tPtrToCarrier;
BEGIN (* searchListn *)
  WITH List DO
```

```
      found:=FALSE;
      IF start=pRoot THEN Ptr:=pRoot ELSE Ptr:=Ptr^.prev
      END;
      WHILE NOT (found OR (Ptr^.next=pRoot)) DO
        Ptr:=Ptr^.next; infoPtr:=Ptr^.info;
        found:=condProc(infoPtr)
      END;    (* WHILE *)
      IF found THEN pCurrent:=Ptr END
    END       (* WITH List *)
  END searchListn;

  PROCEDURE searchListp(VAR List:tList;condProc:tcondProc;
                        start:tPtrToCarrier;
   VAR found:BOOLEAN;
   VAR infoPtr:ADDRESS);
  (* found=TRUE  iff  condProc(infoPtr)=TRUE *)
  VAR Ptr:tPtrToCarrier;
  BEGIN
    WITH List DO
      found:=FALSE;
      IF start=pRoot THEN Ptr:=pRoot ELSE Ptr:=Ptr^.prev
      END;
      WHILE NOT (found OR (Ptr^.prev=pRoot)) DO
        Ptr:=Ptr^.prev; infoPtr:=Ptr^.info;
        found:=condProc(infoPtr)
      END;    (* WHILE *)
      IF found THEN pCurrent:=Ptr END
    END       (* WITH List *)
  END searchListp;

  PROCEDURE searchList(VAR List:tList;start:tPtrToCarrier;
                     direction:tNexPre;condProc:tcondProc;
                     VAR found:BOOLEAN;VAR infoPtr:ADDRESS);
  (* found=TRUE  iff  condProc(infoPtr)=TRUE *)
  BEGIN
    IF direction=nex THEN
      searchListn(List,condProc,start,found,infoPtr)
    ELSE
      searchListp(List,condProc,start,found,infoPtr)
    END       (* IF direction *)
  END searchList;

BEGIN (* Lists *)
END Lists.
```

```
IMPLEMENTATION MODULE RealInOut;
(* G.Maier, Hybridrechenzentrum, ETH Zuerich 12-Oct-82
 * Darstellung der Realzahlen auf PDP-11
 *     Bit   Bedeutung
 *     15    Vorzeichen der Mantisse 1 negativ
 *     14-7  8-bit Exponent excess 200octal
 *     6-0   23-bit plus 1 'verstecktes' bit
 *     15-0  Mantisse *)
FROM SYSTEM IMPORT WORD;
IMPORT InOut; (* Write, WriteLn, Read *)
TYPE LONG = RECORD
               CASE BOOLEAN OF
                 TRUE: HiWord: CARDINAL;
                       LoWord: CARDINAL
               | FALSE:r : REAL
               END (* case *);
            END (* LONG *);

PROCEDURE Write(ch: CHAR);
BEGIN (* Write *)
   InOut.Write(ch);
END Write;

PROCEDURE WriteLn;
BEGIN (* WriteLn *);
   InOut.WriteLn;
END WriteLn;

PROCEDURE Writestring(s: ARRAY OF CHAR);
   VAR i: CARDINAL;
BEGIN (* WriteString *)
   FOR i := 0 TO HIGH(s) DO
      IF (s[i] = 0C)
      THEN RETURN;
      END (* if *);
      Write(s[i]);
   END (* for *);
END Writestring;

PROCEDURE WriteRealOct(x: REAL);
   VAR overlay: LONG;
BEGIN (* WriteRealOct *)
   overlay.r := x;
   convertnumber(overlay.HiWord,8,7,' ',FALSE);
   convertnumber(overlay.LoWord,8,8,' ',FALSE);
END WriteRealOct;

PROCEDURE WriteReal(x:REAL;totlen:CARDINAL;fraclen:INTEGER);
   VAR exponent: INTEGER;
       before, behind, minimal, i, y: CARDINAL;
       deltaround: REAL;
       sign, exponential: BOOLEAN;
```

```
        ch: CHAR;
BEGIN (* WriteReal *)
   (* Vorzeichen *)
   IF x < 0.0
   THEN sign := TRUE; x := ABS(x);
   ELSE sign := FALSE;
   END (* if *);
   (* exponential representation? *)
   IF (fraclen < 0) OR (x >= 1.0E8)
   THEN
      exponential := TRUE;
      fraclen := ABS(fraclen); minimal := 7 (* characters *)
   ELSE
      exponential := FALSE;
      minimal := 3 (* characters *)
   END (* IF *);
   (*how many characters before and behind the decimal-point?*)
   totlen := max(totlen, minimal);
   behind := -max(-fraclen, minimal-totlen);
   before := totlen-behind-minimal+2;
   deltaround := 0.5*exp10(-INTEGER(behind));
   IF exponential
   THEN (* normalize *)
      exponent := 0;
      WHILE (x < 1.0-deltaround) AND (x <> 0.0) DO
        x := x*1.0E+1; DEC(exponent);
      END (* while *);
      WHILE (x >= 10.0-deltaround) DO
        x := x*1.0E-1; INC(exponent);
      END (* while *);
   END (* IF *);
   x := x + deltaround; (* round *)

   (* write digits before the decimal-point *)
   ch := ' ';
   IF (x >= 1.0E4)
   THEN
      y := TRUNC(x*1.0E-4);
      convertnumber(y,10,max(before-4,1),ch,sign);
      sign := FALSE;
      before := 4; x:= x-FLOAT(y)*1.0E4; ch := '0';
   END (* if *);
   y := TRUNC (x);
   convertnumber(y,10,before,ch,sign);
   x := x-FLOAT(y);

  Write('.');

   (* write digits behind the decimal-point *)
   WHILE behind > 0 DO
      i := -max(-INTEGER(behind),-4);
      x := x*exp10(i); y := TRUNC(x);
```

```
        convertnumber(y,10,i,'0',FALSE);
        x := x-FLOAT(y); behind := behind-i;
    END (* while *);
    IF exponential
    THEN (* write exponent *)
        Write('E');
        IF exponent >= 0 THEN Write('+'); ELSE Write('-');
        END (* if *);
        convertnumber(ABS(exponent),10,2,'0',FALSE);
    END (* if *);
END WriteReal;

VAR again: BOOLEAN;
    againChar: CHAR;

PROCEDURE Read(VAR ch: CHAR);
BEGIN (* Read *)
  IF again
  THEN ch := againChar;
    again := FALSE;
  ELSE InOut.Read(ch);
    againChar := ch;
  END (* if *);
END Read;

PROCEDURE Readagain;
BEGIN (* Readagain *)
  again := TRUE;
END Readagain;

PROCEDURE ReadLn;
VAR ch: CHAR;
BEGIN
   REPEAT
      Read(ch);
   UNTIL ch = EOL;
END ReadLn;

PROCEDURE Readstring(VAR s: ARRAY OF CHAR);
   VAR i: CARDINAL;
       ch: CHAR;
BEGIN (* ReadString *)
  FOR i := 0 TO HIGH(s) DO
     Read(ch);
     IF ch = EOL THEN s[i] := 0C; RETURN; END;
     s[i] := ch;
  END (* for *);
END Readstring;

PROCEDURE Readword(VAR x: WORD);
   VAR ch: CHAR;
       digit: ARRAY[1..6] OF CHAR;
```

```
        sign, octal: BOOLEAN;
        base, value, cnt, i: CARDINAL;
BEGIN (* Readword *)
  LOOP
    REPEAT Read(ch) UNTIL ch <> ' '; (* skip blanks *)
    sign := FALSE;
    IF (ch = '+') OR (ch = '-')
    THEN sign := ch = '-'; Read(ch);
    END (* if *);
    IF (ch >= '0') AND (ch <= '9')
    THEN (* at least one digit *)
      cnt := 0; octal := TRUE;
      REPEAT (* read digits *)
        INC(cnt); digit[cnt] := ch;
        IF (ch = '8') OR (ch = '9')
        THEN octal := FALSE; END (* if *);
        Read(ch);
      UNTIL (ch < '0') OR (ch > '9') OR (cnt >= 6);

      (* compute the value *)
      IF ch = 'B'
      THEN base := 8;  (* octal *)
      ELSE base := 10; (* decimal *)
        Readagain;
      END (* IF *);
      value := 0;
      FOR i := 1 TO cnt DO
        value := value*base+CARDINAL(digit[i])-CARDINAL('0');
      END (* for *);

      (* test on overflow, EXIT if no error *)
      IF ch = 'B'
      THEN
        IF (octal AND ((cnt < 6) OR (digit[1] = '1')))
        THEN EXIT; (* no error *) END (* IF *);
      ELSIF cnt < 5
        THEN EXIT; (* no error *)
        ELSIF cnt = 5
          THEN
            IF (digit[1] < '6') OR ((digit[1] = '6')
                                   AND (value >= 60000))
            THEN EXIT; (* no error *)
            END (* IF *);
        END (* IF *);

    ELSE (* no digit *)
         Readagain;
    END (* IF *);

    (* conversion error *)
    error("Readword");
  END (* LOOP *);
```

```
    IF sign THEN x := WORD(-INTEGER(value));
    ELSE x := WORD(value);
    END (* IF *);
END Readword;

PROCEDURE ReadReal(VAR x: REAL);
(* read a real number *)
VAR w: REAL;
     exponent: INTEGER;
     ch: CHAR;
     sign: BOOLEAN;
BEGIN (* ReadReal *)
  LOOP
    REPEAT Read(ch) UNTIL ch <> ' '; (* skip blanks *)
    sign := FALSE;
    IF (ch = '+') OR (ch = '-')
    THEN
      sign := ch = '-'; Read(ch);
    END (* if *);
    IF (ch >= '0') AND (ch <= '9')
    THEN (* at least one digit *)
      (* read digits before the decimal-point *)
      x := 0.0;
      REPEAT
        x := x*10.0 + FLOAT(CARDINAL(ORD(ch))
                    -CARDINAL(ORD('0')));
        Read(ch);
      UNTIL (ch < '0') OR (ch > '9');
      IF ch = '.'
      THEN w := 1.0E-1; Read(ch);
        WHILE (ch <= '9') AND (ch >= '0') DO
          x := x+w*FLOAT(CARDINAL(ORD(ch))
                -CARDINAL(ORD('0')));
          w := w*1.0E-1; Read(ch);
        END (* while *);
        IF ch = 'E'
        THEN
          Readword(exponent);
          x := x*exp10(exponent);
        ELSE Readagain;
        END (* if *);
        EXIT;  (* no error *)
      ELSE (* ch <> '.' *)
        Readagain;
      END (* IF *);
    ELSE Readagain;
    END (* if *);

    (* conversion error *)
    error("ReadReal");
  END (* LOOP *);
  IF sign
```

```
   THEN x := -x;
   END (* if *);
END ReadReal;

(* auxiliary procedures *)
PROCEDURE convertnumber(num, base, len: CARDINAL;
                        ch: CHAR; neg: BOOLEAN);
   (* legal values for 'base': 8,10 *)
   VAR digit: ARRAY[1..9] OF CHAR;
           i, cnt: CARDINAL;
BEGIN (* convertnumber *)
   cnt := 0;
   IF base = 8 THEN INC(cnt); digit[cnt] := 'B';
   END (* if *);
   REPEAT
      INC(cnt);
      digit[cnt] := CHAR(num MOD base + CARDINAL('0'));
      num := num DIV base;
   UNTIL num = 0;
   IF neg THEN INC(cnt); digit[cnt] := '-'; END;
   FOR i := len TO cnt+1 BY -1 DO Write(ch); END;
   FOR i := cnt TO 1 BY -1 DO Write (digit[i]); END;
END convertnumber;

PROCEDURE max(a, b: INTEGER): INTEGER;
BEGIN (* max *)
   IF a >= b THEN RETURN a; ELSE RETURN b; END;
END max;

PROCEDURE exp10(i: INTEGER): REAL;
VAR x, b: REAL;
       k: INTEGER;
BEGIN (* exp10 *)
  IF i > 0 THEN b := 1.0E1; ELSE b := 1.0E-1; END;
   x := 1.0;
   FOR k := 1 TO ABS(i) DO x := x*b END;
   RETURN x;
END exp10;

PROCEDURE error(s: ARRAY OF CHAR);
BEGIN
   WriteLn;
   Writestring("++++++  conversion-error in '");
   Writestring(s);
   Writestring("'?; try again in new line.");
   WriteLn; ReadLn;
END error;

BEGIN (* RealInOut *)
  again := FALSE;
  againChar := ' ';
END RealInOut.
```

Die Syntax von Modula-2

```
1    ident = letter{letter|digit}.
2    number = integer|real.
3    integer = digit{digit}|octalDigit{octalDigit}("B"|"C")|
4       digit{hexDigit}"H".
5    real = digit{digit}"."{digit}[ScaleFactor].
6    ScaleFactor = "E"["+"|"-"]digit{digit}.
7    hexDigit = digit|"A"|"B"|"C"|"D"|"E"|"F".
8    digit = octalDigit|"8"|"9".
9    octalDigit = "0"|"1"|"2"|"3"|"4"|"5"|"6"|"7".
10   string = "'"{character}"'"|'"'{character}'"'.
11   qualident = ident{"."ident}.
12   ConstantDeclaration= ident"="ConstExpression.
13   ConstExpression= SimpleConstExpr[relationSimpleConstExpr].
14   relation = "="|"#"|"<>"|"<"|"<="|">"|">="|IN.
15   SimpleConstExpr= ["+"|"-"]ConstTerm{AddOperatorConstTerm}.
16   AddOperator = "+"|"-"|OR.
17   ConstTerm = ConstFactor{MulOperatorConstFactor}.
18   MulOperator = "*"|"/"|DIV|MOD|AND|"&".
19   ConstFactor = qualident|number|string|ConstSet|
20      "("ConstExpression")"|NOTConstFactor.
21A  ConstSet = [qualident]"{"[ConstElement{","ConstElement}]"}".
21B  set = [qualident]"{"|element{","element}|"}".
22A  ConstElement = ConstExpression[".."ConstExpression].
22B  element = expression[".."expression].
23   TypeDeclaration = ident"="type.
24   type = SimpleType|ArrayType|RecordType|SetType|
25      PointerType|ProcedureType.
26   SimpleType = qualident|enumeration|SubrangeType.
27   enumeration = "("IdentList")".
28   IdentList = ident{",'ident}.
29   SubrangeType = [ident]"["ConstExpression".."ConstExpression"]".
```

```
ArrayType = ARRAY SimpleType{","SimpleType}OF type.
RecordType = RECORD FieldListSequence END.
FieldListSequence = FieldList{";"FieldList}.
FieldList = [IdentList":"type|
   CASE[ident]":"qualidentOF variant {"|" variant}
   [ELSE FieldListSequence] END].
variant = [CaseLabelList":"FieldListSequence].
CaseLabelList = CaseLabels{","CaseLabels}.
CaseLabels = ConstExpression[".."ConstExpression].
SetType = SET OF SimpleType.
PointerType = POINTER TO type.
ProcedureType = PROCEDUR[FormalTypeList].
FormalTypeList = "("[[VAR]FormalType
   {","[VAR]FormalType}]")"[":"qualident].
VariableDeclaration = IdentList":"type.
designator = qualident{"."ident|"["ExpList"]"|"↑"}.
ExpList = expression{","expression}.
expression = SimpleExpression[relationSimpleExpression].
SimpleExpression = ["+"|"-"] term {AddOperator term}.
term = factor {MulOperator factor}.
factor = number|string|set|designator[ActualParameters]|
   "("expression")"|NOTfactor.
ActualParameters = "("[ExpList]")".
statement = [assignment|ProcedureCall|
   IfStatement|CaseStatement|WhileStatement|
   RepeatStatement|LoopStatement|ForStatement|
   WithStatement|EXIT|RETURN[expression]].
assignment = designator ":=" expression.
ProcedureCall = designator[ActualParameters].
StatementSequence = statement{";"statement}.
IfStatement = IF expression THEN StatementSequence
   {ELSIF expression THEN StatementSequence}
   [ELSE StatementSequence] END.
```

```
CaseStatement = CASE expression OF case {"|" case}
   [ELSE StatementSequence] END.
case = [CaseLabelList ":" StatementSequence].
WhileStatement - WHILE expression DO StatementSequence END.
RepeatStatement = REPEAT StatementSequence UNTIL expression.
ForStatement = FOR ident":="expressionTO expression
   [BY ConstExpression] DO StatementSequence END.
LoopStatement = LOOP StatementSequence END.
WithStatement = WITH designator DO StatementSequence END.
ProcedureDeclaration = ProcedureHeading";"blockident.
ProcedureHeading = PROCEDURE ident[FormalParameters].
block = {declaration}[BEGIN StatementSequence] END.
declaration = CONST{ConstantDeclaration";"}|
   TYPE{TypeDeclaration";"}|
   VAR{VariableDeclaration";"}|
   ProcedureDeclaration";"|ModuleDeclaration";".
FormalParameters =
   "("[FPSection{";"FPSection}]")"[":"qualident].
FPSection = [VAR]IdentList":"FormalType.
FormalType = [ARRAY OF] qualident.
ModuleDeclaration =
   MODULE ident[priority]";"{import}[export]blockident.
priority = "["ConstExpression"]".
export = EXPORT[QUALIFIED]IdentList";".
import = [FROM ident] IMPORT IdentList";".
DefinitionModule = DEFINITION MODULE ident";"{import}
   {definition} END ident".".
defintion = CONST{ConstantDeclaration";"}|
   TYPE {ident["="type]";"}|
   VAR {VariableDeclaration";"}|
   ProcedureHeading";".
ProgramModule =
   MODULE ident[priority]";"{import}block ident".".
```

96 CompilationUnit= DefinitionModule|

97 [IMPLEMENTATION]ProgramModule.

ActualParameters	58	*52	50					
AddOperator	48	*16	15					
ArrayType	*30	24						
assignment	*57	53						
block	95	84	*74	72				
case	*65	63						
CaseLabelList	65	*37	36					
CaseLabels	*38	37						
CaseStatement	*63	54						
character	10							
CompilationUnit	*96							
ConstantDeclaration	90	75	*12					
ConstElement	21A	*22A						
ConstExpression	85	69	38	29	22	20	*13	12
ConstFactor	20	*19	17					
ConstSet	19	*21A						
ConstTerm	*17	15						
declaration	*75	74						
definition	*90	89						
DefinitionModule	96	*88						
designator	71	58	57	50	*45			
digit	*8	7	6	5	4	3	1	
element	*22	21						
enumeration	*27	26						
ExpList	52	*46	45					
export	89	*86	84					
expression	68	67	66	63	61	60	57	56
	51	*47	46					
factor	51	*50	49					
FieldList	*33	32						
FieldListSequence	36	35	*32	31				
FormalParameters	*79	73						
FormalType	*82	81	43	42				
FormalTypeList	*42	41						
ForStatement	*68	55						
FPSection	*81	80						
hexDigit	*7	4						
ident	95	91	89	88	87	84	73	72

	68	45	34	28	23	12	11	*1	
IdentList	87	86	81	44	33	*28	27		
IfStatement	*60	54							
import	95	88	*87	84					
integer	*3	2							
letter	*1								
LoopStatement	*70	55							
ModuleDeclaration	*83	78							
MulOperator	49	*18	17						
number	50	19	*2						
octalDigit	*9	8	3						
PointerType	*40	25							
priority	95	*85	84						
ProcedureCall	*58	53							
ProcedureDeclaration	78	*72							
ProcedureHeading	93	*73	72						
ProcedureType	*41	25							
ProgramModule	97	*94							
qualident	82	80	45	43	34	26	21	19	*11
real	*5	2							
RecordType	*31	24							
relation	47	*14	13						
RepeatStatement	*67	55							
ScaleFactor	*6	5							
set	50	*21B							
SetType	*39	24							
SimpleConstExpr	*15	13							
SimpleExpression	*48	47							
SimpleType	39	30	*26	24					
statement	59	*53							
StatementSequence	74	71	70	69	67	66	65	64	
	62	61	*59						
string	50	19	*10						
SubrangType	*29	26							
term	*49	48							
type	91	44	40	33	30	*24	23		
TypeDeclaration	76	*23							
VariableDeclaration	92	77	*44						
variant	*36	34	34						
WhileStatement	*66	54							
WithStatement	*71	56							

Modula-2 Syntax-Diagramme

(Mit freundlicher Genehmigung von Prof. N. Wirth)

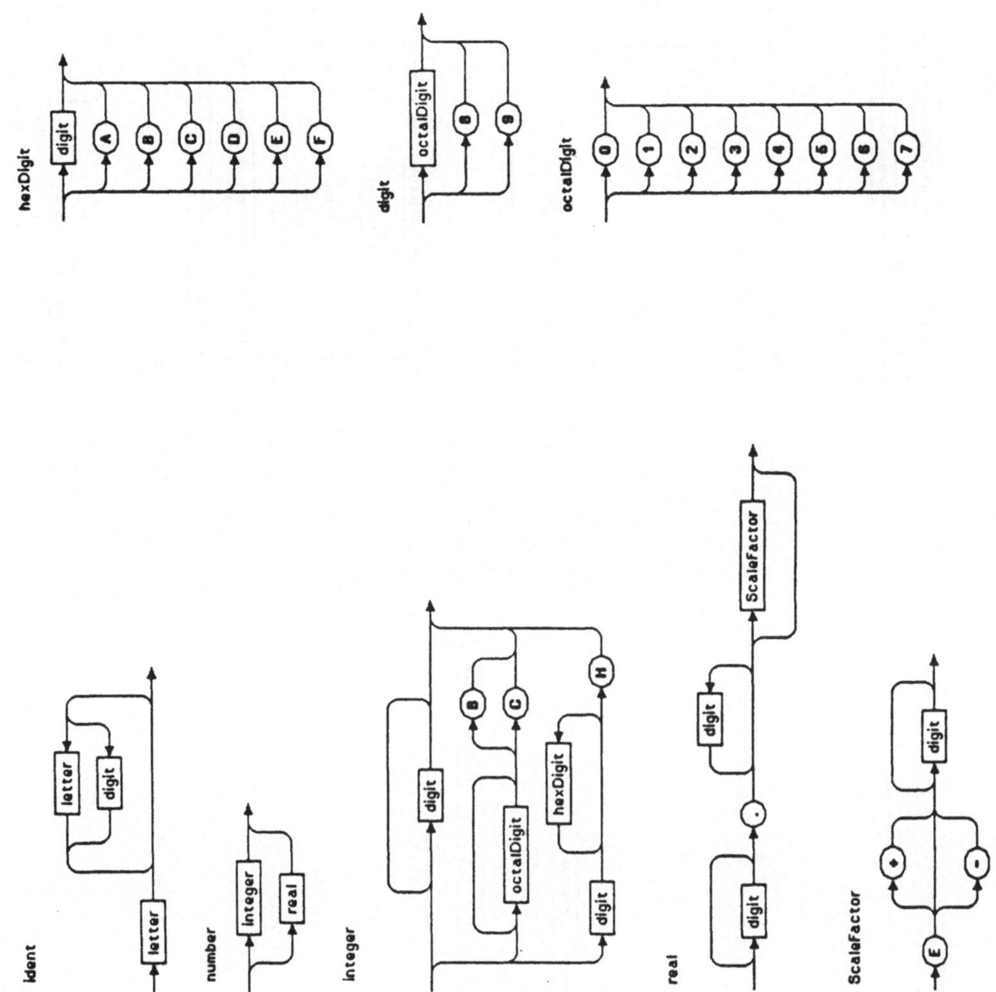

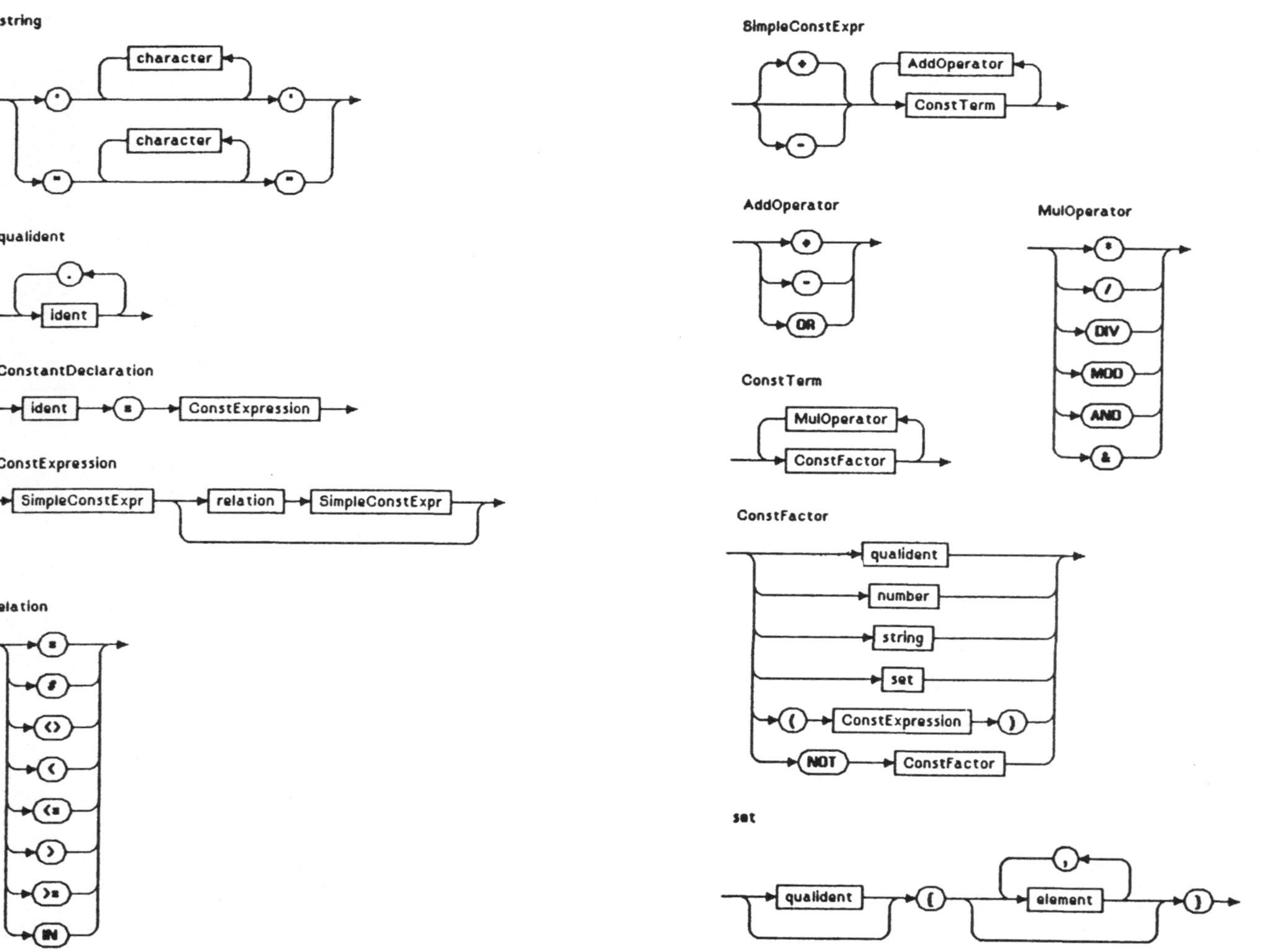
string
'
character
'
"
character
"
qualident
.
ident
ConstantDeclaration
ident
=
ConstExpression
ConstExpression
SimpleConstExpr
relation
SimpleConstExpr
relation
=
#
<>
<
<=
>
>=
IN
SimpleConstExpr
+
-
AddOperator
ConstTerm
AddOperator
+
-
OR
MulOperator
*
/
DIV
MOD
AND
&
ConstTerm
MulOperator
ConstFactor
ConstFactor
qualident
number
string
set
(
ConstExpression
)
NOT
ConstFactor
set
qualident
{
,
element
}

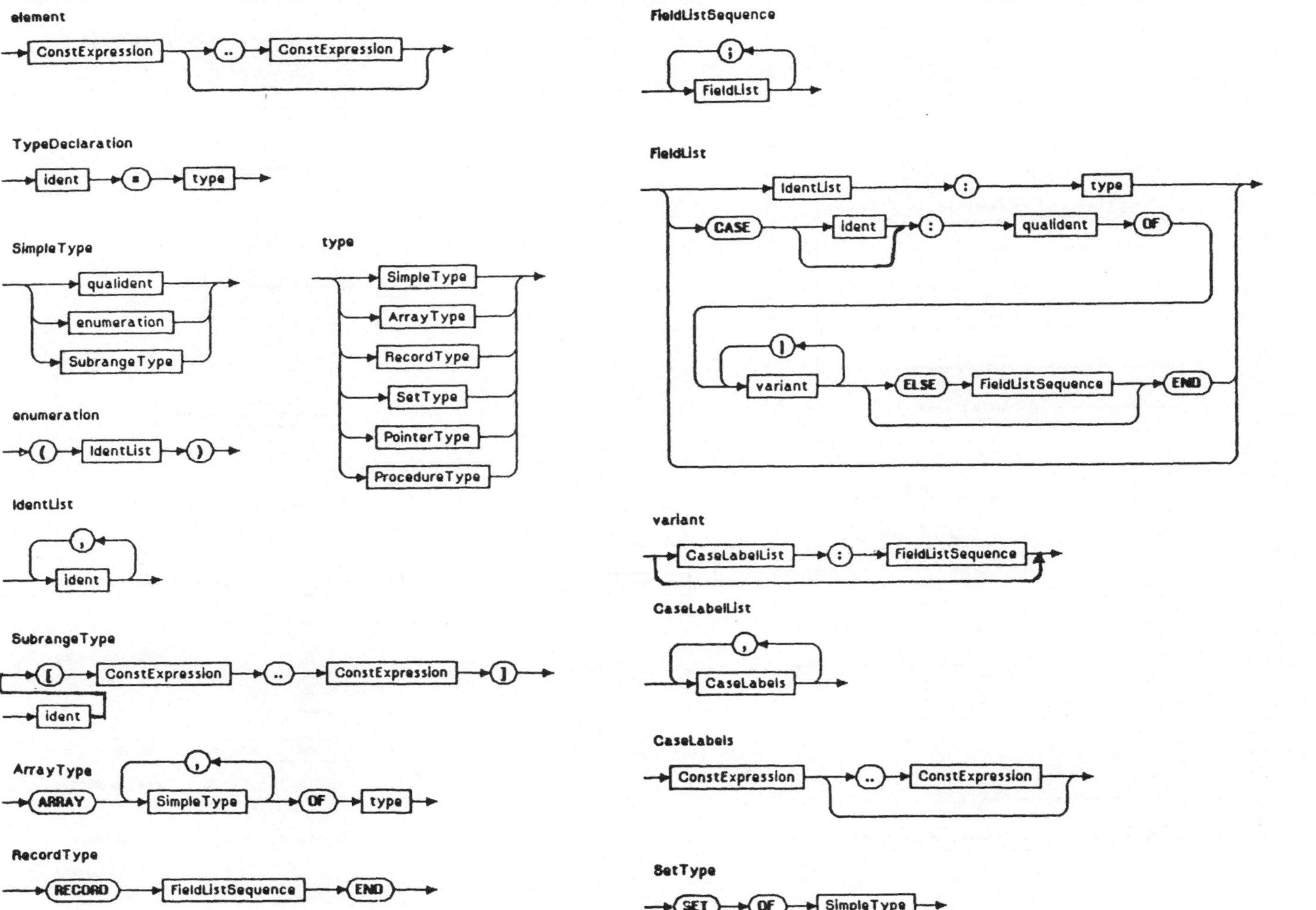
element
ConstExpression
..
ConstExpression
TypeDeclaration
ident
=
type
SimpleType
qualident
enumeration
SubrangeType
type
SimpleType
ArrayType
RecordType
SetType
PointerType
ProcedureType
enumeration
(
IdentList
)
IdentList
,
ident
SubrangeType
[
ConstExpression
..
ConstExpression
]
ident
ArrayType
ARRAY
,
SimpleType
OF
type
RecordType
RECORD
FieldListSequence
END
FieldListSequence
;
FieldList
FieldList
IdentList
:
type
CASE
ident
:
qualident
OF
|
variant
ELSE
FieldListSequence
END
variant
CaseLabelList
:
FieldListSequence
CaseLabelList
,
CaseLabels
CaseLabels
ConstExpression
..
ConstExpression
SetType
SET
OF
SimpleType

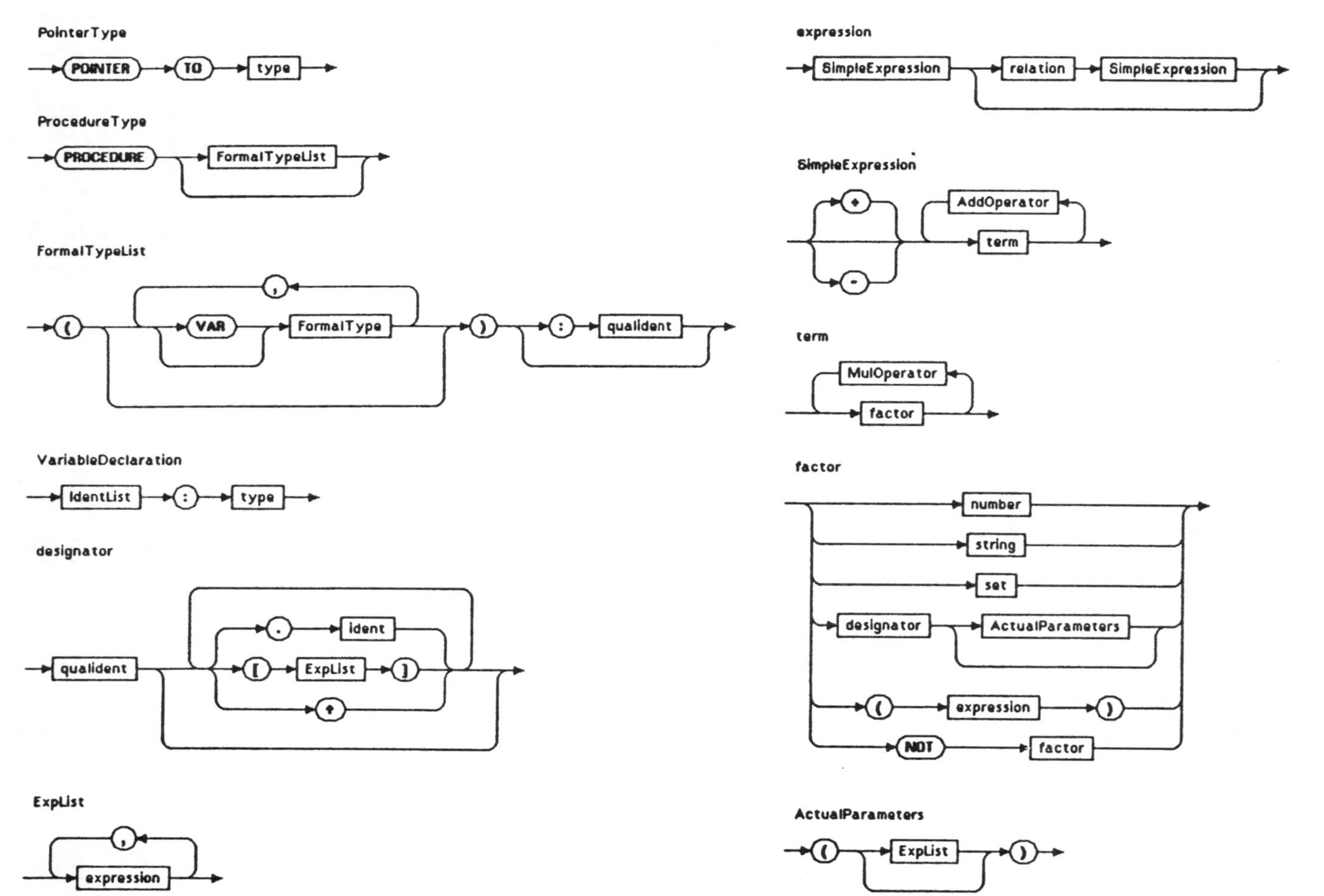
PointerType
POINTER
TO
type
ProcedureType
PROCEDURE
FormalTypeList
FormalTypeList
(
,
VAR
FormalType
)
:
qualident
VariableDeclaration
IdentList
:
type
designator
qualident
.
ident
[
ExpList
]
↑
ExpList
,
expression
expression
SimpleExpression
relation
SimpleExpression
SimpleExpression
+
-
AddOperator
term
term
MulOperator
factor
factor
number
string
set
designator
ActualParameters
(
expression
)
NOT
factor
ActualParameters
(
ExpList
)

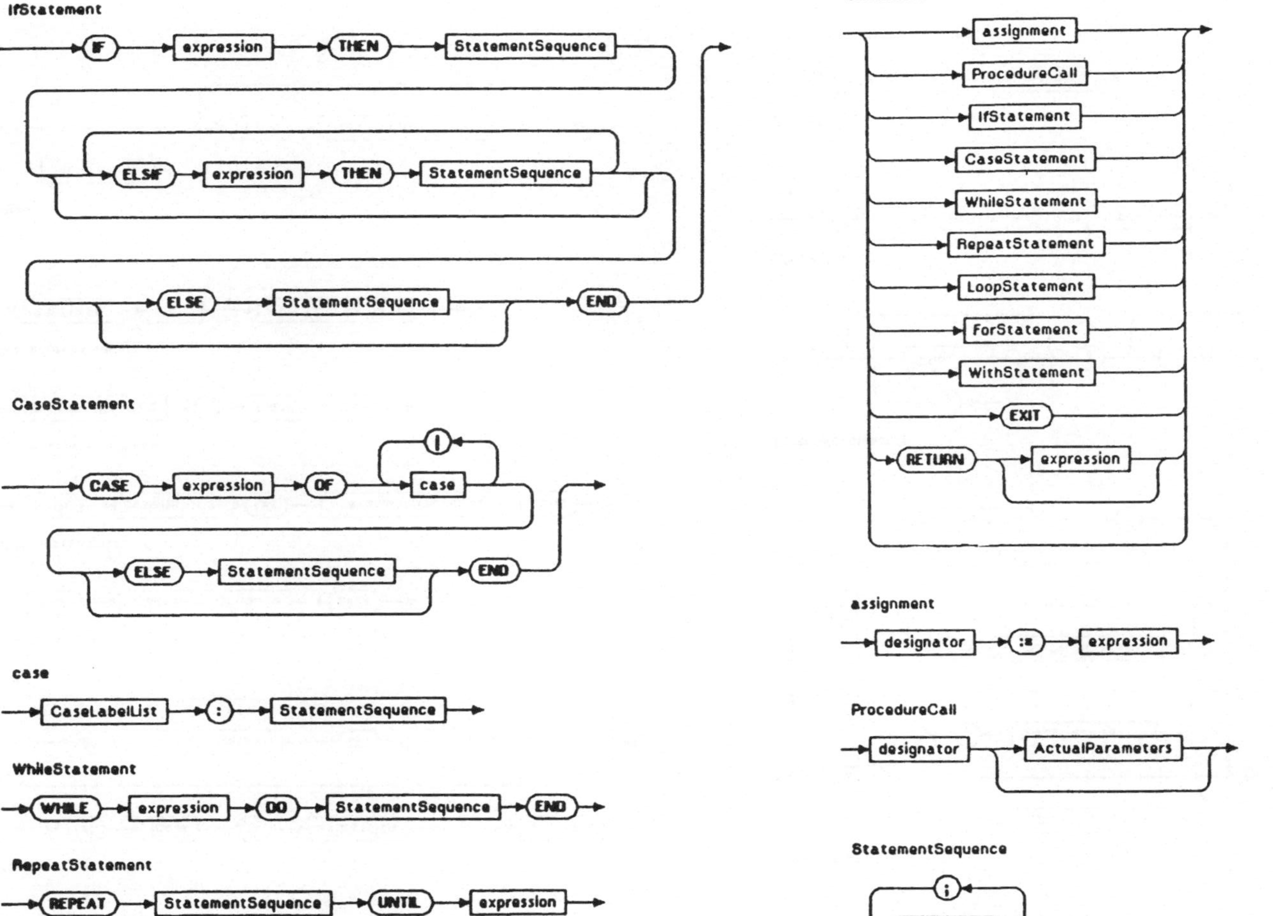
IfStatement
IF
expression
THEN
StatementSequence
ELSIF
expression
THEN
StatementSequence
ELSE
StatementSequence
END
CaseStatement
CASE
expression
OF
case
|
ELSE
StatementSequence
END
case
CaseLabelList
:
StatementSequence
WhileStatement
WHILE
expression
DO
StatementSequence
END
RepeatStatement
REPEAT
StatementSequence
UNTIL
expression
statement
assignment
ProcedureCall
IfStatement
CaseStatement
WhileStatement
RepeatStatement
LoopStatement
ForStatement
WithStatement
EXIT
RETURN
expression
assignment
designator
:=
expression
ProcedureCall
designator
ActualParameters
StatementSequence
;
statement

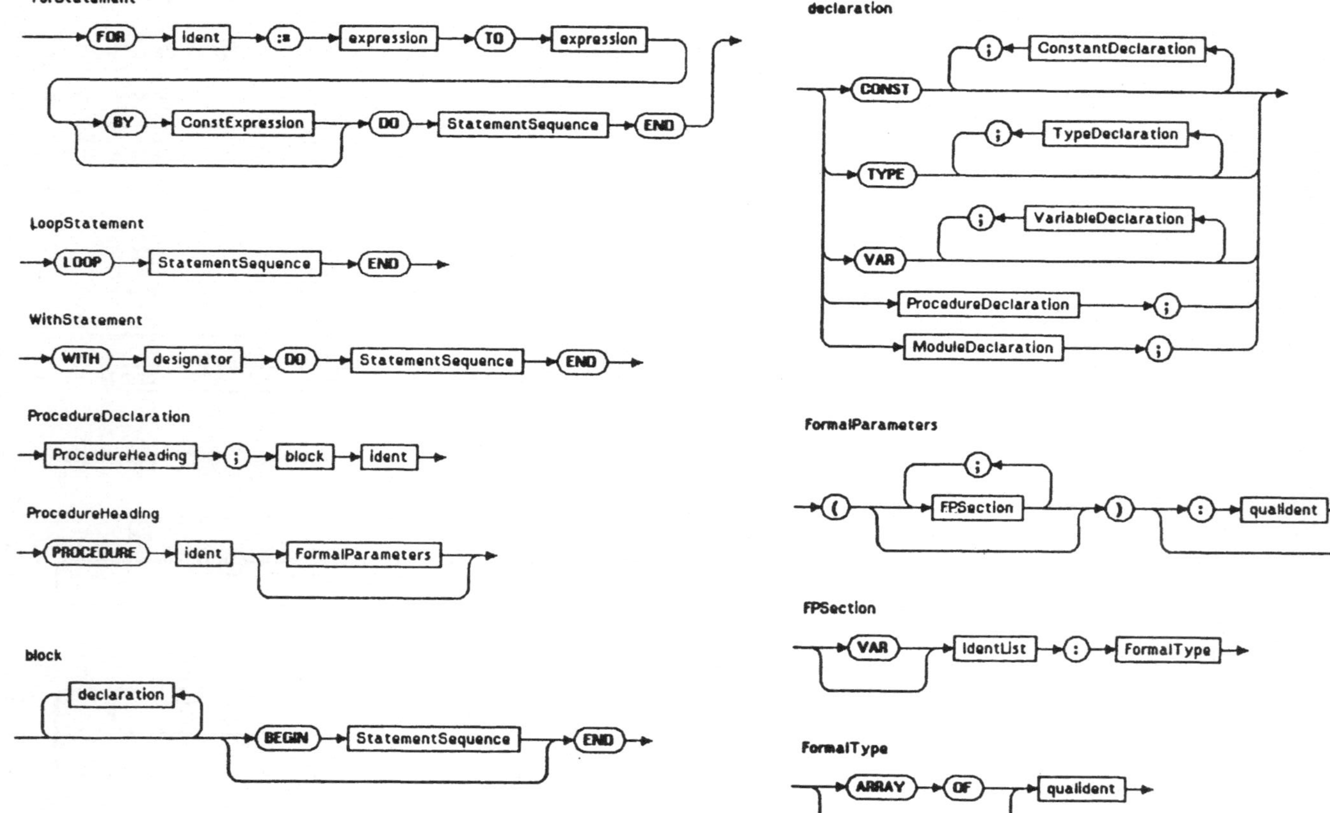
ForStatement
FOR
ident
:=
expression
TO
expression
BY
ConstExpression
DO
StatementSequence
END
LoopStatement
LOOP
StatementSequence
END
WithStatement
WITH
designator
DO
StatementSequence
END
ProcedureDeclaration
ProcedureHeading
;
block
ident
ProcedureHeading
PROCEDURE
ident
FormalParameters
block
declaration
BEGIN
StatementSequence
END
declaration
CONST
;
ConstantDeclaration
TYPE
;
TypeDeclaration
VAR
;
VariableDeclaration
ProcedureDeclaration
;
ModuleDeclaration
;
FormalParameters
(
;
FPSection
)
:
qualident
FPSection
VAR
IdentList
:
FormalType
FormalType
ARRAY
OF
qualident

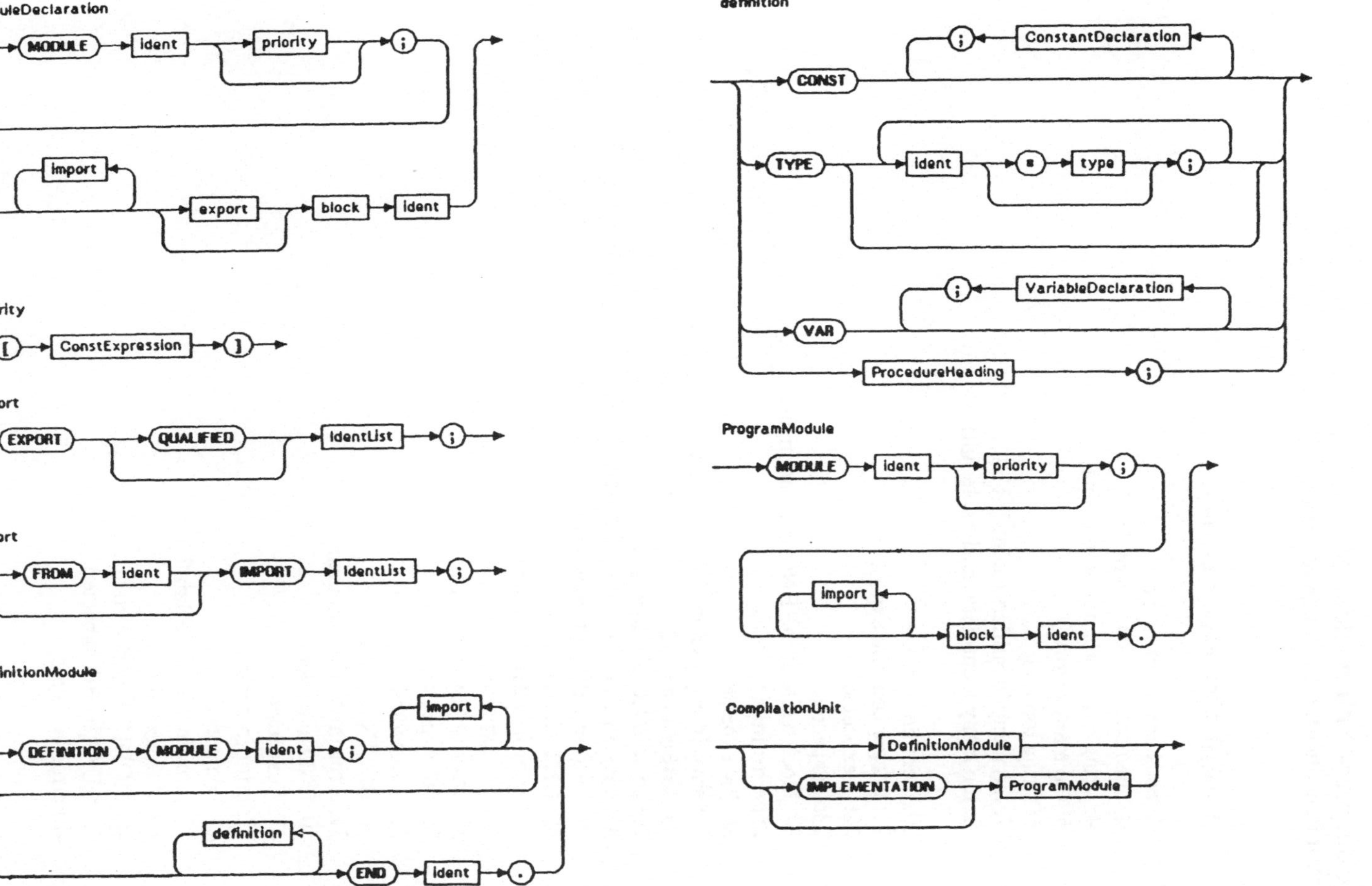
ModuleDeclaration
MODULE
ident
priority
;
import
export
block
ident
priority
[
ConstExpression
]
export
EXPORT
QUALIFIED
IdentList
;
import
FROM
ident
IMPORT
IdentList
;
DefinitionModule
DEFINITION
MODULE
ident
;
import
definition
END
ident
.
definition
CONST
;
ConstantDeclaration
TYPE
ident
=
type
;
VAR
;
VariableDeclaration
ProcedureHeading
;
ProgramModule
MODULE
ident
priority
;
import
block
ident
.
CompilationUnit
DefinitionModule
IMPLEMENTATION
ProgramModule

Compiler-Fehlermeldungen
(Mit freundlicher Genehmigung von Prof. N. Wirth)

0: illegal character in source file
1:
2: constant out of range
3: open comment at end of file
4: string terminator not on this line
5: too many errors
6: string too long
7: too many identifiers (identifier table full)
8: too many identifiers (hash table full)

20: identifier expected
21: integer constant expected
22: ']' expected
23: ';'expected
24: block name at the END does not match
25: error in block
26: ':=' expected
27: error in expression
28: THEN expected
29: error in LOOP statement
30: constant must not be CARDINAL
31: error in REPEAT statement
32: UNTIL expected
33: error in WHILE statement
34: DO expected
35: error in CASE statement
36: OF expected
37: ':' expected
38: BEGIN expected
39: error in WITH statement
40: END expected
41: ')'expected
42: error in constant
43: '=' expected
44: error in TYPE declaration
45: '(' expected
46: MODULE expected
47: QUALIFIED expected
48: error in factor

49: error in simple type
50: ',' expected
51: error in formal type
52: error in statement sequence
53: '.' expected
54: export at global level not allowed
55: body in definition module not allowed
56: TO expected
57: nested module in definition module not allowed
58: '}' expected
59: '..' expected
60: error in FOR statement
61: IMPORT expected

70: identifier specified twice in importlist
71: identifier not exported from qualifying module
72: identifier declared twice
73: identifier not declared
74: type not declared
75: identifier already declared in module environment
76:
77:
78: value of absolute address must be of type CARDINAL
79: scope table overflow in compiler
80: illegal priority
81: definition module belonging to implementation not found
82: structure not allowed for implementation of hidden type
83: procedure implementation different from definition
84: not all defined procedures or hidden types implemented
85:
86: incompatible versions of symbolic modules
87:
88: function type is not scalar or basic type
89:
90: pointer-referenced type not declared
91: tagfield type expected
92: incompatible type of variant constant
93: constant used twice
94: arithmetic error in evaluation of constant expression
95: incorrect range
96: range only with scalar types
97: type-incompatible constructor element
98: element value out of bounds

99: set-type identifier expected
100:
101: undeclared identifier in export list of module
102:
103: wrong class of identifier
104: no such module name found
105: module name expected
106: scalar type expected
107: set too large
108: type must not be INTEGER or CARDINAL or ADDRESS
109: scalar or subrange type expected
110: variant value out of bounds
111: illegal export from program module
112: code block for modules not allowed
120: incompatible types in conversion
121: this type is not expected
122: variable expected
123: incorrect constant
124: no procedure found for substitution
125: unsatisfying parameters of substituted procedure
126: set constant out of range
127: error in standard procedure parameters
128: type incompatibility
129: type identifier expected
130: type impossible to index
131: field not belonging to a record variable
132: too many parameters
133:
134: reference not to a variable
135: illegal parameter substitution
136: constant expected
137: expected parameters
138: BOOLEAN type expected
139: scalar types expected
140: operation with incompatible type
141: only global procedure or function allowed in expression
142: incompatible element type
143: type incompatible operands
144: no selectors allowed for procedures
145: only function call allowed in expression
146: arrow not belonging to a pointer variable
147: standard function or procedure must not be assigned
148: constant not allowed as a variant

149: SET type expected
150: illegal substitution to WORD parameter
151: EXIT only in LOOP
152: RETURN only in PROCEDURE
153: expression expected
154: expression not allowed
155: type of function expected
156: integer constant expected
157: procedure call expected
158: identifer not exported from qualifying module
159:
160:
161: call of procedure with lower priority not allowed

300: index out of range
301: division by zero
302:
303: CASE label defined twice

400: expression too complicated (register overflow)
401: expression too complicated (codetable overflow)
402: expression too complicated (branch too long)
403: expression too complicated (jumptable overflow)
404: too many globals, externals and calls (linkertable overflow)
405: procedure or module body too long (codetable overflow)
406:
407:
408:
409:
410: (UNIX only) no priority specification allowed
411: (UNIX only) global variable expected

991: CARDINAL divisor too large (> 8000H)
992: FOR control variable must not have byte size (for step <> -1 or 1)
993: INC, DEC not implemented with 2nd argument for byte variable
994: too many nested procedures
995: FOR step too large (> 7FFFH)
996: CASE label too large (> 7FFFH)
997: type transfer function not implemented

Reservierte Wörter

Standardnamen

Typische Namen aus SYSTEM

ADR	ADDRESS	BYTE	CODE
DISABLE	ENABLE	GETREG	IOTRANSFER
LISTEN	NEWPROCESS	OSCALL	PROCESS
REGISTER	SETIO	SETREG	SIZE
SWI	TRANSFER	TSIZE	WORD

Standardprozeduren

In Modula sind folgende Standardunterprogrammeverfügbar:

ABS(x)

Funktion; ergibt absoluten Wert von x; Ergebnistyp ist vom Argumenttyp, nämlich INTEGER oder REAL; z.B. ABS(-5) = 5.

CAP(ch)

Funktion; konvertiert Kleinbuchstaben in korrespondierende Großbuchstaben; z.B. CAP('a') = 'A'.

CHR(x)

Funktion; ergibt das Zeichen mit der Ordungszahl x; CHR(x) = VAL(CHAR,x); z.B. CHR(65) = VAL(CHAR,65) = 'A'.

DEC(x)

dekrementiert x um 1. Der Typ von x kann ein Aufzählungstyp, CHAR, INTEGER oder CARDINAL sein. Bei Aufzählungstypen und CHAR wird x durch den Vorgänger ersetzt; z.B. gilt: DEC("c") = "b"; DEC(x) ist schneller als z.B. x := x - 1.

DEC(x,n)

dekrementiert x um n. Der Typ von x kann ein Aufzählungstyp, CHAR, INTEGER oder CARDINAL sein. Bei Aufzählungstypen und CHAR wird x durch den n-ten Vorgänger ersetzt; z.B. DEC(5,2) = 3.

EXCL(s,i)

entfernt Element i aus der Menge s; entspricht der Anweisung s := s - {i}.

FLOAT(x)

Funktion; ergibt x vom Typ CARDINAL dargestellt als Wert vom Typ REAL; z.B. FLOAT(10) = 10.0.

HALT

beendet Programmausführung (das Ergebnis ist abhängig vom Betriebssystem); z.B. IF error THEN errormessage; HALT END;

HIGH(a)

Funktion; ergibt obere Indexgrenze des Feldes a, nämlich Elementzahl - 1. Das Ergebnis ist vom Typ CARDINAL.

INC(x)

inkrementiert x um 1. Der Typ von x kann ein Aufzählungstyp, CHAR, INTEGER oder CARDINAL sein. Bei Aufzählungstypen und CHAR wird x durch den Nachfolger ersetzt.

INC(x,n)

inkrementiert x um n. Der Typ von x kann ein Aufzählungstyp, CHAR, INTEGER oder CARDINAL sein. Bei Aufzählungstypen und CHAR wird x durch den n-ten Nachfolger ersetzt.

INCL(s,i)

fügt den Wert der Variablen i zu der Menge s hinzu. Entspricht der Anweisung s := s + {i}.

MAX(T),MIN(T)

Funktionen; ergeben den maximalen (minimalen) Wert des Typs T; T muß ein skalarer Typ sein.

ODD(x)

Funktion vom Typ BOOLEAN; ODD(x)=TRUE genau dann, wenn x ungerade ist; x vom Typ CARDINAL oder INTEGER: (x MOD 2) <> 0.

ORD(x)

Funktion; ergibt Ordinalzahl (Typ CARDINAL) von x in der Wertemenge des Typs T von x ; T kann ein Aufzählungstyp, CHAR, INTEGER oder CARDINAL sein. Das erste Element eines Aufzählungstyps hat die Ordinalzahl 0; z.B. ORD('A') = 65.

SIZE(x)

Funktion; ergibt die Zahl der Speichereinheiten, die für die Variable x benötigt werden.

TRUNC(x)

Funktion; ergibt ganzzahligen Anteil (Typ INTEGER) der REAL- Zahl x; z.B. TRUNC(-4.3) = -4.

VAL(T,x)

Funktion; ergibt den Wert des Typs T mit Ordinalzahl x; T kann ein Aufzählungstyp, CHAR, INTEGER oder CARDINAL sein. Sei Ampel = (rot,gelb,gruen), dann hat VAL(Ampel,2) den Wert gruen.

ASCII-Zeichen

(D: dezimal; O: oktal; H: hexadezimal; Z: Zeichen)

D	O	H	Z	D	O	H	Z	D	O	H	Z
0	000	00	nul	27	033	1B	esc	54	066	36	6
1	001	01	soh	28	034	1C	fs	55	067	37	7
2	002	02	stx	29	035	1D	gs	56	070	38	8
3	003	03	etx	30	036	1E	rs	57	071	39	9
4	004	04	eot	31	037	1F	us	58	072	3A	:
5	005	05	enq	32	040	20		59	073	3B	;
6	006	06	ack	33	041	21	!	60	074	3C	<
7	007	07	bel	34	042	22	"	61	075	3D	=
8	010	08	bs	35	043	23	#	62	076	3E	>
9	011	09	ht	36	044	24	$	63	077	3F	?
10	012	0A	lf	37	045	25	%	64	100	40	@
11	013	0B	vt	38	046	26	&	65	101	41	A
12	014	0C	ff	39	047	27	'	66	102	42	B
13	015	0D	cr	40	050	28	(	67	103	43	C
14	016	0E	so	41	051	29	)	68	104	44	D
15	017	0F	si	42	052	2A	*	69	105	45	E
16	020	10	dle	41	053	2B	+	70	106	46	F
17	021	11	dc1	44	054	2C	,	71	107	47	G
18	022	12	dc2	45	055	2D	-	72	110	48	H
19	023	13	dc3	46	056	2E	.	73	111	49	I
20	024	14	dc4	47	057	2F	/	74	112	4A	J
21	025	15	nak	48	060	30	0	75	113	4B	K
22	026	16	syn	49	061	31	1	76	114	4C	L
23	027	17	etb	50	062	32	2	77	115	4D	M
24	030	18	can	51	063	33	3	78	116	4E	N
25	031	19	em	52	064	34	4	79	117	4F	O
26	032	1A	sub	53	065	35	5	80	120	50	P

D	O	H	Z	D	O	H	Z	D	O	H	Z
81	121	51	Q	97	141	61	a	113	161	71	q
82	122	52	R	98	142	62	b	114	162	72	r
83	123	53	S	99	143	63	c	115	163	73	s
84	124	54	T	100	144	64	d	116	164	74	t
85	125	55	U	101	145	65	e	117	165	75	u
86	126	56	V	102	146	66	f	118	166	76	v
87	127	57	W	103	147	67	g	119	167	77	w
88	130	58	X	104	150	68	h	120	170	78	x
89	131	59	Y	105	151	69	i	121	171	79	y
90	132	5A	Z	106	152	6A	j	122	172	7A	z
91	133	5B	[	107	153	6B	k	123	173	7B	{
92	134	5C	\	108	154	6C	l	124	174	7C	|
93	135	5D	]	109	155	6D	m	125	175	7D	}
94	136	5E	^	110	156	6E	n	126	176	7E	~
95	137	5F	—	111	157	6F	o	127	177	7F	del
96	140	60	`	112	160	70	p				

Literaturverzeichnis

(All 83) L. Allison; Stable marriage by coroutines; Information Processing Letters 16, 1983.

(Bab 87) R.L. Baber; *The Spine of Software;* J. Wiley, 1987.

(Bel 78) Bell System Technical Journal 57(6), 1978.

(Boe 66) C. Boehm, G. Jacobini; Flow Diagrams, Turing Machines, and Languages with Only Two Formation Rules; Com. ACM 9, 1966.

(Bou 83) S.R. Bourne; *The UNIX System;* Addison-Weseley London, 1983.

(Dal 88) M. Dal Cin; *Grundlagen der systemnahen Programmierung,* Teubner Verlag, Stuttgart, 1988.

(Dav 75) P.L. Davis; *Interpolation & Approximation,* Dover, New York, 1975.

(Dij 65) E.W. Dijkstra; Cooperating Sequential Processes in Programming Languages; Academic Press London, 1965.

(Flo 64) R. Floyd; Algorithm 245: treesort 3; Com. ACM 7, 1964.

(For 77) G.E. Forsythe, M.A. Malcolm, C.B Moler; *Computer Methods for Mathematical Computations;* Prentice Hall, Englewood Cliffs, 1977.

(Gei 79) L. Geissmann; Modulkonzept und separate Compilation in der Programmiersprache Modula-2, Microcomputing, B.G. Teubner Stuttgart, 1979.

(Gut 84) J. Gutknecht; Tutorial on Modula-2, Byte, Aug. 84, pp. 157 -176, 1984.

(Hoa 74) C.A.R. Hoare; Monitors: An operating system structuring concept, Com. ACM 17, 1974.

(Hof 79) D.R. Hofstadter; *Gödel, Escher, Bach;* Basic Books Inc, 1979.

(Hop 84) J. Hoppe; Some Problems with the Specification of Standard Modules Modus, Modula-2 News #0 Oct., 1984.

(HoM 87) R. Hormander, J. Mühlbacher; *Modula-2 auf DOS;* Hanser Verlag München/Wien, 1987.

(HoS 78) E. Horowitz, S. Sahni; *Fundamentals of Computer Algorithms,* Computer Science Press Inc, (deutsche Übersetzung bei Springer) 1978.

(Knu 73) D.E. Knuth; *The Art of Computer Programming,* Addison Wesley, Reading Massachussetts, 1973.

(MaG 83) J. MacCormack, R. Gleaves; Modula-2: a worthy successor to Pascal, BYTE, April 1983.

(Man 72) H. Manz; Kleiner Streit, in *Geh und spiel mit dem Riesen;* Beltz u. Gelberg, Weinheim/Basel, 1972.

(Mar 83) R. Marty; UNIX, Eine Einführung für professionelle Software-Entwickler, Informatik Spektrum Heft 6, 1983.

(Mey 84) H. Meyer, D. Perkins; Towers of Hanoi Revisited - A nonrecursive surprise; SIGPLAN Notices Vol. 19, February 1984.

(Ogd 82) J. Ogden; Process structure for interactive software, Microprocessors and Microsystems 6, 1982.

(Par 72) D.L. Parnas; On the criteria to be used in decomposing systems into modules, Com. ACM 15, 1972.

(Per 79) J. Perl; *Rekursive Programmierung;* Carl Hanser Verlag, München/Wien, 1979.

(Pou 83) J. Pournelle; The debate goes on: a discussion on the future of microcomputer languages, BYTE, August 1983.

(UNI 83) *UNIX programmer's manual Vol I und II;* Holt, Rinhart a. Winston, New York, 1983.

(Wir 75) N. Wirth; *Systematisches Programmieren;* B.G. Teubner, Stuttgart, 1975.

(Wir 77) N. Wirth; Modula: A language for modular multiprogramming; Software-Practice and Experience, 7, 1977.

(Wir 80) N. Wirth; The Module: a system structuring facility in high-level programming languages, in Proc. Symp. on Language Design and Programming Methodology, Springer Lecture Notes in Computer Science Nr. 79, Springer Verlag Heidelberg, 1980.

(Wir 85) N. Wirth; *Programming in Modula-2,* Springer Verlag Berlin, Heidelberg, New York, (3. Auflage) 1985.

(Wir 86) N. Wirth; *Algorithmen und Datenstrukturen mit Modula-2;* B.G. Teubner, Stuttgart, 1986.

(Wir 87) N. Wirth; From Modula to Oberon and the Programming Language Oberon; Berichte der ETH-Zürich 82, 1987.

(Wul 81) W. Wulf et al.; *Fundamental Sturctures of Computer Science;* Addison-Wesley, 1981.

Aktuelle Information zu Modula-2 findet man in "Journal of Pascal, Ada & Modula-2", Wiley, und in "The MODUS Quarterly" der Modula User Group.

UNIX, MS-DOS, RT11, PDP11, Atari-ST sind eingetragene Warenzeichen.

Modulverzeichnis

Prozedurverzeichnis

Stichwortverzeichnis

Leitfäden und Monographien der Informatik

Fortsetzung

Wirth: **Algorithmen und Datenstrukturen**
Pascal-Version
3. Aufl. 320 Seiten. Kart. DM 42,–

Wirth: **Algorithmen und Datenstrukturen mit Modula - 2**
4. Aufl. 299 Seiten. Kart. DM 42,–

Wojtkowiak: **Test und Testbarkeit digitaler Schaltungen**
226 Seiten. Kart. DM 36,–

Preisänderungen vorbehalten

B. G. Teubner Stuttgart